道 家 養 生 長 壽 學 秘 傳 叢 書
之三

道家內丹修煉概要...

...道家內丹小周天‘漸進法’
及‘速成法’....
由築基煉己...後天至先天...
有為至無為...煉就‘氣、精、炁、神’...
完成煉精化炁...返虛合道...

（增訂本）

傳
燈

再版前言

　　《調補》一書自 2007 年 12 月發佈了之後，經過十年修練和實踐以及在 2014 年初體悟內丹修煉小周天'速成法'；一幌傳授功法已經整三年，又令本人領悟良多，始終覺得'調補'一書敍述內丹修煉小周天功法仍屬於初級的'有為'法，所謂僅在'築基煉己'的層面，沒往'無為'方面的發展，實為此書不足之處。待得覺悟'速成法'後，便欲再編'道家內丹修煉概要及小周天速成法'一文，對內丹修煉的'築基煉己；煉氣或炁；煉精化炁；煉炁化神；煉神還虛；返虛合道'等概要增加些精要篇幅。由於古人或祖師們言述者皆是領悟和修練實踐的體驗。

　　因此參考了些現代科學、物理、生理等層面有關內丹修煉的知識；希望能讓讀者能具有更深入的理解，在修煉內丹時，成就'一陽動或神氣合一'之後，能進入'無為'的'煉炁化神、煉神還虛'等階段的修煉，修者能達至'煉神還虛'已達到六神通及陽神出竅的境界，是非常高的境界。若能達至'返虛合道'，實是非常稀有的修為，但並非沒有，難得一遇！既使一生修煉道家內丹功僅達至‘煉精化炁’的階段，已被視爲很好的成就，健康長壽自不再話下；可惜者是很多修者不能堅持而放棄！實爲可嘆，要知內道家丹功養生法是可遇不可求，真懂者鮮也！

此增訂本添加了‘道家內丹修煉概要’及‘道家內丹小周天‘速成法’二章。原本‘道家內丹小周天‘漸進法’原篇及其他篇幅皆保留；此第六及第七章充實了《調補》一書達至 197 頁；因此，對道家內丹修煉和有興趣者可作爲一本比較完整之參考書藉。由於一般闡述內丹修煉小周天者，僅說‘漸進法’、絕無‘速成法’的說明。然而有些話題重復，願讀者原諒，但其角度內容確非相同。

此增訂本再版不再修正原本的資料，因爲無篇幅可以說是完整圓美的。此增訂本更得老師李妙艷修飾詞句，好友林谷積校正；實是感激不盡。願本書再版會得到更多讀者與同修者認同和鼓勵！願與同修共享並祝身體健康幸福。

辛平

道家

養生長壽傳統內丹養生功

乃古今不直說之功法
它啓開奇經八脈，銜接十二經脈
使生命中最重要的營、衛二股氣運行
促進陽氣及衛氣循行旺盛

——從而煉成大、小周天，胎息——
—煉神還虛—性命雙修—

——傳燈——

道家內丹養生長壽之《靜功》

——獻給你——

營、衛二氣健康之無根樹

<道家養生長壽學秘傳叢書>
之三

4

營、衛二氣旺盛生命之本

人所受之‘氣’由穀物中而來。所食之穀物注入胃臟後，經過消化生化，其分糟粕、津液（清之精華或稱營養素）、宗氣三部分。‘宗氣’者積於胸中，出於喉嚨，連貫心脈而行呼吸；‘榮（營）氣’者，分泌其津液，注入於脈，化以爲血，以榮四肢，内注五臟六腑以應刻數。‘衛氣’者，出其悍氣之慓疾而先行於四肢、皮膚、體表的分肉、肌膚之間，而不休者也；畫行於陽，夜行於陰。此二氣經修煉大、小周天功法，得啓開而銜接十二經脈及奇經八脈使它增盛循行於全身。‘營’為‘氣’亦為‘血’與‘衛氣’捍衛全身，使生命得以延續；與‘精、氣、神’ 配合而修煉，成為無上‘調補’之法要。

血氣之所由出入者經隧（道）也；經隧者，在體内之大絡（通路），為身之經脈也。然‘血’者何以又名‘清氣’呢？實為對衛氣而言也。‘衛氣’者氣之濁，則‘營氣’者氣之清。營在内為之守，故言‘營’；衛在外為之衛，故言‘衛’。以息（氣息）來往者，宗氣司控呼吸，‘氣’行則經中之‘血’隨之運行（因而知

5

血中含氣），斯絡脈因之而動也。寸關尺者，手太陰肺之絡脈也。然衛氣則不入脈中，而行於經絡外。

　　所簡述營、衛二氣，其對身體健康之重要性是非常之大。故"調補"之修法實為大、小周天實踐法，助修煉者得以銜接和啓開營、衛二氣於體內運行旺盛，使得精滿、氣盛、神旺，身體健康，精力充沛，實為道家內丹養生之本，亦是修"命功"而得身體健康的根蒂。有關'營、衛'二氣之資料，請參閱第六章：從中醫脈學論營、衛二氣之詳述，助你建立健康的身體，得無窮之受用。自古以來道家們都以'易經'來講解內丹'氣'之運行法，重於理論，輕於實踐，並將其真面目遮住了，蒙上神秘之感。'調補'即重新再顯其本來真面目而直講，讓修者、讀者一目了然。是為萬幸。

< 道 家 養 生 長 壽 學 秘 傳 叢 書 >

之三

調　補

由築基煉己
啓開奇經八脈，銜接十二經脈
促進陽氣及衛氣旺盛循行
及至…
煉神還虛、返虛合道…

【目　　　錄】

-馬來西亞國家房屋及地方政府部長
　　及馬華公會總會長-

*序言

　　辛平送來與其老師 蘇華仁合作編著的『道家養生長壽-內丹功』，一為‘動功’-添油接命；二為‘靜功’-打通任、督二脈。

　　經閱讀後，真使我對道家養生長壽-內丹功，增添了一層見聞。它不但是能強身健體，亦是修心養性的指南；更爲重要的還是精神道德之持修和提昇。最近他又將其第三本新編著‘調補’修煉之初稿送來，並邀請我為此書作序。我經細心閱讀後，又使我對‘靜功’及‘性功’之認識和理解，添了一番見聞。辛平的真心和利他的精神，以及維護傳統遺留下的文化精髓的美德，使我非常的敬佩，我為‘調補’一書作序。

11

道家的修性、養生之修煉，乃中華民族先賢所遺留下來的文化瑰寶，值得傳承、值得發揚。辛平以自己實踐修煉、自身體驗和心得，並從科學的角度去探討、去領悟與驗證，而編著書以利人和繼承中華民族文化，這種精神是值得我們學習的。

　　道家之修煉學術及其思想，歷史淵遠流長，對人類的生存、文化與發展，對中華醫學的偉大貢獻，都有着很大的影響和價值性。

　　僅簡述數語，讓此黃、老之傳統文化，繼續發揚光大以便利益人類。

拿督斯里黃家定

感言"調補"一書

辛平先生與其老師 蘇華仁 合編著的道家養生長壽-內丹功之"動功"-《添油接命》及"靜功"《打通任、督二脈》二書，我曾為此二書做校正工作。我與蘇老師也頗熟悉。因此我對道家修身養性有些認識、並且了解道家內丹乃主修強身健體和精神道德的修養。

最近辛先生又將其第三本編著"調補"修法之初稿交給我，邀我再為之校對；因此使我對道家"靜功與性功"的修煉及其效果又多認識了一些。亦使我感到其師徒對發揚和維護黃、老遺留下古老文化之熱忱、真心、和苦心一片。

中華民族本有一套自己生存的理論和概念。前人遺留下傳統的文化、修身、健體、養性等寶貴的哲理，尤其是道家修身養性方面的學術思想和實踐，對中華民族的生活、文化思想、制度的影響和貢獻是有目共睹的。

　　本書之"調補"修法很清楚地敍述'靜功、性功'的功法，實為按序漸進詳盡修煉的過程、包括大、小周天功、輔助功及胎息功等；讓修煉者閱讀時能一目了然，容易上手。這又與以往所有有關的著作有所不同之處。這是他倆本着在實修實踐中，所得到的驗證和結論，這是很難得和寶貴的。

　　由於時代的轉變，科技的進展，生活節奏的變化，先人遺留下燦爛古老的文化遺產，隨著時代的變遷而流失及自然消滅，由於維護工作做的不足及極積,實是非常痛心之事。

　　今天蘇華仁老師與辛平先生，能稟着一顆赤子之心去維護、發揚這門學術以利益全人類。他們的勇氣、真心誠意，以及他們的魄力，是值得我們讚揚和鼓勵的。

擁有悠久歷史的道家學術思想，博大精深，對中華民族的生存、發展，俱有很大的貢獻；更希望能將此文化遺產瑰寶去利益全人類。

　　感謝蘇華仁與辛平二位為此黃、老文化薪火相傳所做出的貢獻。

林谷積
松風小舘素食料理
馬來西亞（西馬）
八打靈再也衛星市
Taman Sea
第 23 區 11 路 22 號
電話：03-78062235

自序一

　　通常一般人聽說‘調補’身體，大多皆會以爲是講‘營養’學方面的知識，因爲現代講‘營養’學的人士們，都應用這方面的知識以及藥物作爲養生及調補的内容。本書說“調補”則是以修煉“營、衛”二氣及體内的三寶“精、氣、神”來調補耗脫虛弱的身體。所以是非一般的知識和題材。

　　回顧中華民族久遠的歷史，就可以發現先哲伏羲、廣成子、黃帝、老子等所開創的中國道家養生之道-養生與調補，其法最爲完善，綱領即是‘天人合一’，即宇宙觀和修煉方法。讓修煉養生者能與宇宙大自然融合為一，而養生；並採集宇宙萬物之‘靈’，即現代所謂吸收宇宙之‘能量’於己身，來調補身體和養生。由此可知，傳統的道家養生之道，道理博大精深，内容真切，修法精練，方法簡便，效果真實神奇。

　　回溯史書《易。系辭傳》所載、中華民族易道始祖伏羲：‘仰則觀象於天，俯則觀法於地；觀鳥獸之紋與天地之宜，近取諸身，遠取諸物；於是始作八卦，以通神明之德，以類萬物之情。又《雲笈七籤、卷一。道德經》引唐、張希聲《道德經傳序》曰：‘昔伏羲氏劃八卦，象萬物，窮性命之理，順道德之和'。老子、亦先天地，本陰陽，推性命之極，原道德之奧，與伏羲同其源也。

　　從此二段文所敍述及涵意，我們則可知道，先哲伏羲和養生集大成的老子，所創立的傳統道家養生之道，其綱領有三：
　　　　一者其道：道法自然；即是道法與宇宙大
　　　　　　　　　自然萬物變化之規律一致。
　　　　二者其法：即採集大自然萬物之靈。
　　　　三者：　其養生最高之目的為天人合一：即
　　　　　　　　人類生活方式，與宇宙萬物變
　　　　　　　　化規律合而為一。

　　又從道家著名祖師　呂洞賓，以詩歌來謳頌先哲伏羲所創立傳統養生之道 - '人天合一'，則可知修身養性之道，為'盡性致命'之調補法：
　　　　"伏羲創道到如今，窮理盡性致於命"。

　　言及'窮理盡性致於命'，它實為傳統養生之道的總綱，更爲易道《易經》之總綱。可是令人惋惜者是：自古以來，不少學習研究傳統養生之道的學者們，僅重於'窮理盡性'，而輕於'致於命'，即是不致力於養生'調補'好身

17

體。致於古來研究易道《易經》之學者，則着重於預測與風水而窮理盡性，卻輕於'致於命'的養生修為；更忽略了爲世人作預測和調理風水，目的是為讓人養生修性。

　　自中華易道始祖伏羲開創'天人合一'養生之道，傳說距今也有數千年的歷史。然而中華民族人文兼道家始祖　軒轅黃帝，得其師廣成子的指導，繼承並發揚了伏羲所創養生之道：'天人合一'、'道法自然'。據傳說，黃帝曾二次登上崆峒山拜廣成子為師，問養生之大道。黃帝身為國君，仍至誠且恭地尊師重道，並嚴格地遵循所教，以道法自然而生活，持齋沐浴；飲食全素，常沐浴，採集日、月、星辰與萬物之能量，以滋養身心。方得傳養生寶點《自然經》，而後經口口相授秘傳形式，得承養生之大道。其時廣成子曰：-

　　"至道之精，窈窈冥冥；至道之極，昏昏默默。無視無聽，抱神以靜，形將自正。必靜必清，無勞汝形，無搖汝精，無思慮營營，乃可以長生。目無所見，耳無所聞，心無所知，汝神將守汝形，形乃長生。慎汝內，閉汝外，多知為敗，我為汝遂於大明之上矣。至彼至陽之原也；

18

天地有官，陰陽有藏，慎守汝身，物將自壯。如其守一，以處其和，故身可不老也"。

　　黃帝繼承與發揚傳統道家養生之道，著作內容主要者可見於《黃帝陰符經》、《黃帝內經》，而核心指導的思想為《黃帝陰符經》；它指出：'聖人知自然之道不可違，因而制之'；則應隨順於自然生理規律。黃帝因修習養生之道有成，其壽高 380 歲乃去。

　　道家養生之道，經數千年的發展與流傳，直至春秋時代，由道家祖師 老子全面繼承後，並發展了'道法自然'的傳統養生大道。老子著了被後世稱爲"東方聖經"的《道德經》；為傳統養生文化的集大成者。老子將先哲所開創及所修之'天人合一'養生之道融為一爐，使養生之道，於理論、方法、傳承上均達到一個新的局面，奠定了中華民族養生文化之基礎和其傳統。
　　老子傳統養生之道，其理論要旨，可見於老子《道德經》。於經中，言明道家養生之道的綱要： -
　　　一者：道法自然；聖人之道，為而不爭。
　　　二者：返樸歸嬰；反者道之動，弱者道之用。
　　　三者：長生久視；天地所以能長且久者，

以其不自生，故能長生。

四者：陰陽和諧；萬物負陰而抱陽，沖氣以為和。

老子於是將此道家上乘養生之道，傳授予天下德行高尚並與'道'有緣者，使'養生之道'的修法得以流傳下去。他又著出道家內丹-養生之道《老子內丹經》；而《道藏》命題爲：《太上老君內丹經》。其法要即是：'修生之法，保生之道，因氣安精，因精養神，神不離身，身乃長生；故凡是修大道，應利於生靈之性，發人智見，使人達道，得天沖虛之氣'。

老子所傳養生之道，其具體修法之理論與方法，可以由其親傳弟子-尹真人（即為周朝函谷關令尹喜，就因他崇高的道德修養，後世人尊稱他為尹真人）身上顯出。尹喜著有《尹真人東華正脈辟闔證道仙經》。此著作被道家內丹-養生之道視爲寶典，倍為珍貴。其所敍述之具體修煉法如下：-

一）添油接命，二）凝神入竅，

三）神息相依，四）聚火開關，

五）採藥歸鼎，六）卯酉周天，

七）長養聖胎，八）乳哺嬰兒，

九）移神內院，十）煉虛合道。

凡修道者及同道們，老子本着讓天下有福德、操行崇高者並與‘道’有緣者，都能修習道家内丹-養生之道；因此特意承繼和採用了口口相授的秘傳道規，來傳内丹養生法。故數千多年以來，道家們都一直在引用此方式。我更真誠的願大家，能由得道與修成者或其弟子親自秘傳，内丹養生法之下手功夫真訣，修煉成養生之道。

　　何為真正是得道與成道者呢？《黃帝内經》曰：上古知道者，和於術數，法於陰陽，度百乃去……不言而喻：有緣得道家内丹養生之祕傳口訣，並成功修成内丹者，自然而然為年逾百歲而鶴髮童顏，因爲他能掌握生死；則我命在我，而不為大冶所陶矣。

　　因此我願海内外與‘道’有緣者，渴望修學道家内丹-養生之道，和得秘傳口訣，願您能廣修善緣，得遇道家内丹-養生之道有成者，學得養生之法與真訣，以便早日獲得身心健康長壽，攀登修道之高峰，達至天人合一之境界。

　　　　　　　　　蘇　華　仁
　　　　　　　　　2007 年 6 月 3 日
　　　　　　　　　寫於廣東羅浮山。

自序二

　　我將這道家養生長壽學秘傳叢書之三命名為“調補”修法，目的是讓讀者、修者了解，我們的身體的確要經過一番調補才能恢復健康；之後，還要繼續保持鍛鍊和保養，方能使老化延緩，減少疾病連續的產生或治未病之病。為甚麼如此說呢？我們要明白，人類無論男女經發育成熟後，男者於 16 歲，女者於 14 歲，正常來說已經成熟；在精、氣、神的發育進展為最圓滿的階段。之後的歲月，在應用精、氣、神來說，都有不同程度的虧損消耗，無論是在求學或作研究、長時間工作或從商以及結婚男女交媾，劇烈的運動等，都在不同程度消耗虧損精力。只因你年輕身體健康恢復的快，使你不覺察而已。我們要知道，過於消耗元精、元氣，就使到神委；這時候毛病就會浮現，疾病就接二連三的生起；就加速衰老和退化的情形出現；但是疾病的出現，大多是經過十幾二十年，日積月累在你不覺下而形成。這是必然之道理和生理的反應，視乎於你是否認識罷了。嚴重的病情不是短時間形成的，發生的重病已經是日久月深的。

　　我記得當年入師門時，老師告訴我一些道家的術語，‘甚麼是修道，為了甚麼’？若是你不懂及不知如何回答，即表示你入'道'不深及未知門路。道家養生修煉內丹的目的就是：一者補爛腰，二者學狗睡覺，三者男兒懷胎。修道家之功法僅為此三件大事，道理何在？其實並不難理解。首先道家的修煉，就是'煉腎和強腎'；'腎者'命之根，健康之本源，為中醫學及道家所公認的理論。道家首修者為'築基煉己、煉精化氣'，就是'調補'，也就是'添油接命'。對腎有正確鍛鍊法，就可強腎使精氣飽滿（內分泌液旺盛，生命力增強），而煉腎可以生津、煉津生精、養精固精等效果，後而進入煉精化氣。道家秘傳之'動功'-《添油接命》即為"調補"修煉法之一。實踐了'生命在於運動'的宗旨之格言。

二者學狗睡覺，即在睡眠時向右側臥，曲雙腿、左膝蓋彎處疊在右踝上，讓兩腳底分開，如是睡眠者，得'舒心益腎'之效，如祖師陳搏之'華山睡功'；藏傳佛教也有'獅子睡'之修法。三者男兒懷胎，即是修煉內丹最後達成的目標，即是練丹成形-由無至有形，有如女人之懷胎-實際是神炁凝結的比喻。明伍沖虛解釋說："喻之曰胎，宜若真似有胎矣。雖曰似胎，而實非胎也。何也？生人之理，胎嬰在腹；修仙之理，胎神在心。世人但聞胎之名，而遂謂腹中實有一嬰兒出而爲身外身者，實可笑也。蓋人性至虛至靈，無形無體。我今不過以得定之性，出定而爲神，亦只虛空無形體，非拘拘於身外有身形也"。此為道家所說：煉精化氣，煉氣化神。亦可謂為道家修煉靜功的"動功"。何之謂也？因修煉內丹功抵達此階段，修者應該練成大、小周天功及胎息功；成就了'陽氣或營氣'以及'衛氣或潛息'運行。'營、衛'二氣已循行於體內，則奇經八脈及十二經脈已銜接，使這二十經脈之元氣輸佈循行無阻。有病治病，無病康壽。為修煉靜功（惟氣動的修煉）所得之最高效果，這也實現了'生命在於靜止'之說法。道家最終之修煉為解脫或與天同壽、與天地長存。其法則為'煉神還虛，煉虛合道'，由有返無之修煉；則是回歸根源-'虛無或空'。所以道家祖師老子《清靜經》曰：'人能常清靜，天地悉皆歸'。

　　南宗祖師張伯端於《悟真篇》說："築基煉己"目的就是'調補'元精、元氣、元神上的虧損耗脫，而得精滿、氣足、神旺，立下修煉內丹及身體健康之基礎。如果修者不是由童真始修，都要經過調補築基階段後才能由煉精化氣修煉至煉虛合道。由於'調補'之重要性，故為此書取名之來由。但是道家養生長壽-內丹學，亦可謂為'大、小周天、胎息與性功'之修煉；也

24

可說是‘性命雙修’的工程。可惜此二意都不能顯出修煉內丹的重要性，所以說欲求身體健康和調補，惟有‘內丹’，‘調補’為關鍵。

自古以來，道家養生長壽-內丹修者，中醫學家（兩者）滙集所得的智慧，留下了千古絕學、精粹文句，特別是對大周天功‘氣’循行之理，如經脈之起與終止點，大多數在頭、手、腳，形成足三陰由腳走胸，而手三陰由胸走手；再接手三陽由手走頭，復接由足三陽由頭走腳，再復接足三陰由腳走胸，形成一個大圈使潛氣或衛氣循行運轉於體內，以及《胎息經》的絕句。可惜就是沒有留下與大周天功‘氣’循行和《胎息經》有關連的修煉功法，實使我感嘆驚訝。或者說，修法只限於口口相授，不立文字。經過改朝換代，時代的變遷，滄海桑田，人面全非，戰亂年年，口口相授之法已經失傳了。但大周天‘氣’行及‘胎息法’等之絕句則仍存在文字的記錄中。我想這是對此等絕句精粹留存惟一的解釋。因爲在我自己修煉所實踐，印證了確是與這些絕句精粹完全正確吻合、天衣無縫的。只要你修到此階段，會令你嘆為觀止，拍案叫絕。對先哲由衷佩服的五體投地。

現在‘調補’修法一書已編著成，修煉之功法已存在，欲修者有其門可入；我視此為道家養生長壽之傳燈，為道家-內丹學留下最完整的全功全法，希望它再次興盛起來。我感激上天賜吾此天命去完成此任務。

辛平

*前言

　　當我編著完道家養生長壽內丹學-"動功"-《添油接命》及"靜功"-《打通任、督二脈》後，本想將"靜功"的高級功法之部份，編在另一部書中"道家養生之四步曲"。但是總是覺得不很適合，因爲"靜功"《打通任、督二脈》所敍述的僅'小周天'功法而已；而"靜功"的高級功法所講者為"大周天功、胎息功、煉神還虛-道家性功"的修煉。於是我決定將"大、小周天功、胎息功以及道家性功之修煉-煉神還虛"，合編著成一本修道的專著，成為世間僅有又是完整修煉"命功、性功"的秘訣專著；並加以改進'小周天功'的原篇（功法一至七以及第五章之部分，第九、十和十一章，已編入'靜功'一書中，而今重摘錄於'調補'書中，似有重復之疑），充實和完善其內容，志在成爲道家養生長壽-內丹修學直講的專著，亦視爲道家內丹功法之傳燈，延續內丹之"慧命"，此為最終之宗旨。

　　本書命名為"調補"修法，是一部很稀有完整的"內丹"氣行之修煉秘訣，罕有的編著。'調補'實是以自身之'精'、又稱'津'者來調養滋補虧損虛弱的身體，並非以藥物，因爲大

27

凡藥物皆是暫時性的。然而自古以來先聖祖師都未曾將秘訣修法全洩漏於書本之中，現在則完全原原本本讓讀者修者參閱，而且還是直說，以語體文敍述，減除一切可能之代名詞，更不用五行與八卦、比喻、描繪來論述。對發心修道-修心養性之同道來說，是一件天大的好事；因爲真正修道的丹書已經幾乎絕跡了。世面上已經沒有可依據的道書可尋了，有‘道之士’或‘高道’也很稀少了，懂得或精於‘性命雙修’者，是可遇不可求。所以我說，先哲聖賢遺留下來的傳統文化瑰寶，如果不發心去維護及發揚，編著成現代人所能瞭解的書籍，將會隨着時代的步伐而消失絕跡，豈不是一件很可悲之事嗎？更有愧對先祖畢生付出之心血精神，甚至是生命，倡立的學術理論精華，實為其他世界民族所沒有者啊！

　　道家養生長壽-内丹學，自有歷史的記載也已經有二千多個春秋。先祖留下古老的文化遺產-瑰寶，也應是現代人將它翻新的時候，用現代的語言文字，觀念和角度，世人的生活方式與社會背景，重新在編寫先哲的哲學理論思想。所以應該是時候將先聖“黄、老”遺留下的哲學思想，以現代的角度去處理，而‘直講’是其中方法之一。老子說：‘我道不興亦不滅’的觀念有所改觀，重新重整“黄、老”的學術思想，促使它興盛起來，才能直接挽救先祖遺留下來的文化精髓。試問今天的人有幾個能輕易看的明白、於公元前五百多年左右'尹真人'高弟之筆述的《性命圭旨》，東漢、'魏伯陽'所著的《周易參同契》、"丹經之王"呢？很難、很難啊！不過我誠心的相信，不少龍的後代如我一樣得以天命和天機，正在努力往這方面工作，去改變時運與負起這個使命，祈求上天賜予我天命去完成它，使學習修煉的同道，得到健康長壽，而造福人群。

　　我很感激上天給予我天命和天機，讓我能將此書完成及在不久的將來出版，使到有志於修心養性者有所依循。此書論述者皆是我個人實修實踐的功法，從實修實練中而得之經驗和知識。欲修煉者可依據敍述而修煉，當然最好可以與我聯繫或直接給予指導，在修煉過程中以防有所失誤，因爲它必定有其深奧難於領會之處。

在此我深深的感謝馬來西亞國家房屋及地方政府部長及馬華公會總會長 拿督斯里 黃家定 為本書作序言；也很感謝摯友 林谷積 及李妙艷為此書修改校正的工作，也得老師 蘇華仁潤色詞藻和修飾語法，更得摯友蔡麗芬為此書做

封面顏色設計、轉換成簡體文等工作，使到此本
書能早日編寫完。我於此深表感謝，頓首。

辛平

*第一章：運動的真諦

在自然界裏，有生命的生物，其生命皆隨順着生、老、病、死的自然規律而進入死亡；惟有人類，因爲大腦發達而能控制、延緩和改變這個過程。但是這也要看你如何對待生命，以及重視它的過程。其實人類自出生、成長至到老死之刹那，生命無時不在運動。道家與醫學家皆公認，生命自一點先天之靈氣結胎之後，就開始運動。心在跳動，隨着母息經臍而呼吸。瓜熟落地，臍帶被剪斷而肺呼吸始運作，取代母息。一呼一吸，脈搏隨之在跳動而無止休，直至到命終之刹那！

由於一呼一吸，脈搏的跳動，‘氣’隨着血液周流全身運行不停，提供細胞所需要的營養，抵抗由外界侵入體內之病菌；並且運走自細胞所排泄出來的廢物及毒素，以汗、尿、糞便等排出體外。這些運作都是軀體自然的運動，而是自律的。只要這些器官之運作發生毛病，疾病就會產生，四大即失調，人就不能自在的生活，必定要經過調理所出問題的器官後，人才能如常的生活。由此可知人的身體本是一副很神妙的機械。直到如今人類學家還未能完全真正了解及掌握人體一切器官，自律及不自律的運作精微的功能。但是我們知道‘生命就是運動’的原則。所以人應該每天抽出一小部份的時間來運動筋骨，使體內之‘氣’及器官功能順暢，運作維持正常。

　　一個人運動身心，就是為身體充電。為甚麼要充電或說運動呢？運動之基本就是活動筋絡，使血、氣運行通暢，促進血液循行無障礙，體內細胞產生的廢物，得以消除；營養得以輸送而細胞得以滋養。因此運動的目的就是幫助身體運作如常，處於正常的狀態。所以說運動就是充電，提供足夠無形之‘氣、精’力，使身體運作功效如常。你會問不運動或充電可以嗎？可以，因為生命體內本來就有‘電’，稱為‘能量’。這種能量在生命的過程中，通過每天攝取的飲食、水穀物生化而成‘氣’後，使到消耗的能量得以補充，人恢復活力。其實運動促使身體充電的方式很多，並倡設了各種各類的運動項目，幫助運動者充電，恢復體能的活力及負起其工作。但是一個人長期不作運動或充電，體魄就會因年紀增長而逐漸減弱，即是‘氣’的力量在體內減弱，就會形成穴竅的阻塞，造成關節疼痛、手腳無力，若是按穴竅時，都會感到痛楚無比。這就是‘氣’在體內逐漸減低的象徵，人無‘氣’就會逐漸枯瘦衰老而漸漸走向死亡。又因體質衰弱從而累積疾病於無形中，最終因病發成為致命之絕症而喪失生命。例如汽車的輪胎，因為汽車常期不使用，輪胎中之氣就會漸漸的消失於無形。人體的能量或電也是如此。因此我們應該每天為身體充電，特別是 40 開外的男女，更加要注意運動來為身體充電，以免惡疾累積於無形。身體能每日充電，健康是必然的，活力也隨充電而有勁而活的健康。

但是我們有 90%的人幾乎都忽略了為身體運動的原則，特別是在踏入社會後為工作和生活而忙碌者，對身體維持健康的要求都會放在一邊；並在應酬、長時間的工作下，幾乎大部份的人都忘了運動之重要與迫切性。長久下去，就會耗消體內的能量，由於缺乏運動來補充，並協助排除體內的毒素；皆由飲食（主要為糖）、肉類（酸性）、酒、煙等等不良之飲食習慣而累積所造成。當年紀踏入 40 開外，問題逐漸就會出現，因疾病養成於無形。所以很多人在 50 開外，就患上慢性疾病，例如高血壓、心臟病、腎病、糖尿病、前列腺腫大（護攝腺）、關節炎、肝病、胃病，甚至是癌症等。其主要的因素都是不能舒減工作上之壓力而造成。所以運動即有助舒緩神經壓力，更壓制體內之‘活性氧’，又稱‘自由基’造成的破壞。活性氧在高度精神壓力下是最為活躍，破壞力又最強且大；劇烈的運動，促進活性氧過於活躍，增大破壞性能。然而這一些，普通市民在這一方面認識即非常少。另外我們也忽略了而以為身體患上疾病，只要遵隨診療和按時服食藥物，身體就必會恢復維持健康，這是一種錯誤的觀念。要知道，疾病的形成，除了缺少運動和要調整飲食之外，就因體內兩項主要之‘氣’－即是‘營、衛’二氣的運作處於非正常的狀態，實是因二氣之含量逐漸減弱所致。因為‘營、衛’二氣是生命活力之根本，所以本書‘調補’即專為修正調理體內所耗脫及虛弱的‘腎’而編著，使修煉者‘元氣、元精’恢復並常保持正常的狀態，使人常處於靜中時都得到修補，這為道家養生學最上乘之靜功法要。

　　在今科技發達的時代，運動的項目是非常之多。其中包括運用機械等工具來幫助人做運動；所以市面上有很多保健中心的出現。你會看到很多人，特別是重視健康的人，運用這些工具來協助鍛鍊和保持身體健康。有者還做劇烈的跑步、打羽毛球、足球、籃球、游泳等，使自己排出大量的汗水，之後就會感到很舒服，經汗液且能排除皮層下之毒素，於運動後能夠舒服地睡覺。其實這些都是西方的運動觀念，大多數的人都以為是正確無疑的？實是不盡然，見仁見智。

34

但是在道家養生學及中醫學的角度而論，大量的排汗，實是損耗體內的能量精華。汗液實為津液，為體內最珍貴之津液。雖說是由每天之飲食、水穀物中攝取而來，經胃、肝生化而成‘營氣、衛氣、宗氣’。營氣者，分泌其津液，注入於脈中，化以為‘血’，以榮四肢，內注入五臟六腑而濡育臟腑。所以津液之流失，確實是一種損耗。人若做劇烈的運動，對身體會帶來副面的影響，激發並使活性氧更為活躍造成破壞。所以道家養生之‘動功’，因為是練腎，目的是練精、生津、固精，因此動功之習練都規範於 30 分鐘內就應該停下來；要知道，做任何運動，僅求達到熱身，微冒汗已經是足夠。修者可以早、晚各練一次。

最後，願修煉者知道，道家養生長壽學所傳導之‘動功、靜功’，都是中華民族先祖經過長期鍛鍊所累積之心血精華而留傳下來的成果，為寶貴之文化，擁有其特長及效應；但願我們能用心去學習、體驗、發揚、推廣先祖遺留下來之文化，以免自己的文化走向自然消失的厄運。願我們負起一份責任與維護之心、發一份光和一份熱，使民族之文化光大起來。

（於此有一事值得提者即是，當我們發現某些功法勿論是‘動或靜’，若覺得對自己身心會有益者，盼你用心去學和練，給自己一段時間去體會其效果；因爲凡是任何功‘動或靜’都需要時間去消化領悟，也千萬別計較付出的費用多寡，因爲往往你得到之回報必會比諸付出高出百千倍或無法計算的，只要你能堅持必會有收穫。這是我個人的看法和經驗，因爲太於計較得失，可能造成你失去者就更多，當然最終的決定還是在你）。

我們要堅信惟有健康才是生命最大的本錢，別以爲有金錢就可以買到生命或者健康，這是錯誤的觀念或認識。因此認爲前半生努力辛勤併命賺錢，就可以用金錢來換取下半生的健康。這是很不實際的想法，我們要接受生命是不由我們所主宰的，健康是在你無意識下累積而來的，更本不由你知道其發展和進度，病發時你甚至沒有機會去治療而重獲得健康。故我們不要忘記惟有健康的體魄才是人生最大的本錢，若是缺乏健康的身體，甚麼都不行。所以必要及早就開始注意及鍛鍊身體，以保持健康，是後天的補救及調補方法；而最優良的保健方法，即是歸根復命的養生方法，亦是鞏固自身的‘精、氣、神’之法，即為“虛無生氣”是也。

第二章：道家修心養性之瑰寶

　　道家養生長壽內丹學，並不是宗教性的理論，不含任何宗教色彩，亦非如江湖術士故意誇張，如方士說的仙術，人天合一之修法，更不是奇幻之修煉。這都為道家內丹學潤上顏色，都是不正確浮誇之言，對道家內丹學是很不公平的。其實道家內丹學所修者，是道家傳統的健身運動方法-「動功」，以及「靜功」-即是如何打通奇經八脈及十二經脈，促使'陽氣或營氣'、'衛氣'旺盛而循行於體內，對身體健康的貢獻是非常之大。此為內丹學僅傳授的兩項功法並無他，實為上士道之主修，亦內丹學之核心。

　　中華民族聖祖遺留下來的文化瑰寶又何其之多，例如自然養生法，即是依據生理或子午流注而生活；中醫學術，有如醫理、經脈學、穴竅按摩法或指壓法、針灸學，道家傳統養生長壽學之動、靜功兩項的修煉等。這些文化遺產，有幾許人會深入去研究、了解而去發揚光大呢？的確去做的人是非常之少，更不會被列入普通教育科目之中，使到人民對這些知識有普遍的認識或能早些接觸到，形成現在的市民對養生、經脈學、穴竅按摩法或指壓法等等，超過百份之 90 的人對他們都是陌生的。如此對個人健康的療理，就打了一個很大之折扣，使他們不知如何處理本身健康的問題。在小毛病出現時，全無預先的認識和知道問題之嚴重性，而輕視之，待得於後期演成無法治療的絕症，已經是太遲了，實是很可悲痛的一件事。

古人遺下無數的瑰寶，惟中醫學術成為主流之專業學科，其中又包括經脈學、針灸學等之外，而按摩及指壓法等學，則成為第三醫學。我們應該考慮將自然子午養生法、經脈學、針灸學及穴竅指壓療法，道家養生法－動、靜兩項功法，其中的基本知識列入高中後期的教材；使每一個高中生或大專生，在他受教育最關鍵的時候，都能學習和接觸到這些知識，對將來照顧身體的健康，必會有很大的幫助。同時對他們進入大專或本科就讀，也有多一項學科可以作選擇，能學習與瞭解及發展。如此中華民族先祖遺留下來的文化學術，自然不會消失被遺忘，因為他們認可亦了解它存在之價值；更不會被外來文化所侵蝕！若是自己民族都不懂，毫無知識；又如何作捍衛呢？怎樣會不為外來文化所腐蝕呢？這是絕對無可能之事。其實若是自己擯棄聖祖先哲的智慧於一旁，甚至為這些文化學術硬套上一個莫虛有的罪名；又認為是封建文化，是迷信的文化思想，是舊時代的產物等等，是多麼的可悲、可惜啊！試想我們現在所用的文字、科學、政策制度、教育等…那一項不是舊的、古老的，先祖之遺物呢？其實古人留下的文化遺產並非是禍害，錯在是人如何去應用它而已；是人們安上種種莫須有的罪名吧了，實為可嘆！

先祖的文化遺產是極爲豐富、十分珍貴的；所聚集者，皆為古人傾其畢生心血，以致是性命，從事實踐和探索中，而得來的理論精華。現代的人對這些文化瑰寶一無所知，就形成了有無皆不關重要的思想觀念，導致這些文化遺產自然地消失隨着時代而絕跡的危險，是很痛心之事；然而對這些文化瑰寶，亦無必要採取盲目的態度，將它全盤接受。但是也不能一概歪曲它，否定、批判、拋棄此無數被稱爲全民族之傳統財富之文化遺產。若是如是做，除了愚痴、知識淺薄、狂妄無知，將這些文化破壞消滅，在歷史上則記載下他們的愚痴、無智、丑陋的形象，更成爲民族不可磨滅的罪人，為民族帶來無比的恥辱，使自己的後代擡不起頭來面對歷史。

先哲所遺留下之文化瑰寶，別説它有五千多年，至少有文字記載者，也有二千多年的歷史。作爲後代者不能保留及發揚這些文化，已有愧對先哲，反而要將它毀滅，又怎能説是問心無愧呢？於西方壓根兒也沒有這些文慧珍寶，欲求亦不得啊！其實，如果將這些遺留下之文化，以更高的智慧深入去研究，以新的科學觀點和眼光去探討，必能在原有的基礎上，有新的發現、新的了解和肯定；一套倡新的學術理論可能因此出世；進而發揚光大先聖哲之學術理論，造福人群與社會。若是先祖的文化學術，能夠列入高中後期的教育課程，人人就能擁有自我保健的本能與知識，養生、掌握經脈穴竅按摩療法；個人家庭在一年中就可省下一筆可觀的醫藥費用，對一個國家，又不知要省下多少千萬億的醫藥開支和醫療設備。為甚麼不能從這個角度上着手，去解決國家及人民的一些困境煩惱；將省下來的經費，去建設提供更為完善的醫藥服務呢？（當然要執行起來必是不容易，要做很多的準備和策劃、立定長遠的目標等工作）。

　　先祖遺留下於道家養生修性的文化，千多年來為甚麼總是夾帶著濃厚神秘感的色彩呢？就因為你對它不了解，沒以客觀的角度去理解它，反而以有色的眼睛去觀看及處理它。如果一個人在一天之中，能花 30 至 45 分鐘，暫時與鬧市喧嘩隔絕片刻，試讓身心完全回歸到自然的狀態；或者以 30 至 45 分鐘去了解和讀一些修道的書籍，就有可能運用這些時間去鍛鍊自己，幫助體力的恢復；若患有疾病者必獲得消除，同時心靈必得以淨化，精神得以調養，必然智慧得到開發，人生之見解與觀念必定會改觀。就會消除否定‘道家’的養生修性的觀念，就必不會對‘修道’用有‘色’的眼光去對待，並且盲目的反對、抵制。

　　道家養生修性的大部份文獻，如佛、儒及諸子百家等之學術理論，都是於實踐上確實是可實行的，也是很高之理論學術著作，由體驗經驗中累集而來的。若是能進一步科學化，就更為理想，進而成為專著學術，人類受益就會更大；就能抗衡外來文化的腐蝕。至於外來的文化與學術，我們自然應該去學習和瞭解，用以充實自我本有之不足，取長而補短。對外來文化學術有所掌握，有促進改善自己的缺點，兼備兩者之長，不但可以自保，也可以與他人爭一長短！這是我們應該擁有的態度！切勿僅學外來的文化與學術，擯棄自己本有文化遺產智慧！那比起他人你就更勝一籌，並贏得別人的尊敬。在民族與文化感情的激越中，應該於冷靜中，領悟到先哲文化瑰寶之歷史的淵遠流長，文化的強韌深厚，你應該勇敢地捍衛、發揚它；更應該學習、普及它，使中華民族和人類受益。

*第三章：道家養生長壽之下手功夫

自古以來道家養生長壽之法，鮮有詳述於丹道之書籍中。在丹書中所寫的，都是用隱語、代名詞及比喻之詩詞來論述修法的下手功夫，程序和所得之境界；使到千千萬萬欲修者望門興嘆。何況修道有成之高師也是可遇不可求者，即使是得遇，然修而有成者，小部分即是孤傲自賞，心高氣傲，輕易不授人。有者又持着門規要觀察來人的品德三、五年，但傳者也未必一定是真訣。實際上學道有成者是極為稀少，而修成者是極喜與有心學道者分享其成和心得，他們都是熱忱與謙虛的。雖然道家養生之發源始於中國，歷經幾千年來歷史的變遷，滄海桑田，變化萬千，道家養生長壽之法，流傳至今者，修法之下手功夫幾乎已經是稀之又稀了，況且還有些是很保守者。

自古以來道家本有很多傳承派別，有名氣者例如北派及南宗，而今教理與修煉之下手功夫已經是不全。我曾有機會拜訪過北派及南宗的傳人，事實也就是如此。所以真正修道者人數並不多，得訣者就更少了；反而披上修道之外衣者則很多。對道家養生長壽之學的研究和認識，多偏於理論和道學思想及易道。自古以來，上至皇帝將相、高官，下至市井平民百姓；對向佛、道修者，都敬重非常，就是因爲他們學有所專長。對詩、詞、歌、賦，琴、棋、書、畫，無所不通且精之外，更懂「道」，成仙、輪廻解脫，離苦得樂之法。可惜今日之修道者，既無此本能，還自以爲是，實是可嘆也。這也可能與發生眾多階級和社會的改革有很密切的關係，因爲反對封建思想掃除迷信，所以一切與宗教及精神修養有關的文物，古老的傳統文化精粹，幾乎都被破壞殆盡、蕩然無存，重要的文物書籍史料也被燒毀殆盡。例如道家著名的第二大洞天，就已經是面目全非，文物完全被破壞，留下一片蒼涼凄清的景象；而南宗的祖庭-桐柏宮，也被人造水壩（發電廠）淹沒在水底。世人失去留下歷史古跡的意識，是多麼的可惜啊！

我們都忘記了人類必須有精神糧食的，尤其是進入晚年的時候，精神修養與寄托尤爲重要，始能穩固生命與空虛的心靈，才不會為社會及人類帶來動亂和干擾，對社會的穩定是非常重要的因素。要知道，年長者的人數，在每一個發達的國家來説為數皆不小，特別是商業發達的工業國，就會逐漸的增加，由於生活水準的提高、醫療的昌明。所以精神修養的生活對年老者是特別的重要，是不能輕易被忽略和輕視的社會安定問題。所以道家之內丹學，應該被提倡、發揚和推廣的一項生命科學，使人類受益。

根據歷史的記載，北派與南宗傳承的修煉法皆始於老子的內丹，後來南、北兩派合而為一（此為後事）。尹喜得道於老子後，將修煉之法傳給東華帝君王玄甫，由王玄甫成立少陽派，從而成為道家內丹修煉最大的門派。王玄甫傳給太極仙翁葛玄，二傳給正陽帝君鍾離權；鍾離權又傳給弟子呂洞賓；而呂洞賓又傳給弟子劉海蟾、王重陽、麻衣道者等。劉海蟾傳給南宗始祖張伯端；而王重陽傳丘處機等，後者成立北派。麻衣道者傳陳摶、陳摶傳火龍真君、而火龍真君傳張三丰，而成立隱仙派。張三丰著有《丹經秘訣》，又要比尹喜所傳的《證道仙經》更為詳細，其內容實是相同。由此可以證明《丹經秘訣》與《證道仙經》都是由老子傳下來的內丹修煉法。因此可知道家養生長壽內丹修法的歷史悠久長遠。這一點又得到清朝道光辛卯年間，蓋山龍門正宗第十一代傳人-祖師閔一得所印證，為非常難得的史料。

而今市面上流傳的真本，應該有祖師張三丰所講的《丹經秘訣》，為徐雍所收集輯註。另外則是呂祖著《先天虛無太乙金華宗旨》。此二書實是現今市面稀有論述道家內丹修習過程完整的丹書，都是太上（老子）心傳之法，既是可靠又是非常寶貴者。但是此外，還有南宗張伯端所著的《悟真篇》、《青華秘文》、《奇經八脈考》等丹書，皆是對修習內丹法很稀有且珍貴的典籍。可惜者是要尋找得下手功夫實是不易，尋求高師指點就更難，也未必能遇得上。這就是修煉道家內丹功困難之處。更何況很多傳統傳授的口訣也未必正確！即使是有口訣也未必有用，因為光靠口訣，而沒有將「氣」運行的路徑說明清楚，修煉者也是徒嘆奈何！

我當年得了口訣，誠心依口訣而練；例如"呼上玄關，吸下丹田"。由於不知道呼上玄關應以那一條經脈，吸下丹田氣又走那一條經脈！只當作是調息練氣，花了一段冤枉的時間，一無所成。我當時在想，啟蒙口訣，若不配合「氣」的走向而練，怎會有反應呢？最後我還是將它放棄不練。繼續修煉我所學會的小周天功，於修時使「氣」由督脈上而任脈下，歸於丹田氣海；同時採用站樁與臥功以及內丹-動功幫助修煉。現今我又親證了道家內丹-動功、猶如北京市中醫師王玉奎先生說："邊老的道家內丹-動功是隨

45

練，「氣」即隨著運行"。但是，亦應該說，凡是繼續不停的練功者，特別是在任、督二脈銜接了之後，再經過精勤修煉和假以時日，都有可能進入大周天"氣"自行的狀況。我發現及領會的就是如此。後來老師再次對我說："再回去依口訣而練功吧"！

我於是再次嘗試，結果這次我所得和發現，在依口訣練功"氣"自然就通了。但是，與口訣恰好是相反，則是"呼下丹田，吸上玄関"，因為呼時，"氣"從任脈下丹田（任脈氣往下走），當吸"氣"時，"氣"由丹田經黃庭直達泥丸穴，而返出玄関穴，不上百會穴，然後氣循任脈而下丹田。這是氣走衝脈之路，而衝脈"氣"是往上行的。如此，任下而衝脈氣上，形成一個循環之途徑。然衝脈之三竅，則黃庭、泥丸、玄関穴（印堂穴）是耶！與任、督之三関是有別的。但是，願你知道，衝脈要在奇經八脈之「陽氣」及十二經脈之「衛氣」通了之後，才能啓得開"衝脈"。衝脈為奇經八脈中最難啓開的一條脈絡。

所以我可以肯定地說，自古以來修道家養生長壽內丹者，幸者也要經過八或十年，不幸者，一、二十年是件很平常之事。因此自古以來道家內丹之修法有百日築基、十月關或中關、及九年關或上關，修煉至煉神返虛的過程（在指點下修）。例如練呂祖《先天虛無太乙金華宗旨》的途徑，亦是同工異曲。我曾遇到一位依呂祖《先天虛無太乙金華宗旨》的修煉者，由於無人指點他，在自修中總共花了將近二十三年的時間，於其中他停了七年，因爲練功時遇到異象困境而害怕、不敢繼續向前修而放棄。後來又繼續練，最後他成功了，通了，整整花了十五、六年的時間。我真佩服他的毅力。他與我談及所經之際遇和所發生的變化及心得，路徑均是很相似的。

所以我常說：練成大、小周天者，只要他能說出所經過的情況，你就可以印證是對與不對。同時練功所得的成就，必在他身體健康反映出來，其臉色必是紅潤，精神弈弈的。沒修成者，是沒法講的通。即使是講了，也是錯誤百出，牛馬不相及。要知道"氣"的循行，必有其軌跡路綫，本為人體之生理結構，受'不隨意神經'所控制的，不受人之意識所左右，非意領氣下可以造作的。若是能做到者，即是自欺欺人，誑諸無識矣。

我在此書洩露者，都是實修實踐之道家大、小周天功法。在《打通任、督二脈》一書中，只講述道家內丹－"小周天功"法，是經修煉中累集的經驗和領悟。道家內丹之"大、小周天及胎息功"，是自古不直講之功法，而"大周天功"更是道家典籍鮮有敍述、枉說直述修法。自古以來，丹道只講內丹－"小周天"功，但亦沒點明下手處－「火種」。其實於"火種"在丹經典籍中，有如下的敍述之跡可尋：

（1）《丹經秘訣》第二章云：太上曰：觀心者，則有血熱火旺之患，不可不慎…。"火種"處也。

（2）《悟真篇》張伯端說：在通任、督之前，應逐步轉入逆呼吸…非逆呼吸已成習慣，不能運轉河車…。"規則"也。又說：八脈者，先天大道之根，一炁之祖。採之惟在陰蹻為先，此脈才動，諸脈皆通…。"氣動之跡象和成功之始"也。

（3）呂祖《百字碑》曰：養氣忘言守，動靜知宗祖…。"知先天氣之源而起修"也。

（4）《胎息經》曰：神行則氣行，神住則氣住；若欲長生，神氣相注，心不動念，無來無去；不出不入，自然常住…。

"此動功最高境界，往後則靜或性功之始修"也。

（5）當然還有很多其他的修煉口訣可以採用，只要修者留意，就能知道。

這都說明修道-内丹養生長壽下手功夫之真道路呵！惟你能串通，將這些精粹或精髓連貫起來，不就是一條真道路嗎？

此書除了指出道家内丹-"大周天"之功法外，還講述"胎息"功之修法，以及如何銜接「衝脈」。但是話還得說囘來，道家内丹"小周天"功是基礎，沒有練好内丹"小周天"功，即無法練成内丹之"大周天"功及"胎息"功。即使你是直接依我所講述的内丹"大周天"及"胎息"功法去修，你也無法練成。因爲沒有基礎，又如何能建大樓呢？何況所修者"動、靜及性功"，是自古以來道家們所不洩之「寶」或絕學耶！更何況這是「道」的傳燈。「道」經過數千年的發展，亦應該改變它的修法以益世人，放下門戶之見，相互交流，相互勉勵合作，「道」才有轉向興旺的一天。「道」之秘訣絕不能僅僅保留在少數幾個人之手中。"道法"若能普及，對人類的身心健康是非常有效的。我敍述之修法，都是直言無私，若妄說修者受害，必遭天譴之禍。

49

我不敢行此害人之心，因果循環，絲毫不爽啊，不能不銘記於心。

所以此書講述者，為道家內丹功法整個流程。若是基礎打好了，其他者則水到渠成！當年我任、督二脈銜接後，導師也說"大周天"功是自然能練成的。我在想，若是沒有一分堅毅恆持之心，以及輔助功法，我不相信會有成功之希望。因此，我誠懇的對欲修煉道家養生長壽內丹功法者說：一分耕耘一分收穫。這就要視你之用功與決心，對你身體健康的關注到何種程度？因為"營與衛"二氣未能於體內循行，"治未病之病"，是沒有可能達到理想的程度。

但願有緣者能得閱此書，依法修煉；得身心健康，福壽無量。若能發心廣傳《道》之燈，使這近於斷滅的中華民族傳統古老文化得以再興旺起來，而廣傳開去，使有緣人受益，實是你之福澤無量耶。太上曰：吉人語善，視善，行善，一日有三善，三年天必降之福也。凶人語惡，視惡，行惡，一日有三惡，三年天必降之禍也。胡不勉而行之。願同修們共勉之。

*第四章：道家內丹-靜功《大、小周天》功實
踐法

　　修煉內丹功之動、靜兩項功法，主要是『治療未病之病』。就是增強腎臟的功能，以及打通任、督二脈，進而打通十二經脈及奇經八脈；使「氣」的營、衛功能達到最佳的狀況。同時自發治療病患，使"氣"成為自然的防衛者，體內「無薪之醫生」。古人有說：『聖人不治已病，治未病之病』。防範是勝於治療。「陽氣」就是最佳的免疫系統，並促進內分泌自然的調整、運作於最高功能狀態；又使後天返先天，揭示人體生命活動的生理機能和規律；使受虧損之元精、元氣得以調補，重建生命活力。

　　此為修煉道家內丹-靜功-大、小周天運行法；學習道家內丹-靜功-大、小周天的要求、準備和須知要點如下：

（1）正確的姿式

　　坐式：有盤腿與垂腿兩种。可隨順習慣和以自然為最重要。一般盤腿久坐後腿易麻，故一般採用垂腿，即是坐在椅凳上，且別靠背，脊椎坐直，兩手輕放在大腿膝上，手心向下，輕按在腿上近膝蓋處。

盤腿坐，有雙盤及單盤或自由盤。雙盤腿，把左腳放在右大腿上面，再把右腳搬到左大腿上。兩手相合抱置於小腹前面，這坐法穩固不令搖動，但是不易做到，特別是上了年紀的人。單盤，把右腿放在左腿上面，手勢如雙盤。自由盤，將兩腿相互交叉而盤坐。修習內丹靜功者最好採用垂腿，即是坐在椅凳上，以免雙腿發麻而影響心理。無論採取那一種形式，兩肩下垂，腰要直挺，且勿用力，下顎略向內回收。

修習大周天功時，可採取盤腿坐的方式，無論雙盤、單盤或伸直，只要舒服則可。最好是躺在‘沙發’上而兩腿伸直；因為‘衛氣’已經啟開和運行，在‘潛息運行’時之氣感會很強；致於修煉胎息功時，最好採取仰臥之方法，頭頸部分略高，兩腿略分開約離一尺寬左右，使潛氣運行輸佈全身，而不受任何障礙。兩手伸直置於身之兩側。

（2）口腔
口唇自然閉合，將舌的中部弓起成 90 度，舌尖輕舐下顎。唾液分泌自然就多了，放舌慢慢咽下。咽津是很有益處的，可幫助消化，并滋潤臟腑。古人說：「氣是延年藥，津液為續命芝」。由此可知津液的重要性。咽津，使津液直入胃，有健胃與幫助消化的功能。仰頭吞津液，是引導津液直接流入腎臟，對身體益處就更大，即是煉津生精，這是修煉道家內丹功的秘訣。

（3）眼睛

閉目內視，於心中默默跟隨功法所說的穴竅，凝神內視；若久坐後，精神散亂無法集中，睜開眼睛，思路自斷，閉目再坐。靜坐欲求心靜，必先控制眼睛，因為眼者神遊之宅，若神遊於眼，則役於心。所以抑之於眼，而使神歸於心。道家內丹法之理論認為神藏於心，發於二目。靜坐修習內視，目的在‘觀’，當以目內視的時候，思想集中，元氣運流，返視內照，萬慮皆空，妄念自消，心平氣和煩躁自消失，定得入爾。

（4）呼吸

內丹靜功－大、小周天修習者，欲打通任、督二脈，呼吸是最為重要之關鍵。在修煉的過程中，一直要切記注意‘呼’氣，吸氣可不加理會，順其自然。初練時以武火，感羶中心位處微熱，或身熱後；則改用文火，自然呼吸。在‘呼’氣時，用‘耳’聽氣息經羶中心位處；則入內三寸處古人稱『黃庭、“華庭”或“天心”』者是也。此為修煉之<u>正</u>呼吸法，是修者必

53

採納之法；即‘呼氣’時小腹內縮，‘吸氣’時小腹外突，道家稱之爲調息。

（5）呼氣

由於兩肋向內向下合，橫膈膜上升，胸腔縮小，腹腔擴大，胸腔"陽氣"受壓力，即沿任脈入小腹，形成‘心、腎’相交，產生真火；同時呼氣時，手三陰經之陽氣，由胸運行走向手指，與手三陽經相接；足三陽經之陽氣，由頭走向足，與足三陰經相接，形成經氣的大運轉。在吸氣時經氣的運作剛好相反。亦說明了十二經脈在一呼一吸，「氣」的運行方法，凡習練內丹靜功者需要切記。惟有你"衛氣"練成，即是成就‘大周天功’的時候，你即能體會上述的感受；因爲"衛氣"依十二經脈循行的。（可參閱內丹功-大周天功實踐法一文）。

（道家內丹-靜功修煉者，在通任、督之前，修者應逐漸轉入逆呼吸，即是‘呼氣’時小腹外突，‘吸氣’時小腹內縮；道家稱此為橐籥（風箱）功夫。就是吸氣時"氣"由督脈上升，呼氣時"氣"由任脈下降，修煉時呼吸必須配合，在心自然調整，使氣之動向與呼吸之出入一致；非至逆呼吸已成爲習慣，不能運轉河車。在丹經中稱之爲「調真息」。修煉內丹者應接天之氣，同時亦應攝取大地之氣，使得天、地之氣升降交融於體內，而為己所用，進而昇化體內之真氣。修煉內丹者既要攝取宇宙日月之靈氣，更要吸入大地清氣，助以排出體內之濁氣，使陽氣/真氣充盈旺盛。修煉者若再進一步而不借呼吸，練得內息自行運轉於形體中，即稱為"潛氣運行"，為「胎息功」之修煉，後進入'命功'與'性功'的修煉境界）。

（6）修煉

　　必持堅定不移之心，持之以恆，不求快捷速成，不要畏難而退。練功時，身體會發生很多「生理」上的變化，不要驚慌失措，泰然處之。亦不要執意追求任何景象，稍後就會消失。練功時，避免受他人干擾，注意調息之呼氣，勿用口呼吸，宜用鼻子呼吸。當風雨交加，響雷時，請勿靜坐。內丹靜功著重在長期意守丹田，它是『陽氣、內氣或真氣』滙集的地方；是生命之本源地。全身之"陽氣"歸於氣海，即指丹田氣海。這就是修心養性-築基煉己調補"元精、元氣"虧損耗脫的鍛鍊過程，'陽氣'的產生則表示調補的準備工作已完成，已達到精足氣滿神旺之階段。道家內丹-小周天功成矣。惟有堅持修煉至"衛氣"啓動，而隨十二經脈運行，則大周天功始成。道家-內丹靜功"練氣"的功夫始完成。若不能練成"衛氣"，內丹功"修煉氣"的功夫只達到一半。靜功之"動功"或"命功"修煉到此告一個段落；接下去是"性功"修煉的開始。就如呂祖《百字碑》曰：養氣忘言守。即是以"亦忘言亦忘守"之修煉；如《胎息經》云：'固守虛無以養神氣'，則為'神守而氣不動'，層次之高而難度亦大矣。

（7）"陽氣或內氣"產生後

勿用意領或導引，任其自如。因為「氣」是無意識的東西。意領或導引，必得其反；但求勿忘勿助，自能撞關周天運行。陽氣產生則表示奇經八脈之任、督及其中一些脈已通（恢復八脈於胎時之功能），並不是八脈全已通；特別是衝脈，猶為難通，惟待得"衛氣"銜接後，衝脈始通。故要啟開二氣（營氣、衛氣），必要經過時日之修煉始成。

（8）張三丰＜丹經秘訣＞

凝神入竅有說：『太上曰，吾從無量劫來，觀心得道，乃至虛無。夫觀心者，非觀肉團血心，若觀此心，則有血熱火旺之患，不可不慎也』。

心與三焦在五行同屬火。故'觀心'者有血熱火旺之患，即也是"陽氣、真火"產生之處。只要神與氣合，緊緊不離，配以適當之呼吸方法，就能使在羶中心位處，陽氣、真火聚集，而產生‘內氣’。經過呼吸運作的功能，而引發腎中之元氣。兩股氣融合，形成另一股內氣、真火，於養生、生理、營、衛有很大的奇效。三焦亦屬火，為何不能用以凝神合氣集於三焦呢？只因三焦，凝神內視「難」，而羶中心位「易」的原故。羶中心位就是“陽氣或真火”產生之根源，並沒有其他更為直接有效之易法。

第一步：內丹功-小周天運行實踐功法

（1）功法一：凝神回視羶中處

　　道家內丹功「靜功」築基之法，『煉心養氣，凝神調息』。心靜則氣平，氣平則息勻，息勻則氣聚，氣聚則神凝，神氣能合一；陽氣當旺，積聚久之，先天之真<炁>，自虛無而生也。靜功的修持着重於靜心而調息，這是練成大、小周天功之基本要訣。很多人錯認道家之靜心調息為入定，其實這入手工夫是使人之三寶精、氣、神太和得以調整，使氣息均勻，並非入定而忘神忘我之境界。因爲於築基煉己之時，則以養氣為本，神氣交合而元氣生，則陽氣生矣。故**凝神回視一處**，就是達成「守」氣出的主要功夫，才能使"陽氣"產生。

　　潛虛翁論調息法云："凡調息以引息者，只要凝神入氣穴，神氣在穴中默住於陰蹻，氣不交而自交，不接而自接，則所為隔體神交，道理至詳，古先已言之確矣"。

　　張三丰祖師亦云："調息者不難，心神一靜，隨息而自然，我只守其自然，加以神光下照，則調息也。調息者，調度陰蹻（則會陰、陰

58

蹻在囊下）之息，與吾心中之氣相會於神，凝於氣穴之中也"。

　　道家內丹經有'下手先凝神'的口訣。張伯端《青華秘文》曰："所謂凝神者，蓋息念而返神於心，神融於精氣也"，神與精氣合一，即是調神之收穫耶。

（1.1）修法

　　坐在椅凳上，準備好及坐定後，收神內視，即是閉目內視羶中心位處或二胸骨（二乳中間）交接處。凝神氣合則為精神集中，作「武火式」呼吸。在吸氣時，任其自然，不必理會。在「呼氣」時，意識（神）隨着氣（息）通往羶中心位或中丹田，並凝神聽（回視）呼氣於羶中位或交接處。武火呼吸時，不要發出粗糙之氣息聲。凝念於神息（呼氣），反復的做就會排除雜念。初時可能會做不到，只要堅持，注意呼氣，漸漸就能克服思潮的生起。這就是凝神於羶中位即中丹田處的作法。

　　修靜功，即是精與氣相養；氣聚則精盛，精化氣於無形，精盈則氣盛，精氣旺盛，神自虛靈。一呼一吸，則是使先天氣與後天氣相互為用。煉精化氣，就是鍛鍊元氣（陽氣），使其產生能盛行於體內。所以古祖師說："神行則氣行，神住則氣住」。神住者則爲精神不集中（散亂），住者停也；重要者就是「守一」、則守羶中穴的功夫，若是做的好，修者已經踏上成功之路；有如呂祖曰："養氣忘言守"。初基則為忘言守一的功夫。

五代譚紫霄真人的心法曰："忘形以養氣，忘氣以養神，忘神以還虛"。紫陽言："形心兩忘，合乎至道"。內丹修煉下手功夫在求靜，求靜之法在抑念，抑念之道在閉息，心息相依，用志不分，動靜自然，無為乃成。

（1.2）時間

每天要固定時間練習。養成靜坐的習慣，對穩定思潮必有一定的幫助。在功法一，每日、早、晚、二次練習，每次三十分鐘左右。若是認真的練習，大約經過 20 小時左右，就可以使陽氣或內氣凝集。

（1.3）效應

練功經過 8 至 10 小時後，即感羶中心位或胸骨交接處沉重，或有微溫。經過 12 小時後，每一呼氣時，即會感到一股熱流流過羶中心位的感觸，以及散發到背部和髖也會有熱感。這象徵「陽氣、內氣或真氣」已經產生及集中。有了此內氣的出現，就奠定下功法一的基礎。這時候是周天運行成功或失敗的關鍵，也是修靜功最投入的時候。

內丹靜功首要的功能，就是使全身中的氣、血逐步的疏通；在習練時，全身放鬆，精神集中，將神識轉向「任脈」上的「羶中穴」；同時通過呼吸的作用，讓氣、血在經絡中循環加強。集中神氣於羶中穴，促使腎間氣動。李時珍認為：『任、督二脈，人身之子午也，乃丹家陽火陰符升降之道，坎水離火交媾之鄉也』。

張三丰祖師《道言淺近說》云："心止於臍曰凝神，氣歸於臍下曰調息；神息相依，守其清靜自然曰勿忘，順其清靜自然曰勿助！勿忘勿助，以默以柔，息活潑而心自在"。此亦說明'守'為首要工夫。

（1.4）感受

在開始時，會感到坐的很不習慣，精神欠缺集中力，腰酸、背痛。呼氣時不能凝神回視氣至（呼氣）羶中心位或交接處。另外，舌不能常舐下顎。然而只要堅持，練習操作假以時日，就能運作自如。古人有說：『心妄則情忘，體虛則運「炁」，心死則神活，昧者不知』。要知道，不動者是本心，動者為本心的功能，則用也。因此靜中之動，便是精、氣、神之妙用，凝神集氣之妙道耶！

　　注意：初修時必需採用「武火法」，使‘陽氣或內氣’的產生；但要注意，過於採用「武火法」會使‘陽氣’迅速的產生及使全身暖熱，會造成喉嚨干燥，及會影響便秘。故在陽氣或內氣產生後，則應改採用「文火」（自然）呼吸，或‘武、文參半’，目的是使陽氣或內氣產生。另外，在練習呼吸時，當呼氣由小腹升起，經羶中心位時，自然使到尾呼氣（部份）仍留存在羶中心位處，隨着吸氣，當氣入時，隨順將餘存羶中心位的呼氣壓回小腹去，氣往下沉，跟著又呼氣，重復提升小腹中的內氣，便使小腹中之‘內氣或陽氣’如滾球般的在轉動！這是由於在吸入外氣時，順着吸氣，將體內的陽氣或內氣引導入任脈，而抵達小腹。這段氣脈是由羶中到小腹，如是的運行，會形成『逆氣呼吸法』，以後要與『肺臟呼吸』調整成一致。成就『內氣呼吸』亦就奠定『胎息呼吸』的基礎。就有機會練就煉神返虛，煉虛合道，為「性功」最高的境界。

　　老子曰：「致虛極靜篤」。對內丹靜功的修煉影響深遠；「修性靠靜，修命亦靠靜」。整個性命雙修的過程，由始至終，都是靠靜。唯至"致虛極靜篤"的程度，才能結丹，成就養生的大藥。所以道家築基功夫，無不是靜而養精之意。故說：『一曰靜形，二曰靜神，三曰靜意，四曰靜息』。呂祖說：『萬物歸於靜，真不可思議也』。皆是着手訓練之功夫也。道家內丹修法之成就，則只有在靜的狀態中，方能"寂然不動，感而遂通"。寂然不動者乃其形，感而遂通者，乃其精、氣、神也。

　　道家－內丹學初基是築基，也稱爲煉己。煉己者就是練自己本身所擁有之三寶精、氣、神。就是將基礎打好扎實。丹經有說煉己者，則是煉'己土'，因己納離卦，則為元神，亦稱心性、真意。又《性命圭旨》說："煉己土者，取離日之汞，煉戊土者，得坎月之鉛"；戊土上行，己土下降，術語亦稱"取坎填離"，或叫以腎補心，還精補腦等。

（2）功法二：神息相依氣下腹

功法二，是將'氣'沉下丹田。它的方法就是神息相依，使陽氣或內氣直沉入下丹田。還是由凝神回視氣息於心位或中丹田，開始凝聚熱能。每當呼氣時，意念留意下丹田，內氣或陽氣隨念自然下行往下丹田。

修心養性，不論是修佛或是修道，視心念之'動、靜'看得非常重要，因爲它是成敗的關鍵。真正內修之法，實是從起心動念處着手；要知'念起即覺，覺之即無'！修者能至無念，則與天道相應，混然成一體，則神氣凝矣。念動則聚而成形，念靜則空無象。這所言者為神識終極之本體，二者實為一也。

（2.1）修法

坐在椅凳上，雙手下垂，手按在腿上，收神內視，即是閉目，凝神回視氣息於羶中心位處。神息相依，久後熱能或陽氣生，隨吸氣時注入下丹田。由於精、氣本同源，精由氣化，氣由精生；煉精則是煉精、氣、神使三者合一，啟開先天氣，融於後天之氣，通過大腦的有次序鍛鍊，使精、氣、神之間發生轉化；久之，火力到時則會發生變化，神妙出焉！陽氣生時只要小心，內氣或陽氣，就會自然的注入下丹田。古人說：「心靜則息自調，靜久心自定」。又，築基法要曰：「神靜則氣回，氣回則息和，息和則生津，津多自生精」。道家之丹道本身着重於命功之修煉，在下手實修時，是以修心築基煉己開始，有此基礎，方好修命，性明了命始無魔，指心不生煩惱也。

修內丹之第一鍛鍊過程叫做煉精化氣，用現代醫學講：就是調整人體中之內分泌液，使生理與心理協調，促使生命潛能的開發、活力健旺，也是補足及恢復之過程。「化」者即是道家三歸二，二歸一，一歸於無極的理想。

根據道教的丹法與理論，煉丹之藥為精、氣、神三寶所構成。三寶又以精為基礎，元精本身雖屬先天，亦多雜質。有質之物，即不能通過河車之路-由脊柱上升百會穴，故精必須與氣合練，化爲精、氣相合之‘炁’。所得輕清無雜質之‘精’，始能隨河車運轉。這是結合三為二之過程，稱為"煉精化炁"。實為將‘炁’歸於‘神’內，此即爲由‘無’而生‘有’過程的鍛鍊。亦說為"積神生氣，積氣生精"。所以神、氣、精相生相成，未可分論，心神既得調，則精亦生。因此調精必須精、氣、神合練，並非孤修一物也。

（2.2）時間

練功最好每日、早、晚、定時靜坐三十分鐘。長則十天便能通過氣沉下丹田；快者三天就可完成。神不離氣，氣不離神。就是性不離命，命不離神，二者則二而一，一而二者也。微微入息，綿綿內氣不出，外氣反入，神爐藥生於丹田。即是鍛鍊精、氣、神。

（2.3）效應

每呼氣時，都感到一股熱氣或陽氣往下丹田送。在一般情形下，小腹有如涓涓流水聲響，腸、胃蠕動增強，矢氣的現象也增多。陽氣或熱氣注入小腹，腸、胃的功能會發生變化，驅除體內的滯氣。這是"陽氣"生後，對生理所發生的基本現象。各個修煉者皆有不同的反應，是應同你的身體健康情形而定，實為元氣或陽氣生後氣自療之情況，因此而說‘氣’的療效是不可思議的。所以練成內丹之小周天功，就有"有病治病，無病治無病之病（防範也）"的功效。

（2.4）感受

在陽氣或內氣經通腹腔至下丹田，胃臟、脾臟功能會有改善；臟腑中的大、小腸，膀胱，腎、肝臟等，都會漸漸的發生生理上的改變，通常都會感到食慾的增加，大、小便會發生異樣，則會有清洗清毒的情形現象。（若是陽氣或內氣成功聚集於下丹田，漸漸的由於陽氣的聚集，小腹會變得硬硬如一粒球，至此情況，可以暫時停止武火而改用文息呼吸法，或完全停止注息入下丹田。此則胎息還元之初，眾妙歸根之始也）。

鍛鍊至此，正如太上曰：『吾從無量劫來，觀心得道，乃至虛無。夫觀心者，非觀肉團血心，若觀此心，則有血熱火旺之患，不可不慎也』。觀心-羶中穴得‘陽氣’的產生而聚於下丹田，陽氣始於腹中滾動流轉。願修煉者知道，陽動於下或丹田、會陰，則能令枯木重榮，百草萌芽，萬類熙怡，蓋一氣之動，萬類感而然耳。落葉凋零之際，正藥物歸根復命之時，藥物產降而成丹。

然而修煉內丹者為甚麼強調‘煉精化氣，煉氣化神呢’？且更為南宗所強調呢！雖然煉神屬於性功，煉精者屬於命功。實為張伯端主張‘調補、煉元精’的原因，因為人之體格各有強弱不同；但是童年以後，元精之虧損程度也各有不同，必要加以調練補足，方能補足元精而成為丹母。那又元精何之謂也？即為旺盛生命力的泉源；與生理的機能和內分泌液有很密切關係。調整補足，就是鍛鍊的過程，練得精足氣滿神旺，則三寶合一而凝成爲藥；亦即元氣或陽氣產矣。經集精凝神，神氣相練，《悟真篇》曰：“元神見而元氣生，元氣生而元精產，始由無而有生，有中還無，真心俱忘，神返於太虛，真息綿綿，內外相應，天小合發（天即宇宙，小即小宇宙，二者合一是也，即是元神與元氣合一，合發則同時合練），萬化之基定矣”！

（3）功法三：**聚火開關守下丹**

　　張三豐＜丹經秘訣＞說：所凝之神，藏於氣穴（下丹田），守而不離，則一呼一吸，奪先天元始祖氣。久而真氣、陽氣或內氣充滿，暢流於四肢，散於百骸，無有阻礙，則自然神爐藥生，則關自開焉。這說明‘陽氣’產後，就能流佈全身，並能取得“營、衛”的功效。

　　修煉抵達這個時候，已知“陽氣”已動，氣就會循着經脈而流轉運行，其初之動向亦如張紫陽祖師在八脈經曰：『八脈者、先天大道之根，一氣之祖也。啟開經脈，惟陰蹻為先。此脈才動諸脈皆通。次通任、督、衝、三脈。總為經脈造化之源』。氣動時一股氣流在丹田中滾動，在練功時要留意此點。這是氣動的訊息，天理來復，修者都有這種經驗；又另外我們須要明白，陰蹻脈乃足少陰腎經之別脈，因此陰蹻脈‘氣’往上走；但氣亦下抵湧泉穴，腎經之‘氣’則往下走，是生理自然的運作。

　　待得‘陽氣’動時，就有如呂祖＜百字碑＞說：“陰陽生反覆，普化一聲雷”。指的就是‘陽氣’在下丹中輪轉滾動時所產生的聲音。意說‘陽氣’生於羶中穴，並經進入任脈而降下丹田，而在丹田中累集衍生。精足氣滿時即應引往

69

地根、虛危穴，則會陰穴，促使‘陽氣’通過尾閭，循行於督脈中。

（3.1）修法

坐在椅凳上，準備好及坐定後，收神內視，即是閉目，神息相依，作功法一及二，至陽氣或內氣有了明顯的感覺，只需意守下丹田就可將陽氣引而止‘氣’於下丹田。至時不需要再凝神、神息相依注意‘呼氣’，避免發生過熱的影響，會使喉嚨有干燥的感覺。改而用自然呼吸，就是文息式呼吸，唯將神識守在下丹田。這就體現了『靜』的實質，也就是「精神內守」的真義。進而轉意守於‘會陰’，無需引導，漸漸的‘氣’則自然下沉於會陰，自會過尾閭，直撞督脈三關。

（3.2）時間

每日早、晚、靜坐四十五分鐘，依前二功法練習，使下丹田充滿陽氣或內氣。故需要較長的時間，將內氣建立於下丹田，有如硬球狀，大約也要花十天的時間。修煉至此，是修煉最緊張和關鍵的時刻；因爲若是把握的不好，或用意識去引導，就將會犯錯，故必須掌握好‘勿助勿忘’的要領，只‘守一’而順其自然發展，則所謂的"道法自然"是也。我發現在"打通任、督二脈"的訓練過程中，通常只有百分之四十的人可以通關，而最高者僅能達到百分七十左右，沒有超過此數字者，有者自始至終都做不到。這可能是修者錯用心之過。所以說勿忘勿助，意守穴竅，而又不是修定，這是對穴竅理解非常重要之處！掌握的好則成功，掌握的不好則失敗。

（3.3）效應

　　由於神息相依注氣入下丹田，小腹聚集內氣如硬球狀。隨着功夫的增長，就會覺得腹部力量越來越大，自會引氣下沉往下運行；有時感到陰部發癢，會陰穴處會跳動，古人稱之為地震，四肢百骸無阻礙；此時全身氣血通暢非常的舒服，或者有發熱，腰、髖均有發熱感，不過亦會因人而異，效果亦會有差異。八觸或十觸中的一些情況皆會出現。

　　據丹經的記載，督脈起於尾閭（在會陰後）、上行經夾脊、通玉枕、上百會經印堂下至上唇端穴止；任脈起於下唇承漿穴，下行循胸過重樓行於身前，下腹行至會陰止，完成循行之周圈。李時珍說：'任、督二脈，人身之子午，乃丹家陽火陰符升降之道，坎水離火交媾之鄉。魏伯陽《周易參同契》曰："人身穴氣，往來循

71

環，晝夜不停，醫書有任、督二脈，人能通此二脈，則萬脈皆通”。

（3.4）感受

保身健體之道，以安心養腎為主。心能安，則離火不外熒。腎能養，則坎水不外湖。火不外熒，必元神不病，而心愈。水不外湖，必無精洩之患，而腎愈澄。腎澄則命火不上衝。心安則神火能下照，精神交凝，結為胎息，可以卻病，可以延年。按心火者，火性上炎；腎水者，水性下流，故不知胎息靜坐之人，心腎不交，水火不濟。心氣向下，腎氣向上，兩者交融，結鎮於丹田。則百病遂治，道家靜坐功之精義不過如此。

當任脈通時，陽氣或內氣集於中丹田，順任脈而下。心腎相交，水火既濟，陽氣或內氣就因而旺盛，使至心神平靜，就能治療一切與睡眠不良的問題或疾病。經過修煉功法，陽氣或內氣不斷的加強，胃臟，大、小腸熱能增盛，脾、胃臟的吸收功能就會增強。故有病患者在修煉功法時，疾病得以改善，食量會增加及體重亦會增加。由於水火既濟，心腎水火相交，元氣充足，促使精神旺盛。同時腎功能增強，若患有慢性病者都會有很明顯的好轉。很多患有慢性疾病者：如腎病者、糖尿病者、前列腺腫大或縮小者（攝護腺）、與肝臟有關聯的病者、及種種疑難雜症、無名雜病、或水腫等病，都會有很顯著的改變及好轉！這是陽氣產生後所取得的自然調理之功效。

　　修煉進入到這個階段；願修者知道，道家養生長壽「內丹功」之靜功，已是練成道家所謂築基煉己‘調補’的工程，奠定基礎朝向「煉精化氣」的功夫，實為修成調補元氣的功夫。道家內丹功的築基，首先要求精滿，精滿即氣足，而「精」化「氣」於無形。而且在煉精化氣的過程，就能體會到「氣」或「熱」流佈於全身；或反應八觸的現象；最低限度會出現『熱』，於背部胸部及腰和髖部，以及身上如有螞蟻在行走似的。但是亦是因人而異，這就是「精」化「氣」所產生的現象。

　　修煉道家-內丹功再往後練，就是"練炁化神"，及"煉神還虛"了。紫陽真人說：下一階段之煉炁化神，「化」字的意義與‘煉精化炁’是相同的，將‘炁’歸於‘神’內，則只餘下煉‘神’，即成聖胎，由聖胎即成丹。因此"化精化氣"即是由‘無’而入‘有’過程的鍛鍊。再練則稱爲"煉神還虛"，不再稱‘化’而稱‘還’，即是返還‘先天無極’之義，即是再由‘有’而還‘無’過程的境界"。他又說：

"煉炁化神"，及"煉神還虛"，都是丹道修煉的理想修煉之境界，鮮有人能練成，即使修成為數也極少，這是必然之理，然此即要視修者之機緣和天命而定，無可強求之理。

　　勿論你是否能練成所謂'煉炁化神，煉神還虛'的境界，因爲這是進入修性尋求生命解脫的修持境界。只要你能練成'煉精化氣'，打通任、督二脈，成就小周天功，對你身體的健康已經是得無比的幫助，畢生受用無窮；更非錢財付出的多寡所能衡量。修煉的目標本在健康，若缺乏健康的身體，談何修煉呢？心如何能得安得靜呢？自然不能成就理想修煉境界。古來高僧大德、修道有成者，必定是少，這是很自然的道理；主要者是修者能否放得下與看得破？又有幾許人願去修呢？修心養性是內心的解脫，若不向內心修，焉能求得解脫呢？解脫是內心的寂滅，有幾許人能做到呢？能強求嗎，非也！因此修道有成者必然為少數。

（4）功法四：真火歸中周天運

修煉前三步功法、使至陽氣或內氣凝集於下丹田，飽滿如球狀時；息「武火」行「文火」呼吸法。神識放鬆，不引不導氣的動向。意觀或任其自然的自導下任、督二脈交接會陰穴處、自覺此穴跳動。宜以文息呼吸、及守丹田或意照會陰穴，靜觀其變。若是凝神役氣，引氣衝關，則會得其反。必須嚴守勿忘勿助，不引不導之原則，順其自然，氣自會過尾閭上脊柱。

道家內丹-小周天運轉是有其徑路，術語稱前三關、後三關。前三關者，有上、中、下三丹田。後督脈氣升叫'進陽火'，前任脈氣下降叫'退陰符'。循環一周，叫河車運轉；築基煉己階段叫通'任、督'。有藥時稱'小周天'。石杏泰於"還源篇"曰："一孔玄關竅，三關要路頭。忽然輕運動，神水自然流"。

（4.1）修法

坐在椅凳上，準備好及坐定後，收神內視，即是閉目，使陽氣則真火聚於下丹田，自會歸納入任脈，而往下運行，經會陰穴，古亦稱『生死竅』，此為任、督交結處。實說體內的經脈並無始末之分，只因任脈屬陰，督脈屬陽，故是陰陽交結處。修時因會陰穴跳動，應以意識下照，不要分散意念。適當提肛，陽氣或真火自然進入尾閭穴，切勿用意領或導氣之流向，會得其反。只要凝神勿忘，氣自往上行，若真火足夠就會通過夾脊、經大椎到玉枕穴，上百會穴，經印堂穴祖竅，下膻中穴，降神闕而歸入氣海，納於下丹田。修煉內丹最忌憚者為急欲求成，冒失躁進，此種心態是不可有；修道最貴者'道法自然'，無為而成。

如真火行至某處停下來，切記不要用意識向上導引，則是勿助。真火上升的快與慢是基於真火或陽氣在丹田的力量是否足夠。如是足夠，撞關就會立刻過去無阻，完成周天的運行。若是真火不足停下來，待得丹田力量再次凝集補充實後，就會自然繼續上行。切勿引導，會導至丹田真火力量脫節，是非常有害的。故必須任其自然，真火或陽氣的運行，不是神識所能左右的。在上行時，於玉枕穴若是有阻，只要雙眼內視百會穴，就可以通過後三關。要知道'氣'流至此，內氣常上下回旋，往返相互抵觸，非經大力緩行，不能暢通。只要內視百會穴，微微作意，絕不可猛衝，以免惹出偏差。

道家所謂百脈齊開，是指氣通、熱通、前通、後通、一身皆通，謂'潛氣運行'於體內。

但是這只是初步打通徑路通道的入門功夫而已，並未達到升堂入室之境界焉。修煉‘氣’運轉達到氣自行，方可說為有成就。故每日按時鍛鍊是必要的任務，方有可能更上一層樓。

（4.2）時間

修煉的時間到此階段就要相應的增加，以達一小時為佳。若是許可，次數不妨增加，因為這是最關鍵的時刻。通關的情形也會因人而異，感受亦有很大的差異。真火力量強盛，一次則可過，同時也會很猛烈，震動力也很大。真火或陽氣不足，就需要較長的時間或數天。通關是後天返先天的生理現象，是人人潛心練習都能做得到的。唯有你放棄這黃金不賣的良機，是很可惜的。既然發心鍛鍊身體，就必定要完成這個修煉的過程，不要斷失良機，善於把握。

（4.3）效應

由於陽氣或真火在下丹田充實飽滿後，小腹硬如球。在陽氣或真火順任脈往下運行時，至會陰穴使其活躍；（會陰穴在陰蹻脈之交接處），也會使身體發熱，特別是在腰、腎的地方，以及背部，象徵陽氣或內氣已經散佈全身，撞關時機已成熟，自會覺得有一股力氣沿脊柱上升。若是陽氣旺盛，撞關一次就能過，有時會發出響聲，或見一縷光往上衝，剎那就過去；有時會保持良久；之後、則隨經印堂穴往下降落入氣海丹田。陽氣經尾閭上督脈，包括垂直上升式，全面而上式，曲線旋轉而上，停一下再上、又再停，上升下壓一點又再上升等型態。陽氣上升時，背部及脊椎都有不同的感受：如背部常有往上拔的樣子，頭部週圍拘緊，麻如螞蟻在走，或一種清爽的感受。於此階段必會遇到這種情形，唯有堅毅的心念，不可放鬆，至通關後，全面的情形自會改觀，畢生受用無窮。

　　陽氣充足，氣由尾閭上督脈，採取漸進方式為最佳，不可勉強，不可冒進，應循序漸進。一般來說，以站樁和跪的姿態為最好。由於身體重量的壓力，地心吸力之故，會使陽氣自然的上升，若是上升過程稍有往回壓縮，所產生的反彈力就愈強，效果就愈好。

（4.4）感受

　　督脈暢通後，陽氣或內氣與任脈的運作始可說是銜接通了。自此後陽氣或內氣運行無阻，自然的循環。古人稱之為『小周天』，亦有說：『河車自轉』。將腎水運轉至全體，滋潤臟腑。陽氣不斷的補益腦髓，增進及調整腦皮層的功能。也成就了人類的生命活動；則是攝取天氣

（宇宙之元氣）和地氣的能量，亦則是食物和水份，在體內進行活動，起『營與衛』的二種狀態。'營者'，由食物與水中攝取的精氣，流動於經脈臟腑之中，具有滋潤臟腑的功效。'衛'者，由食物與水中攝取的捍氣，流動於經脈之外側，具有防衛身體的功能，有助經年治而不癒的慢性病：如腎精虧損、內分泌失調、失眠、腰酸、背疼、腳軟、心慌、氣短、性慾減退等疾病，都可以有顯著的改善。恆久的修煉內氣，都可望恢復健康，精神充沛，身體輕快，人如再造。

小周天歌
1。微撮谷道暗中提
2。尾閭一轉趨夾脊
3。玉枕難過目視頂
4。行到天庭稍停息
5。眼前便是鵲橋路
6。十二重樓降下遲
7。華池神水頻頻咽
8。直入丹田海底虛

上述實是啟開『小周天或周天河車』的功法。了融於心，有助小周天的修煉，亦是古人修丹道的精髓及經驗，為小周天功'陽氣'的運行已描繪至盡無餘。

道家養生長壽內丹功之靜功，修煉至此，已完成道家所說的"煉氣化神"的境界。因為當「氣」化「神」時，在靜坐練功時，是可見或體會到「光」或「金光」的出現，有時良久不絕，或變化萬千！光顯是「氣」化「神」的現象。所以，有時當陽氣衝關時，會現縷縷的「金光」或「白光」照亮內心，細心體會就會了然於心。

紫陽祖師於《悟真篇》說：丹道以煉神為主，由築基煉己至煉神還虛，都是由'神'主宰。欲體悟至道，莫若明乎本'心'。心者，道之樞也。依此主張，心與神的關係是：心是最根本的，神是由心而生。心的本體是無為的，不動的，動則叫作神。又說：心者神之舍也。蓋心者，君之位也，以無爲勝之，則其所以動者元神之性耳；以有爲勝之，則其所以動者，欲念之性耳。這是說明神藏於心，動則為神，無為之動為'元神'（藏識），有為之動為'識神'（第六識）。所以又說：心靜則神全，神全則性現。

心有兩個概念，還有主次不同的區別。然而寂然不動者為'心'，感而遂通者為'神'。道家稱練性者，即是練心。練命者，

80

即是精、氣、神三寶合練。按祖師陳摶《無極圖》所示：無極是‘心’，陽動陰靜是‘神’，以土來攢簇五行是‘意’。所以提出‘心’為君，‘神’為主的主張。

百會（上丹）

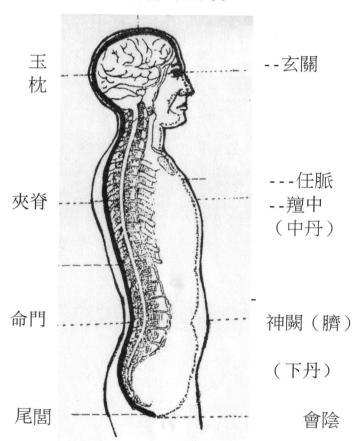

玉枕　　　　　　　　　--玄關

夾脊　　　　　　　　　---任脈
　　　　　　　　　　　--羶中
　　　　　　　　　　　（中丹）

命門　　　　　　　　　神闕（臍）

　　　　　　　　　　　（下丹）

尾閭　　　　　　　　　會陰

小周天運行圖，前為任脈，
後為督脈，循行由前下後上。

（5）功法五：坎離接養壽修真

坎離者亦稱乾坤。坎是水、在南；離是火、在北。是故有『取坎填離』之修法，又名河車功用，是道家的術語。水火既濟，乾坤交媾，三田返復，神氣合一等，均靠河車搬運來完成，則是小周天。在＜鍾呂傳道記＞論河車中說：昇天則上入崑崙，既濟則下奔鳳闕，運載元陽直入離宮，搬負真氣，曲歸於壽府。往來九州，而無暫停；巡歷三田，何時休息？龍虎既交，令黃婆駕入黃庭，鉛汞才分，委金男搬入金闕。玉泉千派，運時正半刻功夫；金液一壺，搬過只時間功跡；五行非此車搬運，難得生成，二氣非此車搬運也，豈能交會？應節順時而下功，必假此車而搬之，方能有驗；養陽煉陰而立事，必假此車而搬之，始得無差。乾坤未純，其或陰陽而往來之，是此車之功也；宇宙未周，其或血氣交通也，是此車之功也；自外而內，運天地純粹之氣，而接引本宮之元陽；自凡而聖，運陰陽真正之氣，而補練本體之元神，其功不可以備紀！

水火篇曰：『夫火在心，為性者也；水在腎，為命者也』；二者實相須以濟焉。腎之水，非心之火養之、則不能上升矣；心之火，非腎之水藏之、則不能下降矣。神與精氣交融則化為元氣。

83

＜樂育堂話錄＞：大凡修道，必以虛靈之元神養虛靈無之元氣。此個元氣，非精、非氣、非神；然亦即精、即氣、即神、是合精、氣、神而為一者也。還精補腦，凝神煉精化氣，以神息運氣入腦，實是『取坎填離』，陰陽配合，腎精、津自然自生，造化精氣，相互潤養，循行於體，孕育滋潤五臟六腑，使身體健康而得長壽，以助修正真性，成就「性功」修持的宗旨。

（5.1）功法

　　初修內丹靜功，則是人練功，次為功練人，最後則是人功合練。大道從中字入門。所謂中字者，一在身中，一不在身中，功夫須兩層做。第一，尋身中之中，『守中制處』。夫守中者，須要回光返照，注意規中（丹田），於臍下一寸三分處，不即不離，此尋身中之中也。第二，求不在身中之中、喜、怒、哀、樂之未發時。此未發時，不見不聞，戒慎幽獨，自然性定神清，神清氣慧。到此方見本來面目。此求不生身中之中也，以在身中之中，求不在身中之中。然後，人欲易淨，天理復明，千古聖賢仙佛，皆以為第一步工夫。

　　坐在椅凳上，準備好坐好後，收神內視，即是閉目。凝神意守丹田是基本長期的修持，使周天常運轉，以腎水營養滋潤身體。持續默守竅穴是很重要。故老子說："常有欲觀其竅，常無欲觀其妙"。這是較為深入的靜坐方式。除守丹田之外，也可意守命門，百會穴，或玄關竅。呼吸綿綿深入丹田或穴竅，使神氣不離。故心不外馳，意不外想，神不外遊，精不妄動，常熏蒸於四肢，河車不息，此為內丹靜功之正宗也。

（5.2）時間

　　在這個階段的靜功修煉，時間之長自不在話下。每天應該安排時間靜坐，時間越長就越好，最少一至二小時為適宜；使周天之氣運轉通暢，增強旺盛，有助啟開十二經脈及奇經八脈；對養壽修性會有很大的益處。自然免疫功能提高，疾病減少。所以靜功的時間是沒有說足夠的。別認為任、督氣運行被啟開後，便可以一勞永逸，一暴十寒的心理是要不得的。經脈中之氣也會再次被阻塞，若是放棄持續修煉；因為每一經絡都擁有很多支脈管，由於新陳代謝的輸清不完善，經絡就會重新被阻塞。若出了問題，重新再啟開經絡，促進新陳代謝運輸功能，又要再加一番周章。所以每天皆要定時靜坐一小時左右，確保周天運行暢通，永恆的修煉。

打通任、督二脈，正是「靜功」修持的開始，「築基」剛好完成。現在是開始"溫養"，並對"氣"的功能取得領悟，及了解如何去保持，使到氣助延年益壽和"修真"是很重要的。所謂溫養，則是周天運行後，使陽氣集於下丹田，使用武息，將陽氣引上夾脊後稍作溫養，溫養者停留之謂也。在進行溫養時要採用文息，約5 至 10 分鐘之後；以『吸』的武息，將陽氣提升到泥丸穴，作溫養 5 至 10 分鐘；又以『呼』的武息，把陽氣降下至羶中穴，又溫養 5 至 10 分鐘。於此，當陽氣下降時，必須把舌尖舐住上牙齦，若不，則會因任、督二脈不連接，陽氣會有「誤流」的後果。最後，將陽氣降下於下丹田，繼續溫養 5 至 10 分鐘。溫養多行於前三田、印堂、及後三關。

　　初次『周天運行』後，須用武息呼吸法溫養。經三周後，應以文息進行溫養。長期採用武息，會引發全身氣的發動，使氣難於控制；因氣不穩定，若是作深及長的呼吸，會將氣大量的排出體外，造成身體冰冷的現象，不可不慎。

　　任、督二脈的打開為修『命與性』功的基礎也是剛開始，為促進身體健康的第一步；還要進一步，修正內丹靜功的「性功」亦則是「修性」，才能達到道家"性命雙修"的要求。在任、督二脈打通後的三、五年，實會是命功的修持。之後，才會往"性功"的修煉，因為周天運行「靜功實踐功法一至四」都是動功（內心神識主宰），而「功法五」是完成整個功法的工程。古有訓：『神行則氣行，神住則氣住』。定時修煉周天運轉就是那麼的重要。

當年鳥窠禪師與白居易有這麼一段對話！禪師說：『薪火相交，識神不停』，這就是心火相煎。人為甚麼有病呢？心火煎之故！試想自己業識茫茫，生不知從來？死不知何去？不知父母未生以前的本來面目，不知無夢無想時主人公何在？一天到晚在妄想中，學問再好，道理再懂，那也是心火相煎，不能截斷眾流，有甚麼用？還不是任由生命掌握而不能自主。能夠成就煉神還虛及煉虛合道，方可見到曙光；這條道路又不知還有多遙遠呢？甚麼時候能使『識性』停下來呢？

（5.3）效應

任、督二脈通關之前後，陽氣或內氣在體內的運作是很強盛的，氣感很大很濃。陽氣或內氣所到的地方，亦會因人而異；有者整身發熱、有者身如觸電（身體本有電能）的感覺；有如冷

87

水流至、有如螞蟻在身上走動、或某部位發麻或疼痛之感覺，引起種種異樣的感受，有時是難於忍受。這就是氣衝病灶，氣發生治療的原因；另外，也有八或十觸的發生：則是，熱、冷、浮、飄、沉降、高、大、縮小、癢、壓等感覺。出現這種情形時，不要驚恐，是"氣療"的反應，唯有堅持，定心去接受，這種情況自然就會消失平復。

　　陽氣或內氣運轉之後，除了『營、衛』的功能之外，還幫助使血液流行通暢，減低心臟泵血液的收縮力。陽氣或內氣運行旺盛，溶於血液中，有助將營養輸送至極小的微細血管，使身體各部份及肌肉，都獲得所需要的營養和負起新陳代謝完善的功能。氣行旺盛及有力，自然形成經絡及骨幹的氣牆，（有如輪胎中之氣）或氣包，起到保護經絡及骨骼，當受狙擊或跌倒碰撞時，免受震蕩和被折斷。實際上陽氣或內氣是人體天然的『鐵布衫』，以及氣行充沛，有助填補骨骼中的空隙。若是骨髓衰弱減低或乾涸，有助骨骼之髓恢復增長，使骨骼不易折或跌斷。

（5.4）感受

　　保持周天運轉恆常定時而修，陽氣或內氣的旺盛是必然的。心腎相交，腎水滋潤全身特別是大腦，必能增長內分泌的產生，調整荷爾蒙的分泌，必會促進身體的健康，陰陽得平衡，體能必然增強，生理活動的機能也會得調整及改善；原有的痼疾及慢性疾病，就會改善或痊癒，堅持修煉，就可以達到身心健康益壽延年。家庭和事業也會出現喜氣洋洋之狀。

　　凡修周天運行靜功者，該是時候踏入性命雙修。在修命功時，陽氣運轉，形成腹息呼吸，會與肺呼吸，形成不同的動作同時發生。由此時開始，應著重於腹息呼吸。調整兩息的運作，有助漸入胎息的修習，這是煉神還虛的基礎。同時行、走時，也要注意呼吸的運作，訓練自己，在呼氣時，觀想氣由玉枕行至印堂，經鼻呼出；在吸氣時，注意到氣有如在尾閭穴處被抽上玉枕穴處。如此恆常的運轉周天之氣，有助你在行、走時，不感到氣喘，口乾，行、走輕便，健步如飛。實是使神氣會合謂之『橐籥』。

　　『橐籥』者，皆我之呼吸也，指心、腎。即是比喻身體為風箱，又說乾坤為體真橐籥。＜太上。橐籥秘要＞說：「夫橐籥者，人之心腎也。心者，神之宅。腎者，氣之腑」。神氣會合，心腎既濟，腎水潤心身。益壽延年，助你成就修性修真的美好理想。

89

道家養生長壽-內丹學『取坎填離』，又稱爲“抽鉛添汞”、『還精補腦』、“心腎相交”，『水火既濟』及‘水府求玄’等；實際的効用就是在自我調節身體內的性激素以及內分泌液入手，通過增強人的性功能，進而恢復大腦的青春活力。若是再確切點分析，就是從調整人體內的內分泌液着手，進而改善整個神經系統的狀況，協調人體性腺和丘腦的負反饋機制，由生理的和諧推進心理和諧及人體生命潛能地開發。道家與醫學術本就有補腎是可以健腦的思想（中醫的腎已包括整個內分泌系統，生殖系統的功能，亦稱爲‘先天之本’）；道家內丹學則更突出了腎，包括神經系統及心理層次，和腎的聯系。道家內丹學的初修是以煉精爲基礎，以氣爲動力，而神爲主宰。靜坐時人在高度入靜的狀態中，性腺、胰腺、胸腺、甲狀腺、松果體、腦下垂體等的分泌相互激發，從而使到全身在生理上和心理上都達到一個和諧有序的新水平，這就是修煉『取坎填離』所能得的效果。

*第二步：內丹功-煉周天功之輔助功法
（6）功法六：站樁守臍氣自發

　　站樁功法想必是由中國武術的‘紮馬’演變而來的。歷史悠久，原係引導之術，為中國固有之丹田運動的方法。若人集中精神於身體某一部位，該部位之神經和肌肉就會格外的活躍；因此重力衝擊身體的某一地方，該地方之神經及肌肉也會格外的活動。其實修煉站樁功時，係凝集‘意識’於丹田，令重力集於丹田，當重力集於丹田時，丹田左右和附近的神經活動與血液循環均會增強，經久站樁後，則其神經活動與血流量亦愈增強。要知道身體各部份之運作與營養均賴於氧氣，氧由血素攜帶而循環全身，細胞得營養而發出能力。各個器官血液之多寡，既已改變，則身體各個器官之強弱狀態也隨着而改變。丹田經運動後可以生熱，熱量愈高則氧之分離愈易，使各器官攝取更多的氧氣。因此練站樁功法，即是令臍下（丹田）活動增強，增加攝取氧氣之能力，故能令呼少而吸多。所以說‘心’在丹田‘身’有主，氣歸元海壽無窮，即此意也。修煉站樁日久後，橫隔膜下端的腎、腸、胃、肝等器官皆因氧而增強。當力集於丹田時，遠離丹田之器官，其神經活動與血之流量均會減少，以致

91

腦、頭、心、肺部等之活動皆較爲寧靜，而獲得莫大之裨益。

修煉站樁功與道家內丹‘氣’的修煉有很密切的關係。在‘氣’的修煉，它的重心也是在丹田，即是人之氣海。故說『神行則氣行，神住則氣住』，住者停止也，亦為神不集中。任、督二脈既通關，陽氣自能周天運轉。有者以導引，或意領，使河車似自轉，仍是難達到完美的境界。故要進一步採取輔助練法，使得陽氣能自發，無時不在運轉。若是達到自發的境界，只要稍為定神或留意，就可以測出陽氣或潛氣的運作，氣感是很強很盛的，若是陽氣未能自發，是感覺不到的。這是『無為法』，是練站樁入靜的鍛鍊，能助袪除心中的雜念。有說：「心不平，氣不和」，所以修煉站樁功時必要將心保持平靜。雖然站樁功為自然之功法，它有助打痛任、督二脈之效，運氣、成就河車運轉、搬精、令精、氣、神接通，聯成為一體而產生無窮的妙境，祈勿小視之。

（6.1）修法

雙腳並立後，提右腳橫伸，右腳跟置於左拇趾側處，右腳拇趾之位置，就是站立應有的寬度，回收右腳與左腳平行而站。雙手下垂，兩膝下蹲，膝與腳拇趾尖垂直。精神放鬆，整身四肢皆應放鬆。下蹲調姿使尾閭突出，並略往後坐，兩手略曲伸，十指尖相對，相距三寸，兩手置於臍前，作抱球狀，掌心向內，離臍約八至十寸。舌頂上顎，凝神於印堂穴，使意隨神收集，兩眼微閉，心照臍內三寸的地方。

全身放鬆，萬念皆空。集神內視神闕（或丹田），耳回聽神闕，意想神闕。心不外馳，耳聽元神於神闕鼓蕩運轉通達全身，心安神寧，萬念歸一。貫徹凝神集意於神闕，成就耳內回視，心不動亂，雜念不起。則是"恬淡虛無"。既凝神於丹田，重心亦集於丹田與足掌上，但切勿過於着意，兩足必需站穩。口宜閉合，自然呼吸，以鼻調息，口內如有津液，宜慢慢嚥下。

站樁功為自然之功法，習練簡易方便而輕鬆，勿需用力。功法除了前所述外，有合掌式、或使兩手心相對着胸、或兩手掌心向下吸地之靈氣，及向前平伸等姿式；雖手之姿式各異而功效皆是相同的，所謂異曲同功是也！

修煉站樁功時，呼吸之運作必須遵守三個原則：（1）呼吸順其自然而不造作，（2）

93

於自然呼吸時，必須以丹田為中心而運轉，（3）在呼吸時要稍微着力。然則呼吸之重點是必須逐漸作‘細、深、長、均勻’為宜。重要者是調息自然，不可勉強和造作，以免影響身體，最好還是自然呼吸。

（6.2）時間

站樁的時間不需太長，一天兩次，每次只需十五至二十分鐘，重質不重量。結束時首先向大腦作個訊息，『不練了，收功了』。然後慢慢的站直，不可快，漸起漸體會膝漸伸直的反應，快反而不好。站直後避免馬上走動；首先作腹部前後左右搖動，依順逆時鐘等方向之運動。而後作鬆腳及兩腳踝的鬆弛運作。

跟着搓揉熱勞宮穴，貼於神闕穴。男者，左手魚際穴緊按於神闕穴，右手內勞宮穴貼左手外勞宮穴。女者相反，右手在內，左手在外，雙掌由左往下右繞臍轉動九次；再由右往下左繞臍轉動九次。按時觀想神隨手轉圈時轉，意想全身之「氣」被收入臍內。接着搓揉熱勞宮穴，將雙掌按在背後兩側腰肌，並上下輕搓揉腎俞三十六次，有強腎之效。此按摩對腎虛者猶有效，腎恆常得搓揉而能恢復正常的功能；命門得搓揉能使元氣旺盛。

（6.3）效應

練功時，形體放鬆。由於骨骼鬆弛，緊張度降低，耗能減少，耗氧低，達到促進氣、血高度的運行，效果顯著。

凝神於神闕穴不可執著，要做到若有若無。始有意，終無念，存無守有，神意歸一。最後做到無思無念，物我兩忘。這是站樁養心忘形最高的境界，亦是靜功氣動（動功使氣自發運轉）最高的成就。是上乘『靜功』中的動功，最為簡單亦最為直接，效果非常好，可惜很難使初修煉者取信其效，就因爲太簡單和枯燥，缺乏恆心者，很難練好站樁功。要知道站樁功為道家修煉內丹常用的入手功夫。

靜是練功治病的主藥。入靜程度深或淺與病療的功效是成正比的。生命在最安定平靜的情況下，才能發揮到最佳的狀態。身體一切活動相應的減少及變慢，就能減少不必要的能量消耗，生命自然得到延長了。養命之原則就是：經常活動筋骨，疏通穴氣使其順暢；但是切莫過於使身體疲勞或勉強做身體不能承受之工作。要知道，流動的水之所以不會腐臭，就是因爲常處於流動狀態的緣故。人的身體也應保持其經常活動筋骨狀態，方是健康之原則。

又在生理上，練站樁功時是以丹田呼吸為重點，會使橫隔膜上下推動；此衝力可及於橫隔膜下端的臟腑，為常人之衝力所難以達到。修煉站樁功，尤其是中年以上之人，因腦與五官歷年活動之結果，內力牽於上方，呼吸則愈來愈少，其加於橫隔膜下端各器官之動力，也就越來越少，因為經絡欠通暢；惟有修煉站樁功者則不會如此，當呼吸‘氣’時，氣力是衝至腸道，而功夫深者，雖用力將氣呼出，使橫隔膜昇起，然能仍以‘意’使丹田左右呈活動狀態。因此使腸、胃健康，極少有泄瀉或胃酸不足之現象。

在中樞神經之骶神經叢，自主神經之大小內臟及神經等均圍繞於丹田左右；該諸多神經及附近的血管均與性器官有密切関係。在修煉站樁時，丹田呼吸運動會使性器官左右之組織活動，促進性器官由弱而轉強。當然性器官之活動不僅限於對性發生作用，使其所產生的賀爾蒙對脾、心、肝等新陳代謝皆有很密切的影響；並使血液及組織增強旺盛和能達到正常之運作。若性賀爾蒙減少，則脂肪會增加而使人易變肥胖，於是在四五十歲時多發福。然修煉站樁功者則會減低脂肪的累積。要知道凡是賀爾蒙產量旺盛者，則身體健康而長壽；相反則身體虛弱而多病，甚至會減短其生命。

　　人在胎中經由母體攝取營養後，即由胎盤經臍帶直入肝臟。在脫胎成長後，門靜脈尚有一小神經經肚臍入下腔靜脈；由此可以知道丹田與肝臟是有密切的通路，故丹田充實氣滿而有力，自能與肝臟發生相應的関係。在丹田氣與重力衝擊丹田後，上身之力向下方移動，則內臟之神經叢、腹腔神經系統等均為加倍活躍，門靜脈等之血液量增加，而肝臟則可得獲充份之營養。據生理學指出，氧氣供給肝臟不充足，肝臟即易產生疾病。要知道肝臟之本功能是造血漿蛋白、製造抗體、為消毒之作用。又能分泌膽汁，儲藏動物澱粉，幫助消化脂肪，肝臟的活動低微，能引起水腫、黃疸、糖尿病、腹水等疾病。若是肝臟缺氧，則肝臟營養不良，細胞會病變而壞死，使到結締組織增生，肝臟遂而硬化。之外，肝臟活動欠佳，會導致脂肪沉積，則病變成為脂肝。然而修煉站樁功在呼吸至丹田時即會使肝臟受力較爲大，血液流暢隨而旺盛，血中的營養自然充沛，而肝臟亦必然強健、功能健全。

修煉站樁功之法雖然是簡單易於執行，如果能立心久久苦練，其高妙的效果是不亞於任何靜功的打坐；除了能治療神經衰弱導致眼矇有很顯著之功效外，還能治內科諸如虛弱百損之病，更能令丹田氣滿和發暖、產生熱能，有助打通任、督二脈之效。

（6.4）感受

修煉站樁功會使陽氣或內氣出現自發的動象。就能自然疏通經絡，自動排除病氣，廢氣，濁氣。更有促進速疏通十二經脈及奇經八脈，使經絡運作旺盛，新陳代謝也能達到最佳的狀況。站樁功練到後期，自發動象自會消失。則由「煉氣」轉入「煉神」的階段。

臍、神闕穴稱為「命蒂」，係先天真氣、陽氣出入之所。神闕穴在任脈循行路線上，是陰氣集中之所。凝神意守神闕，是導入靜，使氣打開穴位，疏通經絡，產生自發動象的關竅。

神闕直對命門，亦稱生命之門。是衝、任、督三脈的始源。是五臟六腑之本，十二經脈之根，吸收之門，三焦之源。也是元氣的儲藏地。是人「精神之舍」，元氣之系。凝神意守神闕穴，牽連到生命之根。真陽氣動和增長，有助任、督二脈之氣旺盛，啟開奇經八脈，恢復胎息的功能。疏通代謝，協調五臟六腑，修護病灶，強壯體魄有不可思量的幫助。

腎俞在命門的兩旁，是腰關節最活躍的地方，是藏精之所。適當的搓揉腎俞有強腎壯腰的效果，並促進腰部血氣運作疏通，防止腰肌勞損和腎臟疾病引起的腰酸痛。腎精虧損，腎陽氣弱，揉腎俞有培元補腎的功效。治腎臟病的要穴就是腎俞，搓揉腎俞對男子陽萎，女性白帶過多，療效持顯。

站樁功對性腺衰弱、攝護腺-前列腺肥大，或前列腺縮小症狀，有特別顯著的療效。超過一半年齡六十歲以上的男性，會患上性前列腺肥大；而八十歲以上的男性，每十人則有八人，會患上性前列腺增大，包括性前列腺縮小，或前列腺癌症。這兩項病症，會造成排尿的困難，以及排尿次數明顯增加等。前列腺癌初期也可能沒有任何症狀，故要留意。

在練站樁功，因丹田經呼吸而活躍及氧氣充滿，橫隔膜之運動對肝、腸均會發生積極的作用，更會對腦、心、肺、腎等器官發生消極的作用，因爲由於神經力此消彼長的原理，下身活動增加後，腦、心、肺等器官的活動必相應的減低，類似進入休息的狀態。若是修習站樁功成為習慣者，使力/意識聚於下丹田，其睡眠必充足，肺、腎、腦、心等器官均會較爲寧靜及能耐勞；則失眠、血壓高及甲狀腺機能過高等疾病，原則上發生之機會相應都會減低。所以修煉站樁功會使丹田氣活躍充滿，並且產生甚多征面之功效。修者所能獲得者是精力充沛、腹堅有力、兩足健捷、元氣日增、且能耐勞禦寒、增進身體抵抗疾菌之侵襲能力。

修煉站樁功者，其神經、肝、膽、腎、胰、心、肺臟等器官虧虛百損之病，是為當今醫藥所難以治療者，而經修煉站樁功皆能得改善，有者且不藥而愈；有如肝硬化、腸胃病、腎臟虧損、心臟衰弱、肝弱、腰痠背疼、疲勞失眠、易染感冒等。又修煉站樁功對生理具有很好治療的功效，既能內榮臟腑，且可以壯外，同時能預防退化和使衰老緩慢，助修者獲得健康與長壽。

有修煉者已打通了任、督二脈進而練站樁功，能使陽氣或內氣自發運行。更有助加速打通十二經脈及奇經八脈。站樁功的效果非常高，唯修煉者自知。站樁功是周天運行更上一層樓的上乘功法。所謂內丹功，『動、靜』雙修是相互輔助其一不足之功法。沒有打通任、督二脈，着重練習站樁功，益處不大。若是單練站樁功，三、五年後也有可望打通任、督二脈。試問在今天商業繁忙，工作壓力大，不能立竿見影的功夫，幾人能有耐心堅持去練呢？

要知道修煉站樁功，特別是在打通任、督二脈之後，修煉的效果是非常的顯著。除了增長陽氣的暢通之外，初練此功時，會使你汗流浹背；練完功後，心身感到無比的舒服。此站樁功久練之後，出汗就會越來越少，陽氣在體內循行就變得越細精微，就能促使陽氣在體內侵入的越深。要知初通任、督二脈後，「氣」行是不很深入，或在肌肉脈管外循行。可是陽氣越細微時，你可以測知陽氣會漸入骨，後進入骨髓。這則是陽氣暢通於整個形體，亦是陽氣運行最高的境界。可惜不是容易做到，也要經過長時間的修煉或許會有此成果。而關鍵是在「意識」，它不知不覺的自行控制氣的運行。所以有說：「道法自然」。而"自然"兩字，在陽氣運行及修持時，是非常重要的，特別是在靜坐時。故"放鬆自然"是修持的最高境界，及是達到最完善深入的秘訣。但是在深入時，若境界出現時，不要害怕及馬上停止，放鬆自然，堅持下去，可成就的境界并不是言語可闡述的。若是害怕，馬上停止，可能很久你都不會重復有此境界，或者不復再有此經驗；盼望修者留意、謹慎！

　　修煉自然的站樁功法，因爲練功時不需用力，因此特別適宜中老年人用來鍛鍊身體。僅需站樁數分鐘後，兩手就會自然微覺擺動，兩足也會微感有些站不定似的，身體亦激動；在這個時候，修煉站樁者其兩腳就會自然稍微着力以保持身體平衡穩定之狀態。這種情形之所以會出現，是因人體上身之力已漸漸移至下身的原故。所以修煉站樁功後，不但能治愈頭和頭部機能過亢進之病，使到下身充實，令腸、腎、胃等機能調整有力，更因爲丹田之運動而促進中氣有力，因此聲音亦隨之而洪亮。然而站樁功惟有患有胃下垂者即不適宜練，應切記和慎之！

(7) 功法七： 側眠氣運體回春

道家睡覺時、練功的方法是非常之多，亦是最寶貴。道家、文始派和少陽派，集於一身的陳摶祖師，所傳的華山睡功，又有稱為「五龍蟄法」，多被後人學習及採用。凡是修煉及成功啟開任、督二脈，及周天運行者，在實踐實修時，是用來聚集陽氣或內氣最高級的臥功修煉法。使修者在熟睡時，是'功練人'的方法，促進陽氣或內氣、無止休的在循環運行。見於'赤鳳髓'功法：右側臥、右手置於枕部、左手摩擦腹部、右腿在下微曲、左腿壓在右腿上，凝神調息、吸氣三十口、在腹運氣十二口。

睡覺時的姿勢應略為彎腿側臥，以利於恢復疲勞再環生氣力，要比仰臥睡來的好。睡時如果挺直身體仰臥，常會惡夢紛紜。睡眠的一般規律是神先入靜，後閉合雙眼入睡，在一夜睡眠的深淺可以有五次反復，通常是依著更次的轉換而交替的

(7.1) 修法：

右側臥、右手五指伸直、貼在右臉下。中指觸太陽穴、舌頂上顎、右腿曲如弓、微提外陰夾襠；左腿壓貼於右腿上、左腳略曲、膝內側壓於右腳的腳跟上、適宜的調至舒服感；左手握拳

103

後，置于臍前或放在左腿上；并凝神內視河車運轉，呼氣時、觀陽氣或內氣經玄關、鵲橋、十二重樓、落下丹田；吸氣時、照氣由尾閭、經命門、夾脊、玉枕過百會穴至玄關。如是來往橐籥不停，形成‘功練人’，而自然放鬆，默默運行，呼吸綿綿。要知道、右手掌托耳、右掌心為心火，耳為水、二者形成水火既濟。

（7.2）時間：

臥功的練習，沒有時間的限制。恆常的練習此功，有助陽氣或內氣的凝集，自然會補充白天所消耗虧損的精力。持續練自然而入睡。

（7.3）效應：

右側臥，不會有任何副作用。若是學習左側臥，亦可作為輪換；可惜左側臥久後，會感到不舒服，主要原因是上側體重壓着心臟、因心臟略在左。故右側臥、乃是最佳的姿式。全身皆自然放鬆，沒有任何壓力。身形如弓，腿曲才能使陽氣或內氣自然持續的運轉全身（試想江河彎曲處，水流衝擊力之大）；因為兩腿伸直、陽氣或內氣不自行，不能完成『功練人』的要旨。身形如弓，手三陽、手三陰、及足三陽、足三陰，經過『功練人』，在長夜漫漫中完成最如意的新陳代謝功能，助恢復體力，還精補腦，遍體舒暢；醒來時、精神充沛、氣力飽滿。

（7.4）感受：

　　內丹靜功的臥功，簡單容易，功效因人而異。患病者或有各種慢性病者，修煉臥功、不但可獲得充足的休息，也可以治療疾病，一舉兩得，病自癒。凡是修內丹靜功者，可以做到行、站、坐、臥、都能使陽氣或內氣，時時在運行，達到『人功合煉』的效果；自然可以達到身體健康，延年益壽，這不是夢想，是可實踐的。

　　右側臥，不會產生「鼻鼾」，也不會因睡眠時仰臥由於肺氣不足，而產生‘吹氣泡’的現象。這兩種毛病都是‘仰臥’所產生及逐漸養成的生理問題。是很少有人注意到的生理現象，也是一種病態。

　　但是“鼻鼾”和‘吹氣泡’，常人都不會接受其為病態，因爲這兩種現象是其本人無法所知道的。原因是‘鼻鼾’與‘吹氣泡’都是發生於熟睡或甜睡之後，意識的不自律神經已失去了控制能力，由自律神經所司控。除非別人或同住者告訴他，可是很多人都認爲‘鼻鼾’是男女一種自然的生理現象，並不會特意的重視它；是因爲呼吸時氣經過狹窄的通道所發生，熟睡後肌肉伸張力減低，若通道構造較爲狹窄，就會引起組織震動造成鼻鼾；若情形嚴重甚至會整個閉塞，使血氧濃度下降，二氧化碳堆積，刺激呼吸中樞讓肌肉張力升高，會造成睡眠中斷而醒過來。這兩種病態皆因肺臟的‘氣’儲藏量不足及氣管通道狹窄而造成，主要是因為‘仰臥’時，肺擴張力受限，降低肺之氣量所致。久後，就促成肺的‘氣’儲量縮小，由於擴張力量已形成了習慣。只要養成側臥的習慣及做仰身的運動，助肺氣存量增加，這種情形就會消失。

道家內丹功祖師 陳摶 聖像（臨本）
。華山睡功。

附：張三丰『打坐歌』

初打坐，學參禪，這個消息在玄關；
秘秘綿綿調呼吸，一陰一陽鼎內煎。
性要悟，命要傳，休將火候當等閑；
閉目觀心守本命，清靜無為是根源。
百日內，見效驗，坎中一點往上翻；
黃婆其間為媒妁，嬰兒姹女兩團圓。
美不盡，對誰言，渾身上下氣沖天；
這個消息誰知道，啞子做夢不能言。
急下手，採先天，靈藥一點透三關；
丹田直上泥丸頂，降下重樓入中元。
水火既濟真鉛汞，若非戊己不成丹；
心要死，命要堅，神光照耀遍三千。
無影樹下金雞叫，半夜三更現紅蓮；
冬至一陽來復始，霹靂一聲震動天。
龍又叫，虎又歡，仙樂齊鳴非等閑；
恍恍惚惚存有無，無窮造化在其間。
玄中妙，妙中玄，河車搬運過三關；
天地交泰萬物生，日飲甘露似蜜甜。
仙是佛，佛是仙，一性圓明不二般；
三教原來是一家，飢則吃飯困則眠。
假燒香，拜參禪，豈知大道在目前；
昏迷吃齋錯過了，一失人身萬劫難。
愚迷妄想西天路，瞎漢夜走入深山；

元機妙，非等閑，漏泄天機罪如山。
四正理，著意參，打破玄關妙通玄；
子午卯酉不斷夜，早拜明師結成丹。
有人識得真鉛汞，便是長生不老仙；
行一日，一日堅，莫把修行眼不觀。
三年九載功成就，煉成一粒紫金丹；
要知此歌何人作，清虛道人三丰仙。

中國丹道名家、太極拳祖師 張三丰 之『打坐歌』為古今中外，稀有難得者。直指道家內丹養生修真秘訣，開示佛道參禪之要旨；實是罕有珍貴，而為實修之經典。故爾特附它於所講的道家內丹功靜功之後。讀者中、如習練了所推介的道家內丹功之動功，再參研所介紹的道家內丹功之靜功後；如欲再攀登道家內丹修煉新高峰，最好能在道家內丹功修者（明師）指引下，按照張三丰『打坐歌』及＜丹經秘訣＞'中蘊含的道家內丹靜功下手功夫，認真修煉；自會康壽超凡，天人合一，直入仙境。

道家內丹功祖師　張三丰　聖像（臨本）

第三步：內丹功-大周天功實踐法
（8）功法八：息下地根大周衛

呂祖《太乙金華宗旨》云："凝神入氣穴，即是凝神於下丹田，綿綿續續，勿忘勿助，呼吸相含，神氣相抱，既而呼吸一在竅內，則我鼻中呼吸微若無，胎息漸現，於是致虛極靜篤，靜極而生動，動者炁機動也，即真陽（先天一炁）忽然發動，無中生有。此時丹田發暖，四肢百骸融融然，竟體愉快。四肢百骸原是貫通，不要十分著力，於此鍛鍊識神，斷除妄見，然後藥生。藥者非有形之物，此性光也，即為先天之真炁，然必於大定後方見"。

凝神入氣穴，息息歸根，亦即此意。斂息即收斂口鼻呼吸之氣，藏伏於丹田，變成丹田呼吸，亦即為胎息。故修煉時內心清靜，守一入靜是還虛的修持關鍵。道家內丹之修持是非常著重於"守一"的鍛鍊，然而"守一"之道在於不執著，執者失之耳。內丹修者目的在於修心淨意，心淨妄去，本性之光，自然顯現，光現則性見，對人之生命就有很大的認識和改觀，是無上的訓練。

要知道小周天功前五功法就是練氣，築基煉己也就是為了調補損耗的元精、元氣而練氣，道家稱之爲煉精化炁，即是凝神使精、氣融為炁；要知道精、氣受損耗，神必委，就對人之生命活力有所影響。因此古之祖師曰：凝神聚氣抱一，意守不亂，則煉精化炁之效就會自然完成。專注意念一心一意地住意氣而走，即逐漸達到神、氣合一，小周天是先意通，隨為氣通，而最後神、氣相隨運行流轉於任、督二脈中，由於神、氣已合為一體，則神動氣走，氣住則神停。如此修煉神、氣，行功日久月深，則逐漸從煉精化氣、煉氣化神，演進到煉神還虛之境界，修成精深之高層功夫，則是道家養生、調補的過程。

大周天功又以小周天功為基礎，而橐籥為主要之實習，用以攝取天、地間精靈之氣。因此人應該上接天之精氣，於同時攝取地下之靈氣，使兩氣昇降得以交融於體中，使天、地精靈之氣能為己所用，進而生化自體內的真氣。使真氣/陽氣自得充盈，則可效天地而得長壽！

大周天功惟在練成小周天功，並得功法六與七之輔助下，才能成就啓動「衛氣」之運行。若「衛氣」未能流轉循行，大周天功以及

111

胎息功是無法練成的。故足三陰、足三陽、手三陽、手三陰等經脈銜接後，衛氣自然產生而循行於體中；並非另有一套功法可以練就大周天功。這也說明為甚麼古代道家祖師們沒有詳述於丹經中有關大周天功之詳細記錄。莫說詳述，提到者都很少，僅說了"大周天"而已，無其他的理論思想概念。因此，發心修煉性命雙修者，或是有機緣得學和遇到者，必要掌握此機緣，將大、小周天功練成，那你身體和生理所得之調補，必會有出乎於預料之外之收獲，身體的健康自不在話下。願修煉者詳細閱讀"大周天功必銜接之三關"一文，對奇經八脈與十二經脈銜接概況有所了解，就能明了經脈循行的狀況；並對任脈控制之六陰經及督脈司控之六陽經有所明白。雖然於"悟真篇"祖師張伯端說："煉氣化神、煉神還虛"，不在大周天河車運轉，而是以元神寂照"黃庭穴與下丹田"，將精與氣合練成為「炁」作為"丹母"；而丹母即元氣或真氣也。十二經脈之「衛氣」、潛氣運轉為經脈銜接後自然產生的現象。

又修習大周天功，另一重點即是"守一"的功夫。《胎息經》云："神行則氣行，神住則氣住；神氣相注，必然常住"。待守到昏睡

112

全無靈光不昧，實際就是入定之功夫，亦是有為到無為，綿綿寂照之入定功力,進入修性功。之外，願修煉者細讀"幻真先生服內元氣訣"及"守一"之說，對大周天功'氣'的訓練是非常重要之知識；因爲"幻真先生服內元氣訣"與"大周天功必銜接之三關"所說「衛氣」之運行法（經過的路徑）是天衣無縫、相互吻合的。實為兩篇難得之丹道修煉的指示，既證明古時道家修行者，已經練成大周天功"內真氣"之運行法；懂者修成者，此二篇文是自古以來修證者之心得結晶、經驗成果，先無前人，後無來者可超逾，是修者的佐證啊！令你讚嘆稱絕，見證古人留下之絕句，使你如獲至寶絕學，可惜沒有留下任何有關連之功法。未能印證者，閱讀了此二文無所共鳴，如似前人在談玄說妙！因爲此二文並不與任何功法聯系得上，使未達成者能如何運用及得益，即使是修成小周天功，也無法用上此兩篇絕句。只僅可說成就者很少，故在丹經中，鮮有大周天功修煉之典籍記錄，令後學者無從明瞭，枉說學習修煉。大周天功法則被道家-小周天功法所掩蓋，認爲啓開任、督二脈，就完成了丹道周天功法，無需練大周天功，有者更說它會自然而然的練成（只要修者繼續練小周天功），實是一種錯誤之觀念。願修者知道，小

113

周天功僅能啓開奇經八脈，它們為在胎兒時所運用之經脈（謂之先天吧，出胎後部份已不用），使陽氣/真氣循行。大周天功則啓動「衛氣」依循十二經脈流轉，為立命之後天（指誕生後）生存之本。「陽氣與衛氣」為養生、健康、長生久視，必要練成的兩種"內氣"，這一點我們可不能不知啊！

（8.1）修法

選擇地方，最好是在自己靜坐之靜室或書房，採取盤腿、自由垂腿坐好、或臥及半臥之方式；最好是半臥的躺在"沙發"或床上。確保窗門関好，不受風吹的影響，空氣流通，及避免鬧聲和家人的干擾。半臥雙腿半垂直，不使腹部受壓而自然放鬆，解鬆褲帶，腳跟著地，雙腳板翹起，全身放鬆，雙手放在兩側，閉目調息，收心守一靜心凝神於丹田。

大周天功之基礎在小周天功及輔助功，若前五功法及輔助功基礎打好，經過一段時期的鍛鍊，假以時日，必能練成『衛氣』，使其隨十二經脈循行，道家謂之為"潛息運行"。大周天功'氣'之運行法如下：-

（一）大周天功'氣'之循行法

114

採用靜坐或臥的方式均可。閉目調息，靜心凝神在會陰穴一會兒，略微提肛數次；呼氣時，心觀氣經會陰往下流轉；元氣足時，自然會的通過臍穴流貫於任脈而下會陰（地根、虛危穴），貫注腎經或陰蹻脈，循行經陰谷、水泉、照海至湧泉穴。吸氣時，心觀氣由足三陰流囘會陰經尾閭往督脈上行；在同時觀氣上丹田，經黃庭上泥丸，入玄關合督脈入任脈而下重樓，經中丹囘到氣海丹田。每次如此開始，『衛氣』就如是的依手三陰、手三陽，足三陽、足三陰循行流轉於十二經脈，負起對體內捍衛的作用。衛氣開始運行時，就啓開了體內第二道『內氣或潛息』運行於體中。大周天之『炁』運行始謂練成（如圖4）。

（二）小鼎爐‘氣’運行法

可以採取正坐或左或右側臥的方式。重要者是大周天之‘衛氣’是否已運轉及十二經脈已否銜接；同時有否養成腹式呼吸之習慣，即是肺臟呼吸與腹式呼吸能否一致。此方法是確保修者在靜坐或臥時，‘神’守丹田，即‘守一’也，才能使修者在靜坐中能持久，不落入昏沉，則神去離形謂之死（睡着了）；惟有修者大周天功‘氣’已旋轉始能做到。

功法：閉目調息，心觀下丹田與黃庭之間（守一）；同時採用腹式呼吸。若是‘衛氣’已通者，於任何時候靜坐，皆能感到‘內氣’在丹田滾動翻轉。因此只要凝心（神）寂照下丹田處，‘內氣’自然而翻動，不須意領。在每一吸‘氣’時，體會或觀‘氣’有小腹（前）如似弧狀，上昇至臍穴；又在呼‘氣’時，觀‘氣’由臍穴旋轉至兩腎‘命門’處（後），而返下小腹。如此觀‘氣’在丹田中持續運轉。但是必須要意守虛無飄渺之‘神、炁’於丹田中；真意即是用雙目覺照（意守丹田），使‘神、炁’二氣氤氳於丹田、黃庭穴之間，使丹田中之元氣、元神融合凝結在一起。因‘氣’之動，則為由虛無至有（動）。如祖師呂洞賓說：普化一聲雷，動靜知宗祖，即是‘神、炁’祖氣的消息爾。一切任其自然靈活，腹部相續起伏，令‘守’到昏睡全無，靈性不昧。如此久坐，以綿密覺照之功夫，由虛無到有，再由有到虛無，即是覺照至無覺，動極而靜，靜極還動，實際上是入定三昧。

在靜坐或修煉的過程中，修者除了可以感到‘氣’有規律在腹中翻轉外，同時亦可以各別的覺照得‘氣’在‘頭顱、掌心、腳掌中旋轉。雖說小鼎爐‘氣’運行法是在丹田氣海

116

中，但在頭、手、腳仍可覺察周天氣的運轉（如圖1）。

　　祖師 張伯端說：煉炁化神，應用‘小鼎爐’，即上以黃庭為鼎，下則以丹田為爐，‘神、炁’氤氳於二穴之間，實為進一步練藥功夫，丹經中說乃有為到無為的修煉，亦煉炁化神的階段；令‘神與炁’合練，使‘氣’歸‘神’，二歸一，只存下‘神’，實為神、炁凝結之喻。因此在靜坐時寂寂觀照，常定常覺，讓一切歸乎自然，則逐漸進入煉神還虛的境界。紫陽真人說：煉炁化神是進一步練大藥，即是有為至無為的鍛鍊；大藥者‘聖胎’也，稱爲‘嬰兒’。致於‘大藥’之題材，留後再述之。

117

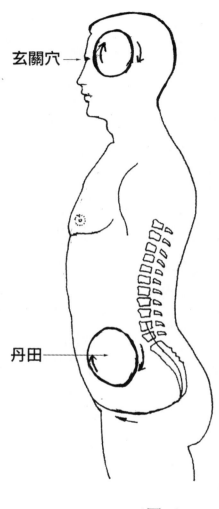

玄關穴→

丹田→

（圖 1）

祖師 張伯端 聖像（臨本）

小鼎爐為大周天之修法，惟以'神'覺照於丹田與黃庭之間，周天氣不運轉如小周天功。但是體內潛氣（陽氣/衛氣）仍然在運作無休止，'氣'氤氳於腹中，翻動旋轉，更何況腹部繼續在起伏中。若僅說惟以'神'覺照，則是神去離形，忘言亦忘守，進入'人我'倆忘之境。覺照日久，若性光閃顯於腹內，此為'命光'。要知命光難求難見，惟修者在精足、氣盛、神旺時命光才顯。但願修者持修於恆，成就此無上法。

（三）默守天目法身成

此步修煉法，除了敘述'氣'如何在玄關運行之外，還講明'默守天目'即可練成'法身'，即聖胎是也。此法與前段小鼎爐'氣'循行法，在意守中黃而修煉成'丹'有很密切關係。這兩項功法可以同時修。因為當'潛氣'循行於下丹田時，只要稍微作意於'天目'，潛氣即同時運轉於天目。

功法：做好靜坐的準備，隨意而坐、正身、脊椎挺起，閉目調息均勻。以腹式呼吸並與肺呼吸調整和腹起伏一致，潛氣足時，自然會在腹中運行，如述於小鼎爐。氣息均勻後，略作意，即稍將精神集中於天目，<u>潛氣就會隨</u>

120

着呼氣在天目，又稱山根，即兩眉、眼中間處，以弧形往上行，吸氣時，潛氣就隨着以弧形往下行。如此一呼一吸，注意潛氣在山根即天目處循轉。此運作與下丹田潛氣循行是一致的。這說明兩者在呼氣時則同時往上運行，吸氣時則同時往下降（如圖2），並配合着腹部之起伏而升降。

要知道，玄關與下丹黃庭穴皆是神室，神住及出入之所。故潛氣在下丹或玄關運轉時，‘神、炁’皆能經過衝脈，迅速的在此二穴竅循行。更因爲‘神’於大周天通後，‘神’即在衝脈中出入（其徑也）。因此小鼎爐與天目‘氣’之運行是可以同時進行的。也就是‘神、炁’經此修煉，於下丹黃庭及玄關凝結成‘丹’或聖胎；亦稱‘性光’和‘命光’。古時祖師曰：‘若自下丹田結丹後，修煉經日久月深，丹即自會往上昇至玄關’。則此理也。

這修煉法必在大、小周天通後，才可以調氣注於所欲之穴竅，同時配合修煉上、下丹田，讓潛氣運行一段時間後，停下來而換成凝神默守天目，且同時覺照下丹田，就可進入‘結丹’及‘法身’之修煉。所獲得成就即要

121

視修者的智慧和沉靜是否能‘守’。其實採用禪修之‘垂帘’靜坐之法為最好，由於眼觀鼻、鼻觀心；因為眼帘微透光，確保神志清醒；又因凝神眼觀鼻而鼻觀心，自然就覺照下丹田。兩個修持同時做到，氣又同時運轉，為無上之妙法。

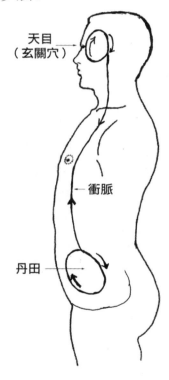

天目
（玄關穴）

衝脈

丹田

（圖2）

修煉‘法身’之法，敍述於呂祖《太乙金華宗旨》，為道家養生學中一項上乘功法。此次將其‘氣’運行及啟開‘天目’之法，全并入大周天功之內，讓修者對下一步的修法有個了解及目標。呂祖於《金華宗旨》說："修時乃於萬緣放下之時，惟用∴字，以字之中點存諸眉心，以左點存在左目，右點存在右目，則人兩目神光，自得會於眉心，眉心即‘天目’，為三光會歸出入之總戶"。在修煉時，三光立聚眉心，光耀如日現前。修煉者知道修煉眉光之法而得啟開‘天目’，即佛法說的‘第三眼’。此三光在人乃為耳、目、口。《周易參同契》云："耳、目、口三寶，閉塞勿發通"。故呂祖以‘回光’之法而啟開天目。回者止也；光者觀也。閉塞之耳、目、口三竅神光，以回光法之修煉，可使三光立聚於眉心‘天目’。修煉時凝神默守於三目（∴），微微用意而默守，此為回光啟開天目不傳之秘法。蓋∴字之下面二點中尚有兩眼之間的‘山根’一竅，又稱爲‘祖竅’，為人身之"性"戶；上可達泥丸穴，中達中黃，下抵通臍後。修煉時聚光於眉心，就必須繫念於祖竅（山根）。但是修繫念於‘山根’祖竅，亦不是易修之法。呂祖曰：回光，則天地陰陽之氣無不凝，所謂精思者此也，純氣者此也，純想者此也。初行之訣，是有中似無，久之功成，身外有身，乃無中生有。百日專功光才真，方為神光。百日後，光自然聚，一點真陽，忽生黍珠，如夫婦交合有胎，便當持靜以待之。光之回，即火候也。

修煉默守天目，日久月深，自然法身顯現；光已凝結為法身，漸漸靈通欲動矣！此乃自古不傳之秘也；即是修煉精、氣、神而凝結成‘丹’，此為回光的最重要成就之一。久練回光，會出現虛室生白的現象，眼前熒光屏幕，忽生一小白點，起初游移不定，漸大漸定，最後形成一個亮晶晶的〇，這便是‘慧光’也；又名性光、丹光、養足時稱爲蟾光。《性命圭旨》描述云：“圓陀陀，活潑潑，如霧如電，非霧非煙，輝煌閃爍，光照昆崙。放則迸開天地竅，歸兮隱入翠微宮”。此丹光一現，今後變化由此而生。

呂祖云：“光即是主君心意，又如主君敕旨。故一回光。則周身之氣皆上朝”。僅只專修此回光一法，便是無上妙諦。回光既久，此光凝結，即成自然法身，心意得輔，精氣日生，而神愈旺，一旦身心融化，豈僅天外有天，身外有身已哉！然則‘金華’即‘金丹’，神明變化，各師於心。此中妙訣，雖不差毫末，然而甚活，全要聰明，又須沉靜。非極聰人行不得，非極沉靜人守不得。故要練成法身也必下一番苦功不可。

　　祖師 張伯端於《青華秘文》曰：“蟾口意謂下玄關精竅”。圖中三『○』乃三光（如圖 3），皆指真陽於眉間，則頂門及頂門外所呈丹光之象。因下玄關陰蹻穴（會陰穴），為產元精之處，而水乃比喻坎宮，故坎（☵）則水，為腎為精。圓如月比喻‘性’、即體也；其‘光’乃性之用也。然而頭頂有此明月呈象，即惟在定中方有此現象，同時亦可以於定靜中驗證之境界。在道家內丹修煉金丹過程中，明月呈象，即是表示藥已足的意思，也是顯示‘性’之生機。‘性’者元性也，所以元性見則元氣生，元氣生則元精產。因此在修煉時，應該以定靜心覺照下玄關精竅，若有若無，了然於心而默守；在守爾不執，靜心覺照領悟其妙象，進而體悟無心之境界爾。此為命功之境界。如果是從性功之境界來說，即是指我們人之佛性爾；本與諸佛同體且同其用，無有差異也。若是能真正透徹了脫法身，證得佛珠還與我性珠同，則我自性歸佛之毘盧性海。但是依道家內丹而言，‘金丹’或‘內丹’者

'性'之所生者也。因此若是沒有元神靈性之修煉，怎能會有金丹的產生呢？又說如果沒有先天真性之參與和主導，若僅是憑後天的思維，豈能有還丹而成妙得之修呢？所以修煉道家內丹時，必持抱性觀命、立性修命、全性成命、見性了命，實為修煉丹道之法秘訣也！

回光蟾

（圖3）

在道家內丹修煉的過程中，常凝神閉目默照或觀天目，常可在眼前見一團團彩光，特別是金黃色之光，這就是元性；但是不可以說它是見性。這與佛法所說的‘明心見性’，還距離很遠呢！道家內丹法所說之見‘性’，即是指‘元性’之顯發。紫陽真人說：言見性者，僅是指生命本性產生光明而已，乃元氣生發之現象。此‘性光’閃顯於兩眉、眼之間，稱之為‘性光’。修煉內丹者很容易見到性光；然而性光即產生於心清神定之時。修煉者在見到‘性光’閃爍之後，應該靜心默守氣海，存神於下丹田，無執無為，自然就能將‘性光’收歸爐鼎之中，而這一點真元之炁，終不可得出爾，成為‘丹’之本。惟在修時，見一陽起復，就應當綿綿若有若無，用工不已，待得‘性光’顯則為大藥純陽之時，光華圓滿，靈光即現，採而用之，可作金丹。但當元性全體顯現時，才是‘無形之中’。因此惟元性全現，才會感覺到遍體光明，此稱為虛室生白；因為精、氣已為神所用，由於神、氣化於全身，才能感覺有身如在虛空之感。修煉內丹者應該知道，丹田陽氣乃‘日’，我們人之性光乃‘月’，性光與命光相合，乃成丹之機也。然火者日氣也，火有如同太陽之光能，比喻為真陽之氣爾。此‘性光’聚而練它以成‘金

127

丹＇。這就是所謂藉土（心也）以修成；狹意則是指黃庭，擴大而說則指整個身體。內丹之修煉，就是練此‘性光＇而成‘丹＇及‘法身＇。

大周天功敍述了三項‘氣＇之運行法，皆要在‘衛氣＇銜接後始能做到。其一者：‘潛氣＇或真氣已運行全身及四肢。其二者：僅以‘神＇覺照於丹田氣海中，令‘氣＇自然氤氳於丹田與黃庭二穴之間。但是潛氣仍然循行於體內及四肢，而各有不同‘氣＇在運行的感受。其三者：潛氣運行於‘天目＇，實是與小鼎爐於下丹田同時運作。修煉回光默守天目，立聚三光於祖竅，久練可成就‘法身＇。為道家秘不傳之法。

大周天功除了練成“衛氣”與接通十二經脈之外，還要練成『內丹』。但必在三寶-精、氣、神補足之後，才能進入練內丹的階段。修煉內丹要經過採“外藥”『精、氣』三百次，才能練成‘炁＇為丹母；再經過採“內藥”『精、氣』三百會與神、炁合練，方使“精、氣、神”能結成丹；即是由無至有的修煉。在道家-內丹修煉來說，是一項至高難練的功法，要看修者（上上根者）個人之造化、機緣、福

128

報，修成者的指點及恆心，始能有機會練成。所以祖師張伯端說：煉氣化神、煉神還虛，是進入理想之修煉，因爲練成'丹'者非常少。雖修成者少，成就大周天卻對身體健康和養生大有好處，畢生受用無窮。

首先解釋道家術語"內丹、內藥、外藥"後再說修丹：（1）內丹：鍛鍊人體精、氣、神為內丹，號曰結丹。古代道家修者明確的指出"神、氣相合"而結成丹。《胎息經》幻真先生註："修道者常伏炁於臍下，守其神於身內，神、氣相合，而生玄胎。玄胎既結，乃自生身，即為內丹"。近代名學者陳攖寧曰："外丹與內丹，外丹是用爐鼎中燒煉的；內丹是在人身內變化的。修學者先要把這兩條門路認識清楚。鉛汞二物，在外丹中都是實體的東西，在內丹中卻是比喻精、氣、神三者"。

（2）內藥：比喻為身中之元氣。《樂育堂語錄》曰："吾言外藥、內藥者何？必待內藥有形，外藥可得而採。內藥、吾身之元氣也；外藥，即太虛中之元氣也"。

（3）外藥：一者喻自然界中之元氣。二者，尚未收回丹田鍛鍊之精、氣、神。《藥物直論》曰：外藥者何也？蓋古者云：'金丹內

129

藥自外來，以祖氣從生身時雖隱藏於丹田，卻有向外發生之時，即取此發生於外者，復返還於內，是以雖從內生，卻從外來，故謂之外藥，練成還丹，謂之內藥，又謂大藥"。

在"大周天功"的修煉，我還未達到成就結丹的經驗，但是練內藥之修法我是懂亦是在練。將來若有機會再加入我的經驗。此處說的結丹是摘錄自《悟真篇》。

在經過築基煉己的功夫，使身體機能恢復後，體力更進一步健壯、生命力更進一步旺盛起來；由弱轉強，由無至有，在修丹法稱為'化'的作用。似帶有些神秘性質，實際不過是調和氣血，修養精神，平衡神經，調動青春活力，以心役身，使全身機能受自己支配，以達到袪病延年的目標，並非立神奇。實是怡神守形，養形煉精，積精化氣，煉氣合神，煉神還虛，功夫乃成。

外藥（精氣）須運滿三百次，才開始用功使內藥生出，即用積累三百次初步凝成之外藥，促生內藥。內藥（精、氣）的發生，先運元神，使其與已經積累三百的元炁，在下丹田交接，始能發生較外藥更高級更精粹的內藥。精、氣、神在煉精化炁的階段總稱為‘藥’。

真人紫陽云："煉精化炁階段的升降地在大鼎爐，鼎者‘泥丸宮，爐者，下丹田，則河車運轉在任、督二脈。致於煉氣化神階段，則不沿任、督；即以小鼎爐，則在上以黃庭為鼎，在下以丹田為爐氤氳於二穴之間，以神靜守。非運炁循行，用綿密寂照之功，入定之力，使元神發育成長而已，此為煉炁化神之階段。（其實在凝神寂照於二穴，周天河車仍在循行運轉，只是因爲集中力在黃庭與下丹田，對它的感覺減低而已，並沒進入停止的情況，相對二穴之‘氣’起伏感則增強）。

《悟真篇》張伯端曰"大藥-由煉精化氣至煉氣化神的過程中，內藥與外藥，含合凝結，先由外運周天積成外藥；再用神運下丹田促生內藥，在下丹田會合凝結，成爲大藥。此即為所稱之丹母，再經七日‘入環’（坐關或閉關）而練，即成爲‘聖胎’。‘聖胎’者，則精、氣、神凝結"之意也。

正子時-煉精化炁用活子時，雖名子時，實為代名號，即藥動的時候就修，不拘守於時

131

間。煉炁化神則因大藥已成，精已化盡，不再有活子時的到來。正子時為產大藥之時，亦非十一點至一點的時間，而只是一種景象，也可以叫完成大藥的信號。此時丹田火熾，而兩腎湯煎，眼吐金光，耳後風生，腦後鷲鳴，身湧鼻備，即得大藥的時候到了。這時叫正子時，下一步可以進入烹煉，凝結成丹了。大藥稱為‘聖胎’，亦稱為嬰兒，實際是神、炁凝結的比喻。

修煉內丹者應知，陽生乃藥生，只有在忘我無為、心安神定之境界中，自然由元神採取，自然隨其生機上升，而內丹修煉者在定靜中自能見到此變化生機，由此變化所得者乃元精，純一無雜的先天真一之氣，溫而能長，潤而能養，方為真鉛。鉛生之後，乃能吸引元神與之相合，異性相吸，同氣相求，寂然有感，自然而合一。在元精的吸引作用之下，元神自然相應，從色心中走出，而與元精相合於黃庭穴，元神、元氣、元精，打成一片，相融合而不分，居於黃庭，乃為交會之功已畢，金丹成象矣！

在內丹修持所用之氣乃是先天真氣，當在胎息中求之，未修成胎息，不足以言產藥及結丹；内丹修煉所用之精，乃是元精，元精之生，若無情欲，則可採之作用，若有情欲伴而生，所生藥濁質重，不堪為丹藥，可作還精補腦之物而用。修內丹所用之神乃元神，非後天念慮之神，更非情欲之念，若是情欲之念所感，則其情濁陰重，何能為藥？若採而用之，幻丹必生矣！

　　修煉內丹，從無形之物質交換來說，心之‘神’是可以通過中脈而下降，居於黃庭，黃庭乃是採藥之所，亦為練藥和結丹之處，此處又距離會陰很近，藥物易採得，而且又與會陰精竅有一定的距離，只要採而得之，在情欲不衝動時，則不易散失。故古人認為，人‘氣’平時平氣居於心中，中醫稱為‘大氣積於胸中’；在情欲衝動之後，此氣下降，隨欲念而化為生殖之精而走失。

　　總結：修煉大周天功，除了成就“衛氣”依十二經脈循行之外，主要的目的是練成“內丹”。但是修煉內丹則不採用周天功練，是以定力寂照於丹田，使神炁在黃庭與丹田之間運轉（以神煉精）；積神、炁成藥。這是經過採外藥（元精、元氣），化而成炁，則是丹母。再經中黃寂照於丹田的修煉而化成藥。內藥之

133

產生，首先是運元神使其與已經積累三百次之元炁，在下丹田交融。當正子時（則不在情欲衝動下陽生時，寂照元神、元氣循轉於黃庭與下丹之間，這可謂有質之元精、化為炁，自然由元神採取），即藥動時的時候就採練，不拘時間是否是子時，烹煉使神炁凝結成丹，完成由無到有而化成"聖胎"。我無此經驗，不敢敍述，言盡於此。此外，我修此法，則潛氣行於小鼎爐及天目實如所述，時日亦不長，潛氣運行，性光顯本有體會，致於結丹和成就法身，留於後話。然修者亦可以同時參閱呂祖《太乙金華宗旨》而修，更可領悟祖師 閔一得對《金華宗旨》所敍述的其他經驗。

（8.2）時間

於大周天的修持，時間最好是早晚的安排；在一天心情最鬆閑的時候。早晨五點到七點之間（即卯時），則是剛睡醒的時候，方便之後，再回躺在床上 45 分鐘至一小時，之後才開始幹活。實際上只能做個小定的修持，如果要作較長的靜坐，即要更長的時間，所以在早晨入小靜。晚上則可靜坐久些（即子時前），由十點半開始靜坐到十二點，之後便就寢睡眠；使身心有足夠的時間休息。要知道修煉大周天功，除了集神煉炁之外，還要修定以元神寂照於黃庭穴及丹田之間而練內藥，要寂照得昏睡全無，就必須較長的時間，話有說'神滿不思睡'，這才是修心的功夫；若不，內丹之修煉就難得進展。所以若發心修煉，願道心有所進展，生理心性得到健康的演進，並在現生就得到修煉的成果，個人的生活習慣必定要調整；有決心才能有進步及效果。要知道修心（性）向道，是性命的修煉，實是使心靈（靈性）的提升。靈性的改變就在此靜中修，對性命的發展和改變，有很密切的關係，鮮有人悟此道理，因此幾乎人都不注重心性（靈）的修煉。

（8.3）效應

在《悟真篇》張伯端說：築基煉己時，精、氣、神三寶得以補足，效果都集體反映在修者身上。有如：神足現於目光，氣足現於聲音，精足現於牙齒，臉之色澤紅潤。此外，修者丹田氣緊滿如槃石，走路時腳步輕盈如飛，每當開始行功，藥源活潑，天機暢旺，水質清真。在大周天的修煉中這些景象、氣質的改變即更為顯著，似得還精補腦，返老還童。在修煉的過程中，除了直感衛氣或潛氣循行於三關（頭、手、腳）之舒暢無比外，修者仍可感受到雙腳在潛氣流經時在輕微而有次序的跳動，

135

惟有保持精神集中，則守一功夫做好，即漸漸入於定中，但必須保持寂照之念，神氣相注；若是神離或散亂，就落入昏迷昏睡中，此次修煉即為失敗，惟有從頭再開始。修煉內丹者亦常在寂照靜定中，於心中（印堂或玄關處）深紫、籃、白色神光常浮現，變化萬狀，歷久不絕。

（8.4）感受

修煉者，當常在寂照靜定中，雖說意照中黃二穴，感氣在腹中回旋；因爲下腹肌肉起伏使張力持續，促進腦意識清醒、集中意識增強，進而加強定力或覺照之能力。由於此，修煉內丹者也會感到印堂或玄關穴在跳動，感到氣與光在此處湧現，當集中力低落才會消失。

大周天功成就者即是潛氣或衛氣的啓動，使其依十二經脈而循行流轉，促進捍衛之功能增強。其實當它在啓開的過程中，修煉者常會遇到某一部位有激烈的跳動並帶著劇痛和抽搐，這就是通渠阻塞的路徑，尤其是在腳趾之間、腳背上及膝蓋地方，這種情形常會出現。我在衛氣未通之前練動功時，每在下蹲有時會感到無力而痛，不能慢慢地下沉身體，會被逼着突然的沉下去。這皆因穴氣不通所造成，故不能支持體重。最嚴重之一次，即是雙腿痛和不能彎曲，在睡覺時側臥兩腿彎曲皆不能、疼痛非常。惟有自己應用指壓，按足三陰、足三陽幾個主要的穴位，經過三天的指壓按摩，兩腿之疼痛才消失和恢復正常。之後再練動功就不會感到膝處無力，疼痛不復出現。由此可以體會到『衛氣』的啓開運行於體內，對身體健康的調補是不可思議的，要不然氣脈的阻塞是無法糾正的。這說明'氣'由無而生，成爲有形的治療於無形之中。

　　道家內丹修煉成者，在氣的修煉有所謂'五氣朝陽，三花聚頂'之說；即是五臟真氣或元氣上會於腦或天元；又三花聚頂者，則是指精、氣、神鍛鍊後之精華上聚於腦，亦為精、氣、神混而為一也。修者在鍛鍊過程中，會有這兩種情形出現，因爲大周天功是修煉'氣'無上之法要，但切勿刻意追求此種景象。至於「氣」對「健康」之關鍵性，請看第八章，就能有個深刻的了解，因爲'氣'在體內的運行旺盛、強弱，的確對人之健康直接影響是非常之大，是不可不知。

大周天功必銜接之三關
　　修煉大周天功要通過三關，則頭是天關、足為地關、手為人關。即說明要練成大周天功使潛氣運轉必須經過此三關。它與小周天功的尾閭、夾脊、玉枕是有所不同。真氣或陽氣通過小周天運作時，就啓動奇經八脈、便逐漸啓動十二經脈；使其經氣（元氣）都一起循環運行，各經絡之間的氣相互周流銜接，於是各經絡"接頭"-交接處的連接是特別重要。打通大周天使潛氣或衛氣運轉爲最関鍵的功夫，即是銜接各條經絡的起處與止點，不然大周天功則未練成。各條經脈的起處與止點大多數在頭、足、手；十二經脈中，（1）*手三陰經由胸走手交於手三陽，（2）*手三陽經由手走頭交於足三陽，（3）*足三陽經從頭走足交於足三陰，（4）*足三陰從足走腹、胸，交於手三陰。形成一條陰陽相貫、循環無端、往復運行的路徑。由此可見，頭為六陽經交會之處，足為足六經的起處與止點，手為手六經的起處與止點。若是這三處的經脈之"関"-交接處被打通而相連接，大周天功乃成，潛氣或衛氣運行則通暢無阻。因此，大周天功稱頭、足、手為必通之三関。

（1）*手三陰經絡-手太陰肺經，手少陰心經，手厥陰心包經。

（2）*手三陽經絡-手陽明大腸經，手太陽小腸經，手少陽三焦經。

（3）＊足三陽經絡-足陽明胃經，足太陽膀胱經，足少陽膽經。

（4）＊足三陰經絡-足太陰脾經，足少陰腎經，足厥陰肝經。

（5）任脈司控-五臟（包括心包經）、一切陰經。

（6）督脈司控-六腑、一切陽經。

（7）衝脈-上至頭，下至足，貫通全身，成為氣血要沖，調節十二經脈之氣血；有稱為“十二經脈之海”。

（8）帶脈-有約束各縱行經脈的作用。

（9）陰蹻脈-起於足下，經大腿內側，經會陰，上行於胸兩側，上頭入眼角，會合膀胱和陽蹻經。

（10）陽蹻脈-起於足下，沿大腿外側經肋上肩部，上頭至內眼角，會陰蹻與膀胱經，上行髮際，下至耳後與膽經會於頸項後。

（11）陰維脈-起於小腿內側，沿內側上行至腹，與脾經會，經過胸與任脈會於頸部。

（12）陽維脈-起於足跟外側，沿膽經上行至髖，經脇肋後側，由腋後上肩，至前額，再行至頸項後，會於督脈。

139

從經絡相互連網，就可以了然於心，練成大周天功，十二經絡與奇經八脈的循環運行已同時完成。也就是說在身體中循行十二經脈的"衛氣"已經聯貫，並會合了於奇經八脈循行的"陽氣"。大周天啓開後小周天的運作也已包括在其中。由此可以明白，僅是學會及練成小周天功，其效果還是不足夠'治未病之病'，因爲其中一些經絡還不能同時運作。但是自古以來道家祖師們都着重於敍述小周天功，而隱藏了大周天功的運行法，相信是保留給德高之內丹學者吧！此次，將大周天功法公諸於世，能使修學者有另一番造就。希望能復興祖師老子說："我道不興也不滅"，使道家修心養性的功法廣傳開去；得到廣大尋求身體健康之眾的熱愛及支持，並加以發揚光大中華民族傳統罕有的文化瑰寶。修者得身心康壽，凡是修煉者德高品彰，為幸耶。

坎離之修法

道家對"坎離"之修法被視爲養生長壽過程中最重要且不可缺少的一部份，若是缺少坎離之修，周天功沒有可能練成，河車不能自轉搬運。但是要如何去認識"坎離"呢？要知道，自乾（☰）坤（☷）破而成爲坎離後，已是非舊有之物。離者、外陽內陰（☲），為火、亦心也，離中所有者『精神』。坎者、外陰而內陽（☵），為水、亦腎也，坎宮所有者『血氣』。在外者為假，在內者為真。坎虛而成實，離有而成無。在修煉的過程中，先採『坎』中之真陽，去補『離』中之真陰。恢復乾坤之本來真面目，即返本還原矣。則是以小周天功，搬運河車，使陽氣自轉於任、督二脈之中。修法在於以汞投鉛，以鉛制汞；腎水、元精稱為真鉛，心火、元神稱為真汞。復用天然之神火，久於溫養；汞、鉛雖然屬於先天之物，在人體血氣中，夾帶著陰氣在內。因此，運符火，包固己汞，就必能將鉛氣抽盡，無非掃盡陰氣，即能返本還原矣。再加上九年面壁修持之功，就能由無形中生有形，結丹成矣。若但離宮修定，而不向水府（腎）求玄，那離宮之陰神，猶是無而不有，虛而不實。縱然靜中尋靜，深入杳冥之境，僅得一個恍惚陰神樣子，始終不能聚氣成形。散則成氣，欲有則有，欲無則無；事實上有個真跡也。

故呂祖曰：修性不修命，萬劫陰靈難入聖；又只知練命者，但固守下田，保養元精，未聞盡性之功，但求調伏氣之術；惟練離宮陰精，使之化氣，復守腎間動氣，使之不漏；並不知移爐換鼎，向上做煉氣化神的工夫，雖然能使胎田氣滿，可為長生不老人仙。然而氣未歸神，神未能伏氣，時來念慮一起，神行氣動，仍然不免動淫生欲。故呂祖又曰：修命不修性，猶如鑒容無寶鏡；必要性命雙修，務令一身內外，無處不是元精，無處不是元氣。至得精已化氣，無復有生精之時，之後精竅始可閉。採用大周天功法，使‘衛氣’自虛危穴起，上至百會穴，過玄關，下重樓，降下丹田。所謂四象攢來會中宮，何愁金丹不自結者此也。斯時凡息停了，胎息見，日繼夜續運起神火，胎息綿綿，不出不入，若有若無，為練不二元神。如此煉氣化神，適為大周天火候。如此抽鉛添汞，以汞滋鉛，待得鉛氣盡乾，本性圓明，外息盡絕，內息俱無；只有一點神氣，了炤當空，即氣化神矣。在修煉時，猶必惺惺不昧，寂寂無聞，不著於相，亦不著於無相，庶元神才得脫塵。要不然神有所依傍，則不能超脫耶！神有方所則不能超脫，安能跳出天地陰陽之外；而沒有不被陰陽所左右者！此煉虛一著，所以無作無為，無思無慮，純乎天然自然之極。於前煉氣化神，雖然是無為而猶有跡象。待得修至煉神還虛，不似前此溫養之功，猶有預兆可尋，此為道家最上乘之修法耶。

道家內丹功祖師 呂洞賓 聖像（臨本）

附： **呂洞賓-百字碑**

養氣忘言守，　降心為不為；
動靜知宗祖，　無事更尋誰；
真常須應物，　應物要不迷；
不迷性自住，　性住氣自囘；
氣囘丹自結，　壺中配坎離；
陰陽生返復，　普化一聲雷；
白雲朝頂上，　甘露灑須彌，
自飲長生酒，　逍遙誰得知；
坐聽無弦曲，　明通造化機；
都來二十句；　端的上天梯。

略解《百字碑》依我實修實踐的經驗而說。
養氣忘言守，降心為不為。

　　氣者遍指是宇宙有生命和萬物所賴以生存
之根本。若宇宙無氣萬物不生。在人來説，
"氣"就有先天與後天氣之分。道家將先天之
氣稱之爲**"元或真氣"**；而這先天之元氣，是
潛伏隱藏於右腎（命門穴）、又稱爲**精氣**，稟
受於父母先天之精，為人體最重要及基本之
氣；有賴飲食、水穀物精微之氣來養育，也是
生命能維持活動的原動力。後天之氣，則指肺
臟所吸入之自然清氣。

144

忘言守者;言指語言，並包括於靜坐時參禪、動念、觀想、及分析等種種行爲或念頭，都要停下來，凝神意守下丹而調息，使到氣和神靜，氣得養則心得調伏。**守者**是指靜坐時以**"守一"**爲本修。**守一者，守精、氣、神**是也；也可以說是意守丹田,專注氣的起伏；是道家在『命功』修持非常注重的一項功法，目的是啓動及使周天氣運轉於體內。

這句話即是指在靜坐時，心專注於'氣'（呼吸）於腹部的起伏（調息使其自然），令心清靜無任何的思潮起伏或作思考，一心專注守著下丹田，是爲"守一"。

降心：降者調伏，心者，則指心無雜念、無妄想，心意澄清，湛然不動，專念守一，精神集中，不爲境或念頭所干擾。道家首要的下手功夫，就是在修心養性的鍛鍊過程中，降伏心猿意馬不羈之心爲己所用。

不爲者：實是**不可爲或造作**；則是修煉已達到神定並進入『神我』兩忘的境界，恍恍惚惚的狀態。因爲**心**本自清靜，是**無爲**而不動的。但是在修煉開始之時，皆是以**"有爲"**着

145

手，有如築基煉己、煉精化氣、煉氣化神等階段，都是『命功』的修持；實是『有為』之法爾。不為即是無為，是進入『修性』的過程，就是達到煉神還虛，返虛合道的“無為”修法，是『性功』的鍛鍊。

　　這兩句話說：凡是立心修道者，作修心養性，首先要學習“養氣”，使內外之氣得以調伏，則是調勻氣。息者為一呼一吸。因為其有先天與後天之分，其存在的地方亦有不同；能善於“養氣”者就能達到“養生”的宗旨。因氣得養（勻氣），心得調伏；由於心得以降伏，心無雜亂及外馳，在靜坐時則能忘言守一。守一者：要從兩方面來看；修命功者，必要守一，為『有為』之修；修性功者，則要忘守，為『無為』之修也。所以養氣貴在忘言守一。因為忘言則氣不散，守一則神不離形。修道的人，心欲清靜無為，使精氣充沛。氣得守則神定，神定而氣自然靈。所以忘言守者實是養氣之要訣，因為忘言，是使之不言，並非緘閉其口，以鞏固精神的集中，潛於內守，達到情境兩忘之境界。然而“守”是指甚麼呢？實是指守此『氣』也。是“神”守『氣』也。守於何處？道德經說：“多言數窮，不如守中”。中者就是神氣歸復之處，即下丹田是也，亦是神氣之根；若能常守於中（下丹田），心息相依，神氣融會合一，扭成一團，氣息綿綿不絕，日久月深，大定成矣！又**忘言守中**，則為**凝神入氣穴**，就能使『氣』歸根或說復命，能歸根。**"歸根"**者，則是指修煉之"元氣"潛伏於『命門』者，得與後天之氣聯繫，圓融於下丹田，使陽氣或真氣得以啓開，周天功可成矣！蓋**降心**者，則是降伏其妄心。妄心者並非真心，只因是迷或覺，一念之別，而有真心與妄心之分。如果真心迷茫，就是為**物欲情境**所迷也（顛倒想）。但是妄念無相無體，只要"不為"或造作，就可得見真心；則此心不降而自降。所以說，妄念盡除，正覺現前。故**抱元守一**，實是道家內丹修煉之丹訣也！而**養氣**主要是**降伏其"心"**，能養氣，心自降，實為不為；惟有善於養氣，心就自然降伏，無需造作。呂祖於第一句話中就點出開始修煉着手之法，是從『**有為**』開始而後進入『**無為**』。例如佛家也有天台宗的六妙門，大乘的四念處、五停心觀等繫心之修法，亦是由有為而達至無為的修煉。法門眾多，目的是**繫心**於一處，而令不生妄念，得悟本來之本性，面目也。

動靜知宗祖，無事更尋誰。

　　動靜者，指體內一陰一陽之活動。**宗祖者**，則是生身之處；指稟承父母之精氣，未受孕成胎之前，一點靈光顯，於心腎之間，稱爲人之宗祖；亦可說為**先天虛靈之氣**，為人身成形的根本。**無事者**，指人處於無念的狀態，不為外境所牽擾；即是**心無動念**的安逸狀態。

　　這兩句話説：凡是修心養性者，在開始修煉時，須要先『**練氣**』，使到呼吸調均，就可以練成先天虛無的陽氣或真氣。故所謂**動靜者**，形的**動**之中，有精、氣、神之靜；形的**靜**之中，有精、氣、神之動。調和真氣，於呼氣時上接天根（泥丸），吸氣時於下接地根，**會陰**是也。就是道家所說的先天『乾與坤』，生身之後，即成爲後天之『坎與離』。經過一呼一吸，天與地根，一開一合，則是一動一靜，實是**神氣會合**，道家祖師稱之爲『橐籥』，皆是我之**呼吸**。故在修煉時首要功夫是持心/意不動，任由真息往來，綿綿不息，使氣調至低微，神氣混成一片，則是凝神，只要能意守規中，使"神"歸於穴。以靜修而言，寂然不動者乃其形，感而遂通者，乃其精、氣、神。由此可知道家於修煉時是非常重視"守一"的習練。所以在無所事事之時，常保持忘言默守，撇棄內心的妄念，做到無思無為；自然內心常寂泰然，則常住於定中。於如是情境，更俟尋誰呢？心既得安靜，**不出不入，自然常住**，那還要尋求其他的甚麼修煉方法呢？

又易經曰："**一陰一陽謂之道**"。陽主動而陰主靜。動靜者，則是陰陽變化之道也。**陽得陰而變，陰得陽而化**。若是陰陽無動與靜，則陰永為陰，陽亦永為陽，就沒有陰陽的變化，萬物不生也。故由**動靜**則**知宗祖**，即知陰陽乃宗祖，乃是本來的**真我**也，還要找誰？

真常須應物，應物要不迷。

真常者，指常得**清靜之心境**，並不受事物的牽擾。**應物**者，則是在**處理日常事務、生活起居**之事。故在處事待人接物不要被塵世俗務所迷惑，讓心被境所轉。

這兩句話說明，凡是修心養性者，不能脫離塵世而獨居，或離群脫俗，居於林野，更不能終日靜坐止念；他必須與塵世接觸，處理日常的起居生活和工作事務，來鍛鍊面對喜、怒、哀、樂、愛、惡、慾、瞋等種種情緒的變化和所面對的考驗。故然修心養性是養生的首要任務，但是也要以應物待人接物來修心，使到你能常以『靜』應物，並在真常中得靜，而在應物時不著迷。能**真常應物**而能**常靜**，又不受**迷惑**，待事接物就不會生起煩惱，**真性顯**已。既是在塵世中，亦出塵世也。如是修行，終歸復於無為。所以說：出生於塵世中，在塵世中修，為之真修。既生於五濁惡世，能**真常應物而不迷**，世間**覺**也，也鍛鍊你的**真修行**。

不迷性自住，性住氣自囘。

　　性者：**心之質**、即用也、亦**道**也。即是指神識的活動。**性**者：有喜、怒、哀、樂、慾、愛、惡、與瞋等情緒、萬端無常的變化，**心之妙用**也。所以神識活動，便生妄想，難以持『靜』性。**神靜**則**氣聚**，**神若急躁**則**氣散**。所說的動靜是相對的，要知道，無妄想、無情慾，便是靜；在此種狀態下，神氣內動，精氣純潔，真氣運行，為之真內動。就因爲神、識的安靜，先天的元神、元氣自然囘復運行。由於**神定**而**氣囘**，元神、元氣相交而凝固，真性清靜，寂然虛無。於真常應物時性不迷，性自然常住，性常住，元氣自囘復運行通暢。**囘**者，**歸復**之義也。

此兩句指出，修煉者，在**處事接物而不迷惑，自心必得清靜虛無**。神識安定，先天之元氣、元神自回而復命歸根。即能成就不出不入，自然常住。又說**心**為**不動**者，**動**者其**神也**亦其**性**之用也。**心不動為煉氣，意不動曰煉神**。能使神氣交融，則元氣自歸根，**坎離**之氣就自然**搬運**。神性能自住，呼吸之氣亦能自住，則七情六慾，不能干擾真常之**性**也。

修道的宗旨是**煉精、煉氣、煉神**，成就的後果，就使你能得**念住、息住**的體驗。不是由修煉中得來的經驗，豈能悟呢？不是真修者及實踐者，沒有**性住氣自回**的感受。

氣回丹自結，壺中配坎離。

氣回者，則由於真常應而不迷，不迷之下氣自回；則**後天與先天之氣合而為一**，融合在一起。**丹**者，**神、氣交融合一之質**，言為『丹』，似有物實無形。**壺**者則**身體**，壺中者指結丹於體內，則丹田是也。**坎**者：**先天真水**（腎氣）卦象（☵），外陰而內陽，為先天真一之神水。**離**者：**先天真火**，卦象（☲）外陽內陰，為先天虛靈之真火。這水與火在壺中熬煉靈丹，綿綿密密，腎中一股熱氣，上沖心府，情來性歸，二炁交融而結成丹，於氣脈中循環不已。**神、氣相役，氣顯於形身**中，直致丹田氣滿，自能還精補腦及健身。

又說**坎離**者，陰陽互藏之卦象，實是**水、火**之別名。所以修心養性，必須修**取坎填離**，才能得到**添油接命**的功效。就是所謂**有為**中的**無為**，非是造作可能成者。**取坎填離**，實為**小周天功**的**核心**修法，因為坎離不融，則水火不能交。陽中陰爻不能去，則陰中陽爻不能補；即不能回復乾坤之純陽或純陰之體。**水火交融，則轉機**是也。修行至此，乃是一得而永得，是有為中之無為妙用。祖師有說：**"坎離為用交日月"**。日月者：地根、虛危穴，是地戶禁門，即**會陰穴**也。上通天谷，下達湧泉穴。真陽初生時，必經此穴而過。道德經認為，人身精氣聚散，水火發端，陰陽交會，子母分胎，均經此處；亦是任、督二脈交會之處。尹清和《繼前歌》曰："一陽動處眾陽來，玄竅開時竅竅開"，實是指八脈齊通而言。紫陽真人《通八脈法》曰："人身氣通八脈總根在『生死竅』（會陰穴），上通泥丸，下通湧泉穴，真氣聚散，皆以此竅為轉移，血脈周流，全身貫通"，很明顯的指出修行之門徑。

陰陽生返覆，普化一聲雷。

　　陰陽者：**坎離**或**水火**也。**雷**者：**響、閃**或**滾動**。在修行的過程中，神不外馳，氣不外洩，神歸烏穴，陰陽生**返覆**，則**坎離交融**已。惟有己身之陰陽練成大丹（神氣合一），於勇猛精進下，致虛之極，守靜甚篤，真息之動而通暢，百脈俱開，坎離交媾與烹煉，進陽火退陰符，使陰陽混化，為陰中有陽，陽中有陰，此為**陰陽返覆**，使『**丹**』臻向成熟。輕行默運，一團祥和陽氣，在下丹田滾動，有如雷響震動，勢若山河洪水，沖之欲出。神守"會陰穴"氣自下，穿尾閭，上通夾脊而至百會穴，周身踴躍；再由月窟至印堂眉中，洩出元光；即太極動而生陽，化成坤水甘露，下重樓而落在黃庭之中。從而周天開始運行，**小周天功成**也。這只是**道家內丹『命功』修持**的開始，惟有能夠做到息住神住（皆停），可以說是修持的功夫，但是還是『**性功**』的**外門漢**，除非你是"性命雙修"同時並俱有所成就。**神住**（不守）及**氣住**（息者停止），進入坎離、心腎、水火交融（交媾），則**水火既濟，恢復到元神、元氣（自然內動）**交融之境，在心、腎相距之間**陽氣在自轉**，就是『**無為**』修的開始。也就是說，到此境界，神識不能再牽制"元

153

神、元氣"的道法自然運轉，不然"元神、元氣"就不能自然**歸復其根（胎息）**；由於嬰兒於與母息的交往，是不受嬰兒本身的神識所司控的。如是**無為之修**，肺臟的**呼吸自然減低**至極微，並能與"自然內動"的**元氣交融**合在一起，自然交換氣息於極微之境。在**神識不守之下**，一切就能**回歸至本來自然的狀態**，這才是『**無為**』的真修法。

常有修道者，每多自稱，任、督二脈已通，河車已轉，胎息已現。更說五氣朝陽，三花聚頂；但是若認真地觀察其雜念妄識的現起，充滿於心念中，顯其意亂神昏之心態，要求他達到寡慾清心，實為甚難。若能做到諸息常住及脈住（停）者，千人中難見一也。

白雲朝頂上，甘露灑須彌。
白雲者：**沖和清氣**。頂上者：**天根泥丸穴**也。**甘露**者：**華池神水**，即口中**津液**，香甜味甘，生而不絕。**須彌**者：指**須彌**山也，云為**妙高**；此指土釜，則下丹田是也。

這兩句話説：修行至此，関竅開通，火降水升，心、腎之氣轉而歸一。自河車運行，沖和清氣，有似白雲朝頂，上通天根，化成甘露，灑於須彌山，通過重樓，落於中宮，大藥初成，氣囘丹自結；復下至地根，任、督脈銜接始通，周天成矣。

自飲長生酒，逍遙誰得知。
　　長生酒者：口中所生產的**玉液瓊漿。逍遙者：**是**無拘無束，自由自在。**

　　這兩句話説：養氣到此境界，**氣化為水，口中津液神水生不絕**，往來不息，時時吞咽，**有似飲長生不老之酒。**這惟有修者獨得，難於與人分享。所以說**自飲酒而樂逍遙，**快樂自得，無人知和與人共樂耶！

　　養氣練心達到此階段，可說是"命功"的開始,因爲任、督已通，則是小周天功成矣。但是距離大周天功的實踐還很遠，還得花上相當長的時日；除了勤勉修小周天功外，還得加助於站樁與臥功，無間寒暑，不論忙閒、繼續的修煉。幸者三或五年，有望啓開大周天功。若是散漫於修行者，一、二十年也未必能抵達大周天的境界。又因**小周天功只啓開任、督二脈，**"陽氣"雖然已於經脈中運轉，初時僅限於仁、督，八脈並未全通，尤其是『衝脈』更爲難通。何況還有十二經脈，則為手三陰及手

155

三陽，以及足三陽和足三陰。若大周天功未成，十二經脈中的"衛氣"亦未能暢通運行流佈全身。修心養性的修煉，**完成了大、小周天功**，只可以說是『**命功**』**的完成**；而『**性功**』**還未開始**。為甚麼如此說呢？因爲修煉大、小周天功時，神識還是在『**動**』，而不是"靜而虛無"。進入『**性功**』後，才是"靜極虛無"，才能還虛合於道。乃知萬物本同源同體，無異亦無別。

坐聽無弦曲，明通造化機。

　　無弦曲者：無聲之弦曲，為**自然寂靜之心聲**，不著於聲或色塵，實是於靜中聽到寂靜妙仙音樂飄渺的妙境，遠處深山之暮鼓晨鐘，瀝瀝在心，非言語之可形容。這是進入修靜之不可思議境界。所以稱爲無弦之曲，為無弦而自生起的妙境。修者心襟開朗，智慧自生，體悟一日千里，能預知未來之事，猶如大地山河掌握在手中，似得六神通之玄妙也。又有似在夢中或神出竅，所經歷之際遇，如果你能珍惜，分析並了解出神或夢境中的啓示，即是無上的教誨，實是寂靜無聲的教化，增加於實際生活中難得的知識和體會；並且在空寂中所得的領悟，實是於靜中心志的展現，為『**性功**』無上的境界。**造化**者：**創造化育**也。指修煉内丹-靜功至『性功』的修持，只要虛心靜意守，在靜坐時就有似在聽虛無飄渺的無弦曲，而不著於聲、色，而至虛無，直到造化之機圓明通靈，達到**盡性而致命**的境界。惟有修成者才能體驗其效果。

都來二十句，端的上天梯。

　　都來者：意思是**總共有二十句**。**端**者：真的、的確；指修煉最後真的能達到**目的**。**天梯**者：是指修道登仙成佛作祖的**門徑**，修道之**路**也。

　　這兩句話是總結全篇呂祖所說的"百字碑"。整篇只有二十句，乃是**修行上天之階梯**或門徑。無半點虛僞，故希望修行者勤而急行修之；依法行持，自有無窮妙理可領悟；由低登高，必可登上**成佛作祖之天梯**。這包括道家所說的-**煉精化氣，至還虛合道**之習練過程。此文字不繁而意義深奧難明，並可從多個角度去考慮每個字及整句的意思，願讀者細心去分析和體會。

　　呂祖《百字碑》，字簡而涵意深奧難解，自古以來難有人明、悟其究竟義。惟有在修時多方面去體悟、經驗；並常將此百字熟記於心，常思考、融會於心、貫通於真修實踐中，才能深入"百字碑"所說之奧義。此百字指出『性命雙修』的原理及作手之功夫，並非普通一般修者所能了解。由於字簡意深，特別是當你對一字一句執著其字面的意義時，就可能會進入相反的方向，或是鑽牛角尖。

我所能了解及體悟者，僅是此百字粗淺之意。願能與達者共勉之。此為我試解之粗略見解，若有錯誤之處，祈大德善知識指正。無量壽佛。

附:幻真先生服內元氣訣

這是一種運意或是意導的周天功法，是冥想之法，出處可見於《幻真先生服內元氣訣》。其方法則是：-

（1）運氣周流之時，先引氣連津液咽到下丹田。如是連咽津液三次。

（2）以意引氣（意導）把下丹田所得之內息元氣送進下丹田後方的兩個穴竅。

（3）然後觀想見兩條白氣沿着督脈往夾脊穴上行，直入泥丸穴，並反復的熏泥丸穴。

（4）之後又把白氣引導下頭至頸，經過玄關穴面部而進入任脈。

（5）再觀想白氣順著任脈經頸、胸部左右分流，經兩手臂流向十指。

（6）再由十指而回流到胸中，經中丹田入心流灌五臟。

（7）之後再觀白氣又重歸於下丹田。

（8）續觀此白氣再由下丹田往下流，經會陰、陽莖、左右睾丸而通向兩下肢。

（9）觀白氣經下肢從腿經膝、脛、踝連貫而下。

（10）最後白氣直通抵足底地湧泉穴。

古人一直以來都認爲下丹田近處後方有兩個穴竅（黃庭及命門與臍穴神關連成一線）可於 後溝通督脈，並可以由兩個穴竅直達頭頂的泥丸宮，在前連接任脈於臍而入氣海丹田。

這是眾多道書中記載有関大周天功法，元氣或陽氣運行與實際實踐最吻合的一篇敍述；是一篇很難得的指引，但是修道家內丹靜功者，若是對內息或『橐籥』呼吸，亦是心、腎或水、火（坎、離）之氣未練好，是無法實踐大周天的修法；因為元氣或陽氣未能凝聚於下丹田中，元氣就不能自轉及盛行於體內。即使學會了道家內丹功-小周天功法，若不經過三或五年積極地修煉，扎實基礎；心、腎之元氣不強盛即不能自轉。修煉道家內丹-小周天功主要是使內氣或元氣能自走，此為最重要的宗旨，才能達到治病的療效，即所謂『治未病之病』。所以扎實地修好腹式（息）呼吸或『橐籥』呼吸，是先決條件；才可能進入內丹功-大周天及胎息的修法。

　　雖説這篇資料敍說內丹功-大周天功"真氣"流轉循行之方向與實修的動向很吻合，但這是冥想法，陽氣或真氣的循行是很迅速及是同時的，例如氣息流佈由胸到雙手心、也同時經雙腿抵達腳底湧泉穴，是不能分出其次第的。如果是有層次可分，就違反了生理自然！同時"氣"是不能以意領或引導的，因"氣"是無形無質的。這只是說明氣感而已，除非你能內視到氣息的運轉及動向，成就的境界就已非凡了。

附："守一"之說

　　道家養生長壽內丹功"守一"之說源起極早。自古以來道家認為人體中魂屬陽，魄屬陰，神屬陽，身形屬陰。魂與魄，神和形，只有相合相依，才能使生命之無根樹長青，要不魂飛魄散，神消形亡，生命就結束了。因此修心養性，"守一"之術或"守規中"，就是要用意念，無時無刻地把陰陽神守住，使之和陽魂陰形，永遠相抱不分離，合而為一。

　　修道的宗旨本就是要把好動不羈的陽魂陽神，和合於陰魄陰形，永遠相親相擁的廝守在一起，又談何容易。如果沒有種種有效的修心功法，簡直是不敢想象。這些重要的修心法要特別是"守一"之法，在此則會多談些，其他的功法僅是提及而不談，修者有個別的需要，可以在道家著書典籍中找得到。總的來說大致上有六種：

（1）守一之法，（2）存神法，（3）內視法，（4）冥想法，（5）默念法，（6）坐忘法.

（1)"守一"之法

廣成子'守一'處和其法：

廣成子（傳說是黃帝的老師）回答軒轅黃帝詢問長生之術旳一段話，把慎內閉外的"守一"之法交待的很清楚：

"至道之精，窈窈冥冥；至道之極，昏昏默默。無視無聽，抱神以靜，形將自正。必靜必清，無勞汝形，無搖汝精，乃可以長生。目無所見，耳無所聞，心無所知，汝神將守形，形乃長生。慎汝內，閉汝外，多知（智）為敗，我為汝遂（達到）於大明（大哉異常光明的境界）之上矣。至彼至陽之原也；為汝入於窈冥之門矣，至彼至陰之原也。天地有官（掌管），陰陽有藏，慎守汝身，物將自壯。我守其一以處其和，故我修身千二百歲矣，吾形未常（賞）衰"。

這'守一'處和其法,後世道家把它尊為'靜功'中的上乘功法,其修法如下：

(1) 無視無聽，收視返聽。不受外界紛擾聲色的誘惑，自然就能"抱神以靜"，獲得形體的康強

(2) 必靜必清，無勞汝形。以清靜無為，不要太過勞累你的形體，你的

162

神將默守在你的形體之中，使你形體"長生"。

（3）慎內閉外。慎守內在清靜，閉棄外在的紛擾，多智作巧，守必導至失敗的結局。

（4）慎守汝身。謹慎地守護你的身體，好比天地各司其職，陰陽各居其所一樣。

自古以來道家養生長壽-內丹學修者，對"守一"是非常著重，因為是着手之法，所以在這方面多敘述些古時道家修者的見解，使對"守一"有更深的了解及更多的解釋。何謂"守一"？則是"守玄一"或"守神氣"於下丹田是也！

（1）"守一法"的多種解釋如下：

《太平經》曰守一法：

（1）身與精、神合守法。在守"神"的同時，把"精"的作用也看得十分的重要。其法就是要把人的"精神"時時守住在身形裏邊，不使離散。

（2）精、氣、神"三合為一"之法。人生本混沌之氣，氣生精，精生神，

163

神生明。本於陰陽之氣，氣轉為精，精轉為神，神轉爲明。

《太平經》在守一功法上，有"三合為一"的發展；"欲壽者，當守氣而合神清，不去其形，念此三合以爲一"。這種三合為一的功法，如果久久習練，爐火純青，可以內視五臟，光明常照，身輕足健，情緒安樂。

（3）人體部位堅守法。《太平經》還有把意念守在人體各個部位，某一集中點上的構想，有如上丹田泥丸，七竅、臍等。並認爲對於以上的部位，只要能夠用意堅守其一處，就可以獲得存神合體，住魂留魄的效果。這種'守一'之法的構想，實啓開後世意守上、中、下三丹田之法的先聲。

"守一"之法，當功夫還沒有達到精純時，閉目存思，眼前不會出現光明。但是日深月久，一旦功夫純熟，美妙証候就會出現。

葛洪"守一"之法大致上以幾種較爲重要而有特色：

（1）意守丹田法：人身有三丹田，上、中、下三丹田。"守一"之時，心裏守著上丹田，中、下丹田都可以，同時可以幻想一嬰兒坐在其中。

（2）守玄一法：所謂"守玄一"？就是要在想上一心一意的守住這"自然之始祖"，"萬殊之大宗"的深遠微妙的"玄"（氣也）。

'守一'應該注意之事項：

（1）'守一'則是靜坐或修行處，盡量遠離喧嘩之聲不可聞的地方為最好。

（2）'守一'的時候，應該小心並減少飲食，以立根基，因爲"真神好潔"，吃多了，難免"糞穢氣昏"，對修煉必有障礙。

（3）煉"守一"之法，最忌者則是喜、怒無常等情緒不平穩的干擾。應該知道修煉時神情的寧靜，修煉才會有效果。

（4）在修煉"守一"法時，應當盡量節制性生活，以防精液泄漏，固精守腎，使精氣充沛及旺盛。

（5）減少欲望。降低內欲外惑並盡可能遠離，神識就只有堅實的守著形體，不做不羈之馳。

（6）"守一"時，做到形安而不移；則是為人處事使之清靜無為，舉止大方得體，不要見可欲為上，否則形動身移，自身不寧，怎可求神守著你而形影不離呢？

（7）在實習"守一"時，應從低逐漸作起，要經過三個階段：一百天為第一個階段，稱做"小靜"；二百天為第二個階段，名曰"中靜"；三百天為第三個階段，稱爲"大靜"。如果修畢三百天後，效果高，能"內使常樂，三尸已落"。

（2）存神法

據說"存神法"是由"守一法"推理衍生而來的一種意念功法。道家自古以來皆認爲，人活在世上，並不只是體內精、氣、神"三寶"的作用；並且還和主宰生命的體內諸神，以及自然界諸神有密切的連帶關係。根據《太平經》說："不善於養生者，為諸神所咎。神叛人而去，身心安得善乎"？"靜身則存神，即病不加也，年壽則長矣，神明佑之也"。人類除了相信身外有神之外，也認為身內五臟六腑穴竅都有神駐守着，以和元氣相應。這說明"存神"之修法，與現代人所說"直覺"或"靈修"法很接近。

存神法也有幾種修法：有如（1）"存五神法"：這一種"存神"功法，出自於陶弘景《真誥》，為道教上清派修煉術的一種。（2）"存白氣法"：為上清派"存神"煉養法中，還有一種"心體存神"的存白氣功法。（3）"守玄白法"：這一功法，在東漢魏晉時很盛行。以上皆是簡介而已。

（3）內視法

內視修煉法是一種"意念修煉法"；實是閉目觀想或內視體內五臟六腑的修煉法，是通過內視或觀想臟腑來協調生理機能，從而使"心"得到平靜，達到修煉的宗旨。內視的修法主要有：（1）黃帝內視法，（2）老君內視法，（3）華陽子內視法，（4）《珍珠船》內視法等。

（4）冥想法

這是一種以意念去觀照或內視的修法：有如（1）幻真先生服內元氣訣，（2）涓子內想法，（3）七星臥斗法，（4）陳先生內丹訣等。

（5）默念法

在守“意念”修法之中，“默念”是一種很特出的修煉法，即是在靜坐時，口中默默的念念有詞，從而達到收心攝念的功效。廣為釋、道、儒教等之修者所採用。

（6）坐忘法

這是道家所修的高級功法之一。“坐忘”原本的定義為：黜聰明，離形去智，不執於顛倒見，和於大同世宇，就是坐忘；實是很高的修定境界；對有規律的生活要求亦很高。

此修煉法有：（1）化身坐忘法，（2）司馬承禎坐忘法。他是唐代的名道士。著作有《坐忘論》及《天隱子》。其坐忘之意即是：“坐忘者，因存想而得，因存想而忘也。行道而不見其行，非坐之義也？有見而不行其見，非忘之義乎”？那麼何謂“存想”呢？他解釋說：“存謂存我之神，想謂想我之身。閉目即見自己之目，收心即見自己之心，心與目皆不離我身，不傷我神，則存想之漸也"。坐忘的修法：（1）斷緣，（2）收心，（3）簡事，（4）真觀，（5）泰定。欲修者可以各自看道書而研究。

　　縱觀以上所說，目的都只有一個，就是收攝意念，不使心外馳和不羈而馳，於其修煉調養心神，制伏妄想時，不管是按照自己的喜、愛選擇哪一種功法而習練之，日久月深的修煉下去，對神經衰弱，腸胃道疾病，乃至其他多種慢性及消耗性的疾病，都有一定的幫助。

第四步：內丹功-胎息功之修煉法
（9）功法九：神氣相注胎息活

　　何謂胎息？道家-內丹學所言胎息者謂："人在母胎中，沒有肺之呼吸，惟有臍帶系於母之任脈。任脈通肺，肺通接口鼻。故母親呼氣時亦呼，吸氣時亦吸，氣在臍上相互往來。古時人認爲，胎兒經過臍帶來稟受母氣，這氣循行於任脈與督脈之中，即氣能擴散於胎兒全體，達到提供胎兒發展、成長所需的一切營養及代謝的功能，即是胎息"。

　　又胎息者，乃為天、地陰陽之二氣。初結精之氣，精氣結之後而成爲形軀，形軀既成立，則精氣光（先），凝為雙瞳子。雙瞳子者，即父（亦母）之精氣，而稱爲純陽之氣，並能鑑視萬物。又受母（亦父）之陰氣，而成玄牝，即口鼻也。要知道形軀實為受氣之本，氣則成形軀之根。然此二氣即為形軀之根蒂。根蒂既成，胎則隨母呼吸，綿綿十月，胎體成而生，故修身者效之，乃有胎息之修習。

　　修煉胎息，為歸復其根本，為胎息之要義也。所以古人皆說：'氣海者，實為氣之根'也。此說根本不假，只因爲不知其所指，是以恢復之無益。所說‘根本’者，正對臍第 19 脊椎（由上而下），兩脊相夾脊中空處，膀胱下近脊處是也；名曰命門、命根、精室，男子以藏精，女子以月水，此則長生之根本也。今之歸復其根本，修其所生（氣），斯則形軀中母子，元氣歸復即長生道機也，為何不守之呢？

要知道‘氣’為母而‘神’為子，氣則精液也；氣是無形質者，隨着精液以上下流動；但是先立形，則因形而生，以氣為其母而子不捨母，則依母而住，神氣相住於形軀中，故能住世而長生久視。故修身之人，常令神與氣合，子母相守，自然玄牝無出入息也。老子於經云：深根蒂固，是為復命。此乃‘命門’元氣根本之旨也。

道家養生長壽內丹-靜功，把築基煉己視爲入手修調補的功夫；實是調動人體生命的潛能，並運用本身自然的精力靈能，以精、神支配身體，以意念控制神經，促使疾病潛移默化而消除，而達到延年益壽的宗旨。因此，道家內丹法則以神煉精，故將神比喻為‘火’，又將精比喻為‘水’、即以火煉水，而以神役氣而煉精。按道家丹法之理論，“火”為神之別名；依五行論，因木生火，故以“木”代表

'元神'，以"火"代表'後天神'；又"水"為精之別名，因為金生水，因此以"金"代表'元精'，又以"水"代表'後天精'。則金水、木火、土各為一家。修煉者於煉炁化神之理論上，必須明白這些道理。

　　道家內丹修胎息法，啓開臍中氣穴為一要務，故修煉胎息功，必不能避免打開此穴，此穴為先天真氣必通之道，人在胎時運用此穴作為呼吸之要道，通過臍帶來傳送母體營養以長育我身；出胎後，此穴關閉，代取之則以鼻為呼吸之管道。修煉胎息者，一旦打開臍穴，則元氣內外相通，氣息綿綿不斷，有"元氣生而元精產"的奧秘正在此穴。臍中氣穴與後之命門是相對，而黃庭則於兩者之中間，與衝脈會之（黃庭穴），乃命門與臍穴連成一綫於衝脈相合之處（圖 4），並非指一點，而是指一個區域。《黃庭經》云："後有密戶前有生門，出日入月呼吸存"，日與月乃陰陽之別稱，只不過是神、氣二般靈物。

（9.1）修法

　　採取仰臥於'沙發'或床上，確保無人干擾及無吵雜聲音，實應該是在靜修或打坐之靜室內。仰臥好，頭略高於身體，以免腹部收縮膨脹感到困難，越自然越好，放鬆褲帶，兩腿伸直略打開，兩腳板約距離一尺左右，兩手放在身兩側。若在空調室中或開風扇，必須蓋上被子以免受涼。準備好後，調均勻呼吸（腹式呼吸），閉目存想，意守臍氣穴、黃庭或命門穴。

進入胎息功的修煉，守臍中氣穴為最重要之修法。能守臍穴則為意守丹田，因爲潛氣運行時，重點則是"神氣相注"，帶動了"氣"運轉於整個小腹部分；命門所產的元氣，源源不絕聚集於下丹田。大周天功"衛氣"運行自然被啟動，銜接奇經八脈及十二經脈之起、止點，大周天（衛氣）、小周天（陽氣）同時運轉。故必堅持『守』一字（養氣忘言守）。《胎息經》云：神去離形爲之死（死者亦可謂精神不集中，睡覺了，無定力）。又說：神行則氣行，神住則氣住（神、氣皆不可停或散亂）。要達到"固守虛無，以養神氣"。胎息功所言之'精、氣、神'，皆指"元精、元氣、元神"為先天者而非後天者。修煉胎息之要旨：心無思無慮，心神體合自然，又心如死灰，形如枯木，即百脈暢，関節全通矣！如果憂慮百端叢生，心念起滅相續，想求得至道，徒費艱勤，終無成功之望也。

修煉胎息功分爲三步：（1）守臍穴、
（2）守黃庭、及（3）守命門，三個穴位，效
果各有不同，反應各異。可以選擇其中一項修
或三項按次序修，以取得各不同之感受及經驗
皆可。以大周天功-"衛氣"-潛氣運行已成就
為基礎始可練，否則無有反應。

（1）意守臍中氣穴：

呼吸時凝神意守臍中氣穴，此穴為任脈上
之一要穴，即守在身中之中（臍下一寸三
分處，即為氣海者，是受氣之初/處，傳
形軀之始）；待元氣聚集於丹田，氣足時
衛氣或潛氣始運行。呼氣時凝神觀潛氣循
任脈由丹田往下行至會陰，通過腎脈或陰
蹻脈，潛氣經兩腿下行至湧泉穴，則足三
陽經（由頭走足）。吸氣時，潛氣通過足
三陰經（從足走胸），凝神觀會陰穴，觀
陽氣經尾閭而上督脈，如此大小周天各循
其徑同時運行（圖4）。

（2）意守黃庭穴

呼吸時凝神意守臍中氣穴，此穴（黃庭）
為衝脈上之一要穴；待元氣聚集於丹田，
氣足時衛氣或潛息始運行。凝神作意移聚
氣下黃庭穴（在臍與命門之中間，有說位

174

於臍內空處或人身兩腎之間）。呼氣時元氣由丹田直下會陰，通過腎脈或陰蹻脈潛氣經兩腿下行至湧泉穴，則足三陽經（由頭走足）。吸氣時，潛息通過足三陰經（從足走胸），抵會陰穴直上丹田，經黃庭而入衝脈，直上泥丸，不上百會，反出玄關，銜接任脈下至下丹田。同時在吸氣時，意觀會陰穴，則陽氣即經尾閭上督脈、玉枕、百會，滙任脈直下丹田。如此大、小周天同時運行。此法被中派祖師黃元吉稱為"中黃之道"，則是修中脈。在藏傳佛教稱為"拙火大法"或稱"軍荼利瑜珈"，興都教稱為"七海輪之修法"。此法直接修啟開中脈，修者必須是上上根者，也需要經過很長時間的靜修才能啓得開，故若無恆心者枉說修之。

願修煉內丹者知道"衝脈"之重要性。因為元神於體內運行時，元神是自主的，並且沒有固定之路徑。一般來說，元神先要在任、督二脈中運行，以通三關九竅（上丹田、中丹田、下丹田、尾閭、夾脊、玉枕、中央土釜［膻中夾脊之中］、地甬金蓮［尾閭下田之中］、天生寶蓋［玉枕上田之中］。打開了三關九竅之後，外界之

175

能量（精氣）才能進入體內，作爲外藥、外丹之用，才能與內藥共同融合，然後再移於黃庭中與元精相會而結丹。從此之後衝脈即爲元神上下升降之要路（圖4）。

（3）意守命門穴

呼吸時凝神意守臍中氣穴，此穴（命門）爲督脈上之一要穴；待元氣聚集於丹田，氣足時衛氣或潛息始運行。凝神作意調聚氣下命門穴。神凝氣守命門，元氣很自然的由命門處擴大，以逆時鐘的方向旋轉；初時由一點，漸漸地擴大而旋轉。雖然氣勢是在腹中，但是整個身體頭及腳都會感受到潛息氣在旋轉。在元氣旋轉時，兩腳板有序的抖動即完全停止（圖4）。

（4）性功之修煉

由胎息轉入性功之修持，即要囬到守臍中氣穴的修法。修胎息功達此程度後，讓潛息或衛氣繼續在丹田循大周天運行；進而採取"忘言忘守"，凝神意守"虛無"以養神氣，則能進入能、所兩忘的境界。即如丹經云：『守中』者，一在身中，一不在身中。夫守中者，需要囬光返照，注意規中，即爲守臍中氣穴（一寸三分處）。

求不在身中之中，不見不聞，即戒慎幽獨；自然性定神清，神清氣慧；到此方見本來面目，此為求不在身中之中也。以在身中之中，求不在身中之中。然後人欲易淨，天理復明。但求勿忘勿助，元神不離形，呼吸就會漸漸減低至細微，為腹息而取代。神氣相注（凝聚不散），心不動念，無來無去，自然常住（停），即進入無為的狀態或虛無之境界。雖說肺呼吸低微，而内氣或潛息仍然在隨小腹運轉而起伏，這是生理結構的関係；因此應該配合"氣"經會陰穴及湧泉穴之出入，連貫成爲一個動作（一致）。如此憑持續的訓練就不會造成心理的壓力和恐懼。

如果將凝神於丹田放鬆或集中力降低，你會立刻感到你精神分散急劇地減弱，你就會進入恍惚的狀態，最後踏入忘我之境，有如進入睡鄉，與世隔絕，沒有世間，沒有他人，也沒有自己，是一種微妙的自我存在，非言語可以形容。此時若神智還清醒，可聽到一片寂靜由心中展開至遙遠遙遠....或可聽到五元次天之梵唄....或可聽到佛、菩薩、天尊在對你說法等等不可思議之境界。但是待得禪定三昧境界更深入一層時，心靈所有的一切反應和作用休止時，於彼境界中，當下的境況再也一點無保留時，就無法再描述禪悅之境界了（圖4）。

在修習守臍中氣穴與黃庭時，呼吸隨着呼氣腹部收縮，吸氣時腹部隨着脹大，同時配合呼氣，潛息或內氣往下循行（則足三陽由頭走腳；吸氣時潛息或內氣往上循行（則足三陰由腳走胸）。如此的配合呼吸、腹部的起伏和內氣之循行，使你感到身心泰然，氣息綿綿，貫通輸佈整個身體而運行，陽氣與衛氣順着奇經八脈及十二經脈之徑路循環通暢無阻；兩腳板輕微的抖動，舒服無比；即如胎息經說：心不動念，無來無去，神氣相注（注者融滙集中也）。全神貫注於潛息中，心無任何雜念，融於寂靜之中。

致於凝神意守命門穴時，潛息在腹中運行，是配合低微之肺呼吸獨立運行，即必能與源源不斷之內氣在命門旋轉接合，僅有意守命門而體會氣流在身中擴大。

修道者，如欲求胎息，先須知道胎息之根源，按其法而行之，則似喘息如嬰兒在腹中，所以稱之爲胎息。因此欲求長生者，必要修其歸根之本。若人不知根本，向外求修輔助法，萬無一可成。‘氣海’者與腎相聯，屬壬癸水，水向於海，故名之為‘氣海’。氣以水為母，水者為陰，陰者不能獨自生成，必要以‘陽’相配之。心屬南方丙丁‘火’，是盛陽之主。既然知氣海應以心守之，陽既下臨，陰即上報，是以化爲雲霧，蒸熏百骸九竅，無所不達，亦能為津液，如甘雨以潤草木。

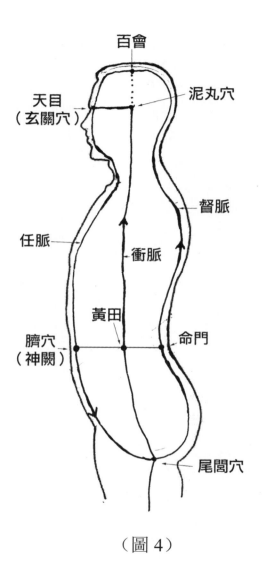

（圖 4）

180

在此所敍述之三種修法，是讓修者以單項進入修煉。若是按次序修，只需在守臍中氣穴於元氣聚集時，如果欲轉入守黃庭或命門，僅需凝神調意於黃庭或命門則可，因爲此三個穴位是連成一直綫的。首要訣是凝神及守竅。

胎息功修到這個層次，據"命功"來說還屬於『動』，不能說為『靜』，仍在於『有為』之修煉，並未進入全『靜』或"無為"的修煉。非得進入無為及忘守和虛無之境界，有如上述之第四步才可說為"性功"的修持開始。

（9.2）時間

胎息功的鍛鍊，固然是增強"陽氣與衛氣"於體內的運行，達到強身與新陳代謝的功能以及捍衛之功效，促進內分泌液分泌旺盛，使神氣飽滿，精神弈弈，提高生命之活力，足以應付日常生活的需求外，還是鍛鍊你之毅力及最後減低肺呼吸至低微或若有若無，是以膽色來達到修煉的一個突破。因此，每一次修胎息的鍛鍊都應以 30 分鐘至一小時以上為原則，毅力與膽色不是在短時間內能訓練成就的。另外修者更要知道於那一時間修煉為最適宜？依子午流注來說：晚上子時是最好（11 點到 1

點），是陽氣啓動運轉之時。故由 11 點開始靜修一小時後便就寢為最理想。要知道子時亦為膽經進入調理之時候，應必是時候就寢了，使膽汁得到澄清調理。並在卯時（早晨 5 點至 7 點），再抽時鍛鍊 30 分鐘或更長的時間。如此修煉修者知道花在修煉之時間並不長，進步當然不會快，成就自然是慢，為理所當然。又道家祖師說：午時開始是陰氣運行之時（中午 11 點至晚上 11 點），不很適合於練功（陰氣重）；除非你是無職業纏身或是退休者，那直到中午前，都應是修煉入定的時間。但也並不需太執作於這種理論概念，盡量適應自己之時間安排抽時去修煉。有說功成在天，惟要盡己力而已。做到內心清靜，守一入靜即是還虛之前提和關鍵。

修煉胎息之關鍵所在為貴在‘守一’。目的即是誘發出沿任脈、督脈運行的真氣或陽氣，在深入靜時，呼吸就會自然變得極為緩慢，最後達到若有若無的程度，此為修煉胎息所能達到的理想境界。

凡胎息功練成者，在練功時都會感到體內關節全開，毛髮通暢，在鼻中微微引氣時，觀想氣從四肢百脈孔出，往而不返也；後氣續到，但引之而不吐也。然而卻在徐徐引氣而不吐，所引之氣亦不入於喉嚨中，且微微而散之。如此，內氣亦不流散矣。要知道元氣在丹田中，在諸臟腑中是不相隔，周流和佈，無所不通，以其外不入，內不出，保全元氣，守真一，此謂內真之胎息也。

（9.3）效應

修煉胎息功，在潛息或內氣運行時，皆會有如大周天功一樣，內氣由會陰經膝蓋循四穴，陰谷、水泉、照海往下循行至湧泉穴，自然會有一股真氣流經雙腿，並會使雙腿自然而然地跳動，輕輕的抖動雙腳板；此時放鬆筋絡，以心領神會，進一步去掌握神息運行之要領。

說到呼吸，其實因為潛息或內真氣在運行，肺臟之呼吸是可以有限度的控制；因為腹息呼吸就是胎息。故修者會覺得吸多出少，即如丹經說：元氣不出外氣反入。修煉於如是境地、即應該鍛鍊減低肺呼吸或代以"蒂踵"呼吸。實是膽色訓練之突破。於此敍述葛洪《抱朴子至理釋滯合璧》之至理述胎息的方法與時間：-

183

『行氣法的要點在於胎息。會胎息者，可以不用口鼻呼吸，好像嬰兒在胞胎之中一樣，這樣修煉就成功了。初學行炁的方法：用鼻吸氣，把氣屏住，心中默數由一至一百二十次，然後用口緩慢地吐氣。呼氣和吸氣都不要讓自己的耳朵聽到氣出入之聲音，並經常做到吸入多呼出少。經過一段時間的鍛鍊，漸漸增加默數的次數，久之可以達到一千次，這時就會出現"返老還童"的現象。行炁的時機應當在"生炁時"，即從每日半夜至次日中午前的六個時辰。從中午到半夜的六個時辰屬於『死炁時』，則不宜進行行炁之鍛鍊，否則是收不到效益的』。

應該注意，是初修學者，每次屏炁默數時，數次應該由少至多，循序漸進，自量力而為，待得能數上一百時，謂之"大通"。故默數之次數，不可拘泥於葛洪之說法，以防出毛病。

致於蒂踵或腳底呼吸法，請轉閱蒂踵或腳底呼吸一章於後，因爲我不想它之修法與胎息之修法修持被混淆。我自認為蒂踵呼吸是很接近衝脈行氣之路徑，練習腳底呼吸，都要修成了大周天功為基礎後始能做到，但亦是鮮有對

184

"炁"修習之知識。我曾試修煉過，卻是如此。故不列於此法之內容。

（9.4）感受

胎息之修持在呼吸來說，並不是說修者能馬上可做到停止呼吸這一步，還須經過一段長久時日的訓練才可見到效果。由於潛息或內真氣在運行，呼吸是可以達到有限度之控制，逐漸的減低或屏息的訓練。胎息之三種修煉法各有不同的感受，（如上述 1，2，3）除了兩腳板隨潛息運行於一呼一吸時在輕微抖動外，在頭玉枕處，兩手掌心處，都在同時有輕微抖動。因爲大周天是根本法，炁運轉時，手三陰由胸走手（手掌心有氣流感），手三陽由手走頭（在頭玉枕處有跳動）；足三陽由頭走腳（兩腳板在輕微抖動），足三陰由腳走胸；在生理上是同時發生，故頭、手、腳同一時有此反應。而意守命門時，雖然只在腹內旋轉，其感受於腳、頭都受旋轉所影響。但是無論是修那一修法，修者都可感到氣息綿綿，身心舒泰無比。有時於玄關處，浮現一片紫中帶藍之彩光，歷久不散，其中之變化，非言語所能形容。有時'炁'之神光歷歷在眼，很久才消散。

在胎息法中"意守黃庭穴"即是氣行於衝脈，故於此略解其氣行之法，對衝脈擁有更深一層的認識。'中脈'或'衝脈'，又被稱'黃道'。黃道者只容先天真精，元炁通過，自虛危穴（一名陰蹻）則地根或會陰穴，透入經過中黃，直達頂骨（天靈蓋、囟門）。陰蹻穴乃黃道之天關，關乎於人之生死，故稱爲生死竅，復命關；真氣歸黃，必須純為先天，否則清濁混雜，易生"閣黃"；"鬧黃"之黃。囟門蓋骨乃人身生氣所凝結，上應鎮星（位於中天，乃五星之中，高出日月星辰之上），丹道家稱爲"人鎮"；其光華稱"意珠"，可衛護嬰兒（未成熟之陽神）。

藥物歸黃之後，在黃道（術語即任、督二脈）中直上直下運行，又和激光管的作用原理類似。頂骨如同激光管之陽極，陰蹻穴則為陰極。藥物（精、氣）在陰陽二極間震盪，將先天精、炁煉化為神。黃道比赤，黑道對藥物的純度要求為更高，不允許進入後天之濁質。故丹道家有"欲修仙道，先盡人道"，"人道不修，仙道遠矣"之說。

丹經中說赤、黑，即是心、腎或任、督二脈；赤道乃任脈，道在前，乃心氣所通往之路。心色赤，故曰赤道；而赤性炎上，法必制之使其降，則心涼而腎暖。黑乃督脈，道在後，腎氣升之路也。腎色黑，故稱之爲黑道；而黑性潤下，法必制之使其升，則髓運而神安。原斯此二道，精、炁由所出，人及宇內生命賴以生存者，法於是標名曰《人道》。此為丹道家、醫學家詳述如此。

附：**胎息經**

　　　　胎從伏氣中結，
　　　　氣從有胎中息；
　　　　氣入身來為之生，
　　　　神去離形為之死；
　　　　知神氣可以長生，
　　　　固守虛無以養神氣；
　　　　神行即氣行，神住即氣住；
　　　　若欲長生，神氣相注；
　　　　心不動念，無來無去，
　　　　不出不入，自然常住；
　　　　勤而行之，是真道路。

　　這《胎息經》是修胎息功法的**真言口訣**。懂得腹息（式）呼吸者或是內丹功修者，依此口訣真言修，都可以成就『胎息功』。此《胎息經》是唐朝時候的作品，原作者事蹟無可考究。這經文字簡單精絕，精粹古奧，全文僅有 83 個字；內容非常豐富，實是直接闡述修習胎息功法最高絕訣章句。

略解**"胎息"**經：依我實修實踐的經驗而說。

胎從伏氣中結，氣從有胎中息。

188

胎者即是胞胎，為男女交媾後受孕所結的胎。胎兒在胞胎內，胎在母體中是通過臍帶與母體交換氣體以及一切所需的營養和排泄廢物。胎兒不用口鼻來呼吸，胎兒未離開母胎前亦不用肺臟呼吸，至到脫離母體後肺的功能方開始。在胞胎期間稱爲"臍呼吸"或"胎息"。

伏氣者即是修胎息法者將"氣息"潛藏隱伏於下丹田三寸處。修煉內丹靜功者，經長期鍛鍊腹息呼吸，已經是與肺臟呼吸作了調整使兩者一致，使先天之真炁復歸氣海。在功法九已有說明：伏氣-是指結胎息之因，是胎息入門要訣。

在《胎息經注》有曰："伏其炁於臍下，守其神於身中，神氣相合，而生玄胎"。調與伏氣的地方通常是在臍下三寸的丹田穴。所以凡欲修道者，都要學習腹息呼吸，亦是根本功夫。

氣者即是陽氣或是先天之真炁。真氣者，所受於天，與穀物之氣相同並充沛於身內，滋養身體。但是真氣也有先天之氣與後天呼吸之氣之分。先天氣承於天而後天之氣是由水及穀物相合而成而滋養性命。"元氣"者，源於腎

189

或命門，潛藏隱伏於臍下或丹田氣海中，是人體生命活動的原動力。"氣"唯有在結了胎兒直至成形之後，氣息始存在，並在脫胎後，肺臟的功能才開始，在胞胎時是依母息而息。**氣從有胎中結**（言**氣海**中有**氣充**，此後則為修**胎息之道**也），氣成即為**清氣**而凝**結為胎**，**濁氣**者則出**散**（散從手足而出）。胎成則萬疾自遣，漸通神靈爾。

總結這兩句話，其意為修煉內丹靜功者通過修煉腹息法，將氣息潛伏於丹田處，而練成胎息法，以期達到有如胎兒般以胎息與母交換氣息，而不是用口鼻來呼吸。在練成胎息後，以皮膚、毛孔、穴竅細胞等使"氣"進入體內，與先天之氣（命門）相結合而成為真氣或陽氣。紫陽真人說："練成腹息呼吸而陽氣生，若守會陰穴，並使陽氣運行至會陰，就能啓開任、督二脈（小周天）；若陽氣能通過陰蹻脈運行至湧泉穴，就能啓開大周天功"。所以說練成胎息則是大、小周天的基礎。因此**氣從有胎中息**，是指氣從有了胞胎後才有氣息與母息相互來往。亦則是修煉胎息，使先天氣與後天氣（水穀物之氣與命門元氣）在丹田運行；練成"胎息"法，自然獲得長生益壽之功效。

氣入身來為之生，神去離形為之死。

　　身者人的形體，為**神**與**氣**所主宰。氣成**形**，則形與神不相離，而氣則常住於身。人有了身形，神與氣則兩者俱存於身內；**神與形**固者即長生。**神去離形**，即指神形分離或說神氣分散，即是說修行者不能集中精神或守一能力差，修煉就沒有成果。因此氣入身來為之生，固然身若無氣，神去則離開，人必然是死亡了。

　　此兩句說明"身"就是"形"，也就是說身或形與神和氣之間的重要關係，特別是"氣"與人體（身或形）的特性；因爲"氣"提供"身"溫暖或熱氣。世間的一切有生命的動物，在其生、老、病、死的過程中，都因為"氣"的作用始能存在。人體能維持正常的行、住、坐、臥等活動，皆有賴於氣的功能。"氣"的存在，則是生命的存在；若是"氣"離散則是生命之死亡，這是宇宙中生命存在的規律。因此說"氣入身來為之生"。"氣"存在於形或身中，神為氣的主宰，又是形或身的主人翁。由此可以知道"神與生命"是相同的一種物質，無神則無生命，有生命而無神，生命亦不能獨存；彼此間的關係是最爲密切，是不能分割的。神與形相互包融而不離，若不分

191

離則可得長生；要是神、形分離，即是生命滅亡的時候。

　　所以說"神去離形為之死"。然而要如何才能使"神形抱一、神住而形固"呢？要知道，身為神之舍宅，受神之所主宰。故神為身的主人，身形固，神則能安住；若身形躁動不安，神則離去。所以修煉道家內丹胎息功者，要進入胎息的狀態，就要將一切妄念以及意識上潛能的活動都要排除掉，才能使修者進入於高度寂靜之中，不但可以成就胎息法，並可達到性功的成就。若是神氣離散，則精神不集中，由於氣散必然得不到修煉的效果。所以修煉內丹功，需要高度的聚集神氣於丹田氣海中，並養成腹息呼吸，使到內息（陽氣）能引發"命門"之先天"元氣"，使兩息歸合為一，那胎息功焉有練不成的道理呢？這句話又點出呂祖所說的"宗祖"，即是"元神"的修煉法及所在處。

知神氣可以長生，固守虛無以養神氣。

　　知者指明白。了解神氣恆住於形可使生命長生，至少在生時可得享天年；因為能長養"神氣"，即是養生長壽之因素，惟有能"固

192

守虛無"就能長養神氣，而固守虛無即是下手功夫。

　　"**虛無**"者則是清靜無為，亦就是養神之修煉，而不被內外物欲境界等萬花筒的誘惑，處境而不隨境轉；若不能緣契無生，即便四生流轉，輪迴不息。道家說固守虛無，是修煉胎息功法的下手功夫，就是在修煉時"意守丹田"，練內息（陽氣）；由虛無練至有，內氣或元氣才能聚集於丹田。道家說的"守"者，即是"守一"，亦就是"守規中"；即是守虛無漂渺的"元神"，引用內息而啓發先天潛於"命門"的元神，合歸為一，進而完成"**性命雙修**"的宗旨。

　　要知道"**神**"者"**性**"之動者也；亦是**知覺**，在人體中是最為重要者，是**生命**活動的主宰。"**氣**"除了有先天的元神外，也含有後天穀物與水的細微精華無質之氣，而滋養着整個形體，並且同時補充"神氣"所需要的物質，使得身體健康，五臟六腑機能旺盛與協調。若是營養物質缺乏，神氣渙散，則一切臟腑機能活動即受到影響。所以在修煉時要以"**固守虛無**"來排除一切雜念，而進入**無為**的狀態，使到神氣能夠展現其自然的無窮生機；養生長壽

193

的目標即自然可以達到，身體故然是健康。這就要看你能否執行"固守虛無"此秘訣而修成胎息法。

神行即氣行，神住即氣住。

這是執行修煉腹息呼吸之根本訣。也就是要做到凝神聚氣於丹田，絲毫不可放鬆，並於勿忘勿助，使氣息綿綿集中於臍的神闕穴。在**神氣**抱一，"氣"就自然而然輸佈全身，令你感到舒泰無比。因爲**神行即氣行**，**神**活動了，**氣**也就隨着神行流動循轉。若是**神住**，即是神離散或說精神不集中，**氣行**（息也）即停止，住者意指停止也！修煉胎息法，神與氣是相隨的，實是神和氣扭成一團，一則是二，而則是一，無異亦無別。要知道氣隨神，由於神是氣的主宰；**"氣"**的活動或停止是由**"神"**所司控。若無氣則神無所依，無神則氣亦無所依之主。所以神行或住（停），氣息則亦隨之行或住（停），如影隨形，永無分離。修煉胎息功到了一定的境界，神就可以役使氣息的運行達到**神氣合**一的定境。於其時，神不離身，氣息相隨，氣海中陽氣強盛常存，則會輸佈於全身。這就是"守一"的功夫；並且體現了"氣"由**無至有**的狀態，是"元氣"被啓發後而盛行於體内，通經及開竅，那是修靜功之

"動功"（氣在體內的運行）最高成就之境界。其實"神行則氣行"，就是氣息或陽氣"動"，且為達到最高的狀況。至於"神住則氣住"，就是氣息或內氣歸於靜止的狀態，亦是道家內丹功修靜止（大定）的開始，亦是"無爲"的開始；同時也是肺臟呼吸完全進入若有若無之時，代而取之者即是胎息或全體毛孔、穴竅呼吸的境界。實是修煉胎息者所能完全做到的程度，唯有修者放**膽量**去嘗試，所得的成果就不是言語所能形容。古修煉者有云："先拘守至神，神不離身，炁亦不離散，自然內體充實，不飢亦不渴"。內體充實者即是神氣相注，自然是常住，就可以達到至高**"定"**的境界。由此你可以體會到道家內丹功修煉者為甚麼會有"睡功"的創立！

若欲長生，神氣相注。

　　長生固然是指修心養性而得長壽，從而進入"無為"的修持，幸能成功並獲得緣契無生，止息"神識"流轉，得解輪回。**相注**即指**神氣**交融，二則是一，凝聚神氣於修煉胎息，成無為或《性功》的修持。若神氣不注，即是神氣分離，那修煉胎息法則一無所成；因爲**神氣**不集不凝，就不能啓發**"元氣"**，與後天氣歸合為一；因此就沒有可能啓開十二經脈及奇

195

經八脈。所謂道家内丹靜功中之"動功"就無法練成。

這兩句話指明，如果欲成就長生養性，神氣合一是長生的基本因素及修煉功夫。惟有神凝氣定，身形才能隨之而得舒泰健康、長生或長壽（天年）可得享已。**神凝氣定**即是神氣相注，守中或守一的修煉，是練至神氣合一的階段，就可以激發很多潛能；於心内在的體悟、智慧的啓發，導致人生觀的改變即會逐漸的發生，並且會有異常的特異功能出現。然而這些境界，都是由潛意識中浮現，不須要特意的留戀或執著，抱着"固守虛無"的態度；所有的變化景象都會歸於虛無，在修時不要為境所轉。修煉的目的則可以達到，"大定"可成也。

心不動念，無來無去；不出不入，自然常住。

心者性也、亦**道**也，無色亦無相，一切眾生有之，**法**之使然。**心**有六識，即眼、耳、鼻、舌、聲、意，隨境而轉，不易受到控制。**心**又有色、受、想、行、識；**色**為四大假合而有；受、想、行、識由妄念而生，實為**識**所變現也。所以**念者**，為欲念或雜亂顛倒之念耶，又**心者**神之舍宅。若是心不動念，即是心無

196

念；神則不外馳，得**定**也。心得定，無來無去，亦不出不入，神住則氣住（停），神凝氣集，為修煉胎息之法要也！**常住者**，氣抱神，是一團純陽之真氣，輸佈於全身，無有塞悶之感，身心舒爽。形的靜之中，有精、氣、神之動；形的動之中，有精、氣、神之靜。**常住**（停）是**無為修**的方向，則是**放棄"守一"**，歸復『**道法自然**』，元神、元氣不受制於"**神識**"，進入『**虛無**』的修法。

　　這兩句實是修煉胎息功的**真訣**。心不動念，無來無去，是守一之功，息氣綿綿，百竅齊開，渾身舒適無比。若是動念，神氣離散，這一次胎息的修煉就會停止；則是"定境"已被破壞了。若要繼續，就要從頭開始。又因無來無去，不出不入，神氣就自然常住（停），心定神凝，神氣合一，就與大自然融為一體；**神氣歸復無為**的狀態，則與**天道相應**也。更說『形的靜之中，有精、氣、神之動』；因此當神住則氣住時（停止），在生理上神氣還是在動，並不因神的住而停止，實是囘歸於自然似"胎息"的運作，自然的與母息往來，不因自己的神識而受影響。

體內之息與宇宙精氣交換於自然的情況下，身軀門戶大開，宇宙及內氣自然往來，身體就如似一真空管；五臟六腑、穴脈、神識，皆不受影響。此為胎息之修，因為胎兒在胎時是依母息而息，不自息，情形是無異亦無別。若是智慧生，就能領悟**"物我"**本是一體，沒有差別，而進入合道的境界。惟求修者融於**"物我"**同源的境界中，則做到心**"無念"**或**"虛無"**之妙境。那心就無所覺知、無所動及無所同也。

勤而行之，是真道路。

勤者則精進不懈，即是不忘修心養性而達長生之道。為**行者**或實踐者也。**真**者是真實不虛，不是假的、是真**修道之路**。由"有為"修而進入"無為"最高的境界。

這兩句總結了"胎息經"所說的要義。只要按"胎息經"的指點，勤勉的修煉，由無至有，再由有還虛，逐步的深入，日久月深，就可以見其功效。這短短幾十個字，指出了修真和修道家內丹-靜功的真道路，令你能達到最高的境界。願修者自己去體會。

但是，若是沒有道家內丹-靜功、大、小周天功為基礎，實是沒有可能練成"胎息"功法。即使是啓開了小周天功，陽氣或真氣已經運行，並在無意識引導之下自然而然運行者，若沒有經過三、五年勤堅的修煉；並同時啓開大周天，使衛氣或潛氣運轉循行於四肢及小周天的任、督二脈中，"胎息"功法是暫時無法完成的。原因是唯有在十二經脈和奇經八脈皆已聯貫下，"胎息"氣（陽氣和衛氣）才能貫輸全身，進而促使毛孔及穴竅細胞呼吸，肺臟呼吸才會慢慢及自然的減低和慢下來，以致最後達到若有若無的狀態。不過當修者意念離散，不集中和不專注時，修者會很自然的會急"抽息"二或三次，就會恢復肺臟呼吸。

　　道家養生長壽之功法"胎息"是一項高深的功法，自古以來修煉的功法鮮有將其記載於道家文獻或典籍中。此書揭露者是驚人的修煉功法；能幫助修煉道家內丹功法-小周天與大周天修者進入更高的程度。修"胎息"者即是將陽氣或真氣潛藏隱伏於臍下（下丹田或氣海穴）三寸之處，守神氣於身形內，經過腹息的修煉使神氣相合，達至"胎息"的功能；令修者之呼吸有如在胞胎中，低微至如無氣息出入；通體舒泰，並無絲毫塞悶之感。反而全身細胞毛孔穴竅舒張自然呼吸或與外界交換氣息，下丹田（腹部）仍是有節奏的起伏；即是下丹田呼吸亦是“胎息”。是時只有内氣（陽氣/真氣/胎息／衛氣）在潛行，使神入氣中，而氣包在神外，渾成一體，經脈啓通，陽氣輸佈全身，身舒體泰。

　　這種功能是須要經過腹息的鍛鍊、才能恢復胎息及發揮其作用。修煉達至“胎息”的境界，實是内丹功-靜功中“動功”修持最高的境界；因爲接下去就是“性功”的修持，也就是“元神”及内氣（陽氣）靜功的修煉。道家的睡功實是胎息功，使你在修煉中氣息“不出不入，自然常住”。因此可知祖師陳搏胎息功境界成就之高。

　　我閲讀《道藏》中記載祖師們敍述修“胎息”之秘法要訣，少說也有二十餘種論述，皆沒有《胎息經》說的深入扼要直接。故此《胎息經》實是丹道不可多得之重要文獻，為古人所留下來的至寶也。我進入修胎息後所得的體悟實為良多，發現“陽氣”及“衛氣”於體内循行和輸佈，真非言語所能表答於文字上。

《樂育堂語錄》黃元吉說胎息及調息。

凝神於虛，合氣於漠（不在意），此個虛無窟子。古人謂不在身中，又卻離不得身中。此即太上所謂谷神不死，是為玄牝<pin>（以出氣為玄，入氣為牝之謂也）。此個玄牝，不先經修煉，則不能見象。必要肺呼吸斷（至極微），元息始行。久久溫養，則玄牝出入，外接天根，內接地軸（則以會陰接上下氣運轉流佈於下肢），綿綿密密。於臍腹之間一竅開時，周身毛竅，無處不開，此即所謂胎息。須從口鼻之氣，微微受斂，斂而至於氣息若無，然後玄牝門開，元息始見焉。此點元息，即人生之本能，從此採取，庶（出）得真、真氣、真神。又非在離宮，在坎宮水火二氣之謂也。其玄即離門，牝即坎門。惟將離中真陰，下降坎宮，真陽上升；兩者相會於中黃正位，久久凝成一氣。

不過言坎離交媾，身心兩泰，眼前有智珠之光，內心有無窮之趣。調息，調息至深、緩、細、長、均勻，而終至若有若無，這是練功之根本。須知真陽之動，不只一個精生，氣與神皆有焉。故必先澄神淨慮，寡欲清心。將口鼻之氣，一起屏息；然後真息才能見，胎息

201

始生，元神出焉。由此再加上進火候，退陰符（氣下），沐浴，及溫養之功法。自有先天一點真陽發生，靈光現象，以之為藥（神氣合成之陽氣），可以軀除一身之邪私，以之為丹，可以成就如來之法相。古祖師云："勿助勿忘行妙呼吸，須從此處用工夫"。調停一氣生胎息，以鍛鍊真藥（神氣），未到凡息停止（低微）而胎息見之時，枉用火符，終不能成丹；即說有丹，也是幻丹。不但無以通靈，以之卻病延年，亦有不能者。

　　總之玄牝相交，元黃相會，無非是掃盡陰氣，獨露陽光，有如青天白日，方是坎離交，真陽現。若有一毫昏怠之心，則陰氣未消；有一點散亂之心，則陽神未老，猶不可謂為純陽；足見陰陽相半者，凡夫也。必由平日積精累氣，去欲存誠，練至於無思無慮之時候。惺惺（清醒）不昧，了了常明，天然一靈性現前，為我一身之主宰。內不見有物，外不隨物轉，即是金液大還之景象。稍有一念未除，尚不免有塵凡之累。修煉之術，別無他妙法，但惟調息火候是也。因此練丹有文火、有武火，有沐浴溫養之火，有歸爐封固之火，此其大較（不同）也。究竟武火何以用，何時用？當在初下手時，神未凝，息尚未調，神氣二者之交，此當稍作意念，略打緊些；即數息以起刻漏（深出）者，是其武火也。迨至神稍凝，氣稍調，神氣二者略略相交；但未至於純熟，此當以文火而固濟之。意念略略放輕，不以前此之死死執著數息，是即文火也；則是有意無意也。斯可以文、武火不用，而專用溫養、沐浴之火。至於沐浴有二。卯時沐浴，是進火，並進之至極；恐其升而再升，為害不小。因之停符不用，稍為溫養足矣。此時，雖然停工，而氣機之上行者，猶然如故。上至泥丸，鍛鍊泥丸之陰氣，此為其時也。況且陽氣上升，正生氣至盛，故卯時為生之門也。酉沐浴，是退符，退之至其極，恐其著意於退，反將陰氣收於中宮，使陽丹不就。修者至此，又當停工不用。專氣致至柔，而溫之養之，以候天然自然，此即為酉時沐浴也，昔人謂之死之門。即吾所謂收斂神光，落於絳宮（中丹田）。不似卯門之斂神於泥丸也（上丹田）。然此不過言其象也，全然出於無心無意，其實心意無不在也。此即玄牝之門，現其真景。

然而此個工夫，非造就到火候純熟之境，不能見其微也。從此勤修不怠，可以息凡氣而見胎息。到得真意生時，胎息見時，自然陰陽

203

混沌成一團，氣暢神融，藥熟火化，有不期然而然者。在打坐時，略用一點神光，下炤丹田氣穴之中，使神氣兩兩相依，乃是一陽（息）初動之始，切不可以猛烹急煉，惟以微微外呼吸招攝之足矣。若要搬運升降，往來無窮，紛飛而可見，上而眉目之間，下而丹田中，浩浩然如潮水漫漫，其真氣流動充盈，似如潮水泛流也。但是一切皆不可著跡以求。搬運河車，升之降之，進之退之，由是而溫養烹煉之。自然智慧日開，精神大長。大凡用工修煉，總要能辨清知何者是真陽之氣，何者是假陽之氣。辨別了然，始不枉用工夫。如子時進陽火，以採取真陽之物；午時退陰符，以退卻致陰之質。卯酉一時沐浴，以存真陽者也。卯門沐浴者，以防陽之過剛；酉門沐浴者，以防陰之過柔。若陽過剛，必將凡火引而至上，以為患之上焦。陰氣過柔，必將真陽退卻，而陰氣反來作主。在此境況下，方法是在以神了炤之、攝之，不使陰氣潛滋暗長於其中，自然陽長陰消。

　　總之道家丹道千言萬語，不外神氣二字。於始時而神興與氣離（不集），我即以神來調氣，以氣而凝神，終則神氣融化於空，結成一團，此調息之法要也。

談先天與後天之氣。

在道家養生學來說，凡是發心進而修道者，了解先天與後天之氣這個理論是非常重要的。道家修煉內丹，其目的就是完成對身體健康"命功"的修煉；就是使修煉者歸復『先天』的本能。因爲道家說："人之體本是純陽或純陰的，則是所說"乾"體、卦象（☰），或"坤"體，卦象（☷）。

又從着手的煉基築已開始，直至到將《胎息》功練成，方可說是『命功』的修煉完成，始能歸復本有的"元精、元氣"。才始得身體的根本二氣銜接通，使身體中的"陽氣"及捍衛身體之"衛氣"暢通，即使在身體之精、氣輸佈運行。你的身體才可說是真正的健康，使『氣』在身體起得其原有的功能。其實可惜百分之 98 的世人皆不明白個中道理，並認爲我能執行衣、食、住、行、工作、運動、無病等，怎可說我身體不是真正健康呢？我所說的健康，是身體之保衛功能，有如黃帝所說：做到"治未病之病，不治已病"。實是指防衛的功能達到最高完善的狀態。生病而治療，非是治病，是治療也。在觀念上是有很大之差別。

205

在呂祖《百字碑》開始第二句就說："動靜知宗祖"，則是『先天』之氣。道家內丹修煉者是後天之氣，經過修煉的方法，使用後天之氣銜接先天之氣，最後在『命功』的修煉中，成就"胎息"功的鍛鍊，始將先天與後天之氣聯貫暢通循行於穴脈中。

祖師黃元吉曰："蓋煉丹之道，雖然說是先天元氣醞釀（混融）而成。並非是後天有形之氣，更不能瞥見先天元氣，故知先、後二氣，兩皆不可無者也。如果沒有後天污濁之氣，則先天一氣，無自而生。若非先天清空一氣，則後天尸氣，概皆屬幻化之具（成也），終不足以結成胎仙。於先天真一之氣，不能實在認得真，修得足者，皆由於後天色身太弱，無以勃勃蓬蓬，而活見本來虛無妙相。說到後天之氣，人之身所以健快清爽者，無非皆此後天之氣足。然而氣之何在？無非是身間之一呼一吸，出入往來，絪縕內蘊者是。此氣就是腎間氣動，肺主使而出，腎迎之而入；如此一出一入，往還於中黃宮內。則在內而臟腑，於外而達肢體，無處不運，即無處不充。所謂身心兩泰然，毛髮、肌膚皆精瑩矣。顧自後天而言，肺之出氣，腎之納氣，兩者相調和勻稱，無或長或短之弊。那自然無病，可以長生不老。

　　然而先天則金（肺）生水（腎），即天一生水是也。而後天則必自土（脾胃）而生金，金而生水；金水調勻，生生不息。故就有必要調節飲食，薄其滋味。慎重小心於言語，以養肺之氣。並減少思慮，以長養脾。如此之一舉一動，減節勞逸，戒除昏睡。則自土旺必自能生金，金旺必自能生水。只要水氣一通，則脾土得以滋潤，那就金清而水白，則可以光華四達，無有任何違礙之障。若要收得先天之氣，蘊藏於中宮，生生不已，化育無窮，就離不了一出一入之呼吸，使息息歸根，神與氣兩相融調節，和合不解。之後，後天之氣足時，先天之氣之生，始有自也。如果不於後天呼吸之息，將之息息向中黃宮吹噓，則金無所生，水不能足矣。那於一身內外，就多為一團躁灼之氣，猶如天氣之亢陽，則釜土無潤澤之氣；萬物因而枯焦自不待言，此一呼一吸，實為人生之本也。因此，修道而用功，實不必尋甚麼奧秘神妙之法；但在行、住、坐、臥之時，常常聚心於調節呼吸，應順其自然，任其道法自然，毫無加損於其間，亦不放縱於其際遇，一切曰用云為，總是一個不動心，不動氣，亦不

207

過勞亦不放逸，自然後天氣旺，先天之氣自回，還於五官之地，不必問先天之氣何在，而先天之氣自在是矣。

如果不知保養後天之氣，徒然尋得先天元氣，勢必如炒沙求飯，萬不可得也。修到得後天尸氣聚於中，先天之氣自然在於內，絪絪縕縕，兀兀騰騰，莫可名其究竟，而亦無可名其狀者。若強可名者，實皆為後天之氣，都不足以助還返本原，而成神仙骨格矣。如果先天之氣到時，必有一點可驗明之處，就是心如活潑之泉，體有如峻峋（瘦骨如山石）之後，自然一身內外，皆無處不爽快，無處不圓融，並非可以以意想與作為而可得者。故說先天一氣，名曰「虛無元氣」，應以此思之；由此足見先天一氣，是無可名，亦無可指，後人學者強名之曰『先天一氣』。既屬強名，卻是無所有。於此元和內蘊之時，還要在身心內，實現擬成一個色相出來，真是不知之舉也！並且此模擬之心，亦即是後天之意。有此一意，而先天淳樸之氣，必為後天之所打散。雖然曰為先天，猶是後天也！

修道者得窺其淵源，實應能知其底蘊，不復再以後天識神作為主人翁也。於修道之始，恐其不明真諦，就必要尋師指導，求得其實在下落，步步都有踏實之處，大道已明，修之於心練而為藥。又要將從前之一切知見，一概泯卻，不許有一絲半點參錯於其中，反而將元黃混合，打破，不能凝聚為一團。此個虛無之一氣，又稱之爲真一之氣；又曰為天然元氣，或曰天空一氣。足見此個元氣，天然自然，未嘗有一息偶離。若離此即不得生，又何以能成人耶？一切放下，一絲不罣，萬緣不染，此個虛無之氣，即在個中生。要知道此個虛無一氣，天地人物，皆同是一般，富貴平賤，均是一理。氣息有盈虛消長，而此個元氣，無有盈虛消長。知此個元氣，不因清明而有，亦不為昏濁而無。故虛無一氣，在先天而生乎陰陽，落於後天而藏於陰陽。修煉之法及過程，易經曰："寂而不動，感而遂通，於元氣未見時，不妨以神光下照，將此神火去感動水府所陷之金，久久自然水中發火，而真金出鑛矣。此有感而彼有應，其機有捷於影響者。故古人教於後學，於寂然不動中，無可採取，教以神光下炤之法，而於通處下手，以採取先天一味至真之氣出來，以爲丹本者，此也"！

　　道家內丹修持之要訣曰："元神見而元氣生，元氣生而元精產"。神者形之根本，因元

209

氣之生，而元精則產，是離不開於"神"。要知道，我們人體之三寶精、氣、神都是先天一炁。由此一炁，作爲元性，進入人體之後分爲精、氣、神三種不同的功能，所不同者，元氣之性爲陽，元精之性爲陰。元精從腎精之中產生，所謂腎精者，則爲坎水，其性濕。元精者就擁有滋潤之性能，正可以治心火之浮躁矣。

凡立心修道者，對『精』的認識是否徹底是一個很重要的問題，因爲它影響你對三寶精、氣、神的領悟，進而牽制你對道家內丹的發展。話又說囘來，那麼甚麼是『精』呢？精者非交感之精，乃先天之元精也，本無色無相及無形。然何謂元精？然此精自受生之初，由陰陽二氣，凝結一團，如霧如珠，藏於心中，爲陰精，即是天一生水是也。其未感而動也，只一炁耳，乎有觸而通。在肝者化爲淚，在脾則化爲唾，在肺則化爲涕，在心則化爲脈，在腎則化爲精。寒則爲涕，熱則爲汗。聞香生津，嘗味垂涎。所謂涕、唾、精、津、氣、血、液，此七般靈物總屬皆陰。是故惟有一念不起，一心內照，則七竅俱閉。元精無滲漏之區，久久凝煉，則精生有日。熱氣常發於陰腎之中，斯其時也。若急以真意攝囘丹田土釜，烹之煉之，溫之養之，則元精常住，元氣可生

210

矣！所以煉精者，必凝神於中（下丹田），調息於外，待得精、神團聚，氣息平和，則精自生而氣自化矣！所謂氣者，即此元精所鍛鍊而成者也。但潛伏陰腎中，恍恍杳冥，凝結一區，靜則為氣，動則為精。氣存則人存，亡（失）則人亡，氣之所關連，非細故也。氣之衰旺，人之老幼強弱皆因氣之所影響耶！

蒂踵或腳底呼吸法

　　凡是學習靜坐者都會或多或少曾學習調息的訓練，即是調整舒暢呼吸，使在靜坐時感到舒服。經久靜坐後養成調息的習慣，使疲勞恢復和精力充滿。這種靜坐法，自古以來已在中國及印度等地流傳，如印度的瑜珈修煉法、《坤達里尼 kundaline》等。在中國學習靜坐養生者即有釋、道、儒及諸子百家，都於與"氣"調息、靜坐有關者、發展出一套高明之學術理論及實修法，而流傳了幾千年，成爲一種古老之遺傳文化。於這種遺傳文化瑰寶中，特別是禪宗是非常注重"氣"的訓練，而道家也不例外。

　　靜坐時究竟如何呼吸才是正確及理想呢？一般的人都以爲用肺臟經過喉嚨呼吸是正確和對的，這只是依據生理而如此做，從養生的觀點來看，其實這是錯誤之方法！應該採取腹式或腹部呼吸，是較爲好和正確。實際上，修靜坐或坐禪者都說：必須採取腹息（式）呼吸為正確的方法。但是也有人說腹息呼吸也是錯的。那麼究竟要以何種呼吸方法才是對／正確呢？因此說：應以蒂踵或腳底呼吸！

這就使人難以了解了！為甚麼要用蒂踵或腳底呼吸呢（胎息呼吸已經在前面敍述了）？祖師張三丰於《丹經秘訣》說："至人之息，以踵也！踵者深也，即真人潛深淵，浮游守規中之義。既潛深淵，則我命在我，不為大冶所陶矣。得與元始祖氣相連，則天地真氣隨鼻呼吸，以扯（拉）而進，自與己之混元真精凝結於丹田，而為吾養生之益。蒂者腦蒂也，即泥丸穴下處。因氣深入丹田上至泥丸，即指衝脈之氣依大周天之徑循行於體內；氣下至湧泉穴，上至泥丸穴，而回到丹田"。實為周天功或胎息也。

至於甚麼是腳底呼吸呢？簡單地說，它為日本西野先生所創之呼吸法。修者若已達大周天功之境界，可以嘗試練習它。因爲足三陽之氣已循行於會陰至湧泉穴。其實兩穴被啓開後，可直接與宇宙純淨之精氣，經過一呼一吸相互來往交換。若是修者略為凝神於湧泉穴，在每一吸氣時，如有一股氣流充實於腳底，循着足三陰由足往上運行；在呼氣時，氣經足三陽循腿直下湧泉穴，從它而流出之感。

腳底呼吸之修法如下：-

（1）首先將兩肩膀放鬆，全身保持輕鬆。

（2）在身心輕鬆之狀態下，凝神使意識集中於腳底，想像腳底在吸氣。

（3）用意識（想像力）使那從腳底吸入之空氣流經膝蓋、過會陰、上背脊、抵達頭頂、下重樓，入氣海丹田；再經會陰循行到腳底而吐出。

這種呼吸訓練法，以一言蔽之，就是"用腳底呼吸"。說來是非常簡單，好像馬上就可以實踐似的，但是要熟練並不是那麼容易。如果要達到熟能生巧之境界，就必須經過一段相當長之時間去訓練，才能做得到。不過只要抱着必要學成這種呼吸法之熱忱心，反覆不斷的練習及持之以恆去做，誰都能學得成功。

呼吸是人『生存』的根本，"氣"則是在『生』中激活起來。故這呼吸法不僅是一種"呼吸法"之說明和訓練。此呼吸法在基本上，是透過實踐使『氣』充實於全身之中，促使修者過着有活力的生活。龍的傳人祖先們對『氣』的了解又要超出世界其他民族，因爲『氣』是"眼看不見，卻充塞於全身的東西"。西方人及醫學現在始承認"氣"之存在，而祖先們於數千年前已經了曉於心，更依此創立中醫之學術理論，以及創立世界惟中國僅有的針灸學術思想與哲學。

又者，你可以從佛經流傳到中國而經翻譯出的佛典，就很少看到"氣"這個字眼。由此可知"氣"的思想，開始於中國，是中國固有的哲學文化思想。遠自由黃、老而至今，有關"氣"的修煉和著述有無量無數丹經典籍。祖先們還論及和認爲養活身形之"氣"可分爲兩種：一者是與生以俱來之先天"氣"，是天賦予的，承之於父母；二者則為後天之氣，攝自於飲食、水和穀物中，即是產於大地者。人類即要擁有天、地所產的這兩種生命能源，生命才能繼續，賴以生存，長生久視，可見認識之深、觀念之深遠耶！

第五步：內丹功-性功的修煉法
（10）功法十：精氣合一神還虛

　　道家養生長壽學-內丹功着重於實際的修煉，例如止念、調息、守一、凝神、通關、內視等的鍛鍊都和健康、預防疾病有很密切的關係。所以可以視靜坐為治病、健身的寶貴養生文化遺產，特別是在現代高壓力和長時間工作之情況下，為一種舒解身心良好且不可多得的方法。道家內丹功，在修煉時不作奇幻之論，不說神鬼之言，亦不論成仙弄術；僅是提倡培養'精、氣、神'三寶，克制身心之妄動，探索生命的本源和其調補之法，促進身體的健康，倡立與指明修養之途徑；確實為古人所留下的豐富文化遺產，是我們應該發揚推廣光大的學術哲學思想。

　　修煉道家內丹學，目的就是訓練我們的'心'，使它能靜而向外馳奔，能自我控制。要知道"心者、性也，亦神識、靈魂是也"，是名異實同。然而神識在那裏呢？丹經說：上丹田泥丸宮，中丹田絳宮心室，下丹田氣穴黃庭，都是主要的神室。我們普通人（無修者）雖有是室，而神且難自主，空有其室而無主，只成空室。內丹修煉者之神，在此三處神室中，都可以自在居住，神之神化（"變神"，意被邪靈所佔據）亦可居住；但是不修行者，無言以言"變神"。

　　修道者，無論是釋、道、儒都會問'我是誰'？此段為一篇摘錄自祖師 張伯端之著《青華秘文》，有關神識與其修煉有很密切關係和重要之語錄：古代道家真人有一首詩問'主人公何在？主人公是誰'？主人者就是'元神''本性'也。一個人真正明白了禪道，'在本性中有緣'，那它就是'識'得本來面目，可象徵黃庭。神也可說為'天、地、人'三才；可應為三台，三田也。上丹田於兩眉之間，有些人喜歡守之，最易得'性光三現'，以為即是明心見性，其實不可認光捉影，離開真的明心見性還很遠呢！若守於兩眉間，對於童真來說還可以，對其他的人則應守下丹為妙。據近代學者陳攖寧先生道書記載說：近代有人傳道，說此處是'玄關'穴，叫人守之，結果有不少中年人發了瘋，患了精神分裂症及其他頭痛、頭脹之病等。因為根基不固，性無所寓，性雖為宗，且以命為基，守下之氣穴，正可以達到"精養靈根氣養神"之效果。守性由下而上，能使功夫穩定而不退失，這本是自然之道。純陽童真陽未洩，根基本固，故可以守上竅而引發神奇功能；但在修內丹來説，這必要不大，培養道性、道德、道根、道願才是根本；守竅也有其方法，不然會守出毛病來。修煉者不可不注意，在學習靜坐時盡量避免意守印堂兩眉間，到功夫深時，氣自然會上上丹田兩眉間，因爲它是衝脈三主竅之一；特別是當衝脈潛氣運行時，修者是能體會得到。

（10.1）修法

　　修習性功，首先由初學者的角度説起，然後再説如何由功法八和功法九進入性功的修持。雖然說能打通任、督二脈者，應該是懂的如何修定或靜坐，然而未必盡然。所以我將幾項修法寫於此，讓知道者作個參考，不懂者可以依之而學習，因爲我並沒將修法寫在前面。以下為幾種主要靜坐或禪修之法，但不進入細説其修之細節，僅指出修之路徑，修者可自己尋找。

　　（一）大、小乘都修的"四念處觀"；則是觀身不淨，觀受是苦，觀心無常，觀法無我。就是在靜坐或禪修時觀想、體會、領悟在對四念處觀所產生的生理、心理的"受、想、行、識"反應和理解、接受、認識和能做到的程度。

218

（二）六妙門，為天台宗智者大師所倡"小止觀"，其修法已經過千多年歷史變遷實修實踐地考驗。其法：（1）數：數息門，即善調身息，數息由一至十，以收攝亂心。（2）隨：隨門，即不加勉強，隨呼吸之長短（自然），入時知入，出時知其出，長短冷暖，皆悉知之（注意心理生理的反應）。（3）止：止門，即息心靜慮，心安明淨，毫無波動。（4）觀：觀門，即要觀心分明，知五陰之虛妄，破四顛倒想及我等之十六知見。（5）還：還門，即轉心返照能觀的心，知能觀的心是虛妄無實。（6）淨：淨門，即心無所依，妄念不起，不住不著，洞然清淨。此六者因其次第相通，能到達真妙之涅槃，故名六妙門。

（三）數息法：數息的方法有二：（1）數出息，即是呼氣時數一，吸氣時不理會；再呼氣時數二，至數到十時，再重復。（2）數入息，即是吸氣時數一，呼氣時放過；再吸氣時數二，至數到十時，再重復由一開始（則以數息攝心，注意內心的感受和反應）。但是數息不可出與入息都數，對身體會產生副面的影響，切記。

（四）從大周天或胎息功進入靜坐或禪定，請參閱胎息功：第（4）"性功之修持"的細節。不於此重復。

習禪或靜坐是從數息開始，實是訓練守一，目的是使心、念不散亂、掉舉或昏沉。修習道家內丹功者，在學習靜坐或習禪時，必須將嘴閉上，舌頭緊舐下顎，通過鼻孔而呼吸。在練習時，必須以自然呼吸，無需特意拉長呼或吸氣；這必會與肺臟自律神經司控相違，都不會使你心自然和得到平靜。修習數息雖然是很簡單，可是初練者也會常常出錯，常常會忘記數到那裏？同時在數時，念頭不能隨心所欲的受到控制，而心念／雜念在心中冒起；使修者很驚訝的體會到這種情況，其意在說，你於腹式呼吸當下精神還不能夠集中，導致心有散亂的情況出現。如此惟有練到純熟及凝神於腹部起伏之節奏，待得心、氣息出／入與腹部起伏快或慢一致時，心神就不會再分散，把次序弄亂。腹部肌肉的伸張力均勻，昏睡才能消除；即是專心集中於黃庭穴，才不會分散數數的注意力。那麼以後在修煉隨息、入定、參禪覺照靜坐的時間才能長久。

進入靜坐或禪修是否應該完全閉上眼睛呢（絕對三昧法）？還是留下一簾（積極三昧法）來注視坐前面三尺內的地方？如果不全閉眼，就有如一般禪修者說，眼觀鼻尖，而鼻觀心/下丹田。我並非禪修的專練者，以往習慣喜歡採取全閉眼的方式；但是現在也採用留下一簾的修法，還會將眼球往下注視丹田，使精神凝聚於下丹黃庭穴處，則是道家所說其中的一神室。

（10.2）時間

　　在靜坐或禪修，尤其是於‘性功’的修持，必要決定心志安排時間靜坐或禪修。要了解‘性功’的修持，實則是培養‘智慧’；亦是德性的提升或演進，成就‘人道’。所以在心性發展來說有兩方面：（1）智慧，與（2）見性。

　　首先略為簡單的解釋、這兩項心性發展的意思為何？修道最終的目標就是求得解脫生死輪回，要踏入‘修’這條道路，就要有知識與智慧。無智慧就沒法去領悟及理解所要修的門路，就無法進入去實踐和完成目標。上說的‘四念處觀’修，就是增長智慧修持的一種方法；因為經過‘四念處觀’的修煉，可助修者了解生理及心理於‘四念’中所生起‘受、想、行、識’之反應和領悟。就是對事理加以思考、分析、觀想、參悟等行事；能理解就是知識的增加，是對事理認識的訓練及智慧之培養。所以說它為靜中之‘動’，屬於‘心’活動的範圍。

‘見性’，即是‘明心見性’。這個目標道、佛都是一致的，因為道家修行最後也是求解脫或說‘與天共存’或‘與天同壽’的理念。性功之修習是‘靜’，有如呂祖云：‘養氣忘言忘守’，心不動念，不參亦不照，心靈一片清靜。凝神於腹肌之起伏，專注使氣息一呼一吸與起伏一致，保持心神集中而不分散，使寂靜能持久，此為性功的訓練。先着手修煉‘忘言’，之後才修煉‘忘守’，而進入純‘性功’之修持。

尤於這兩項修持都需要花時間，同時兼顧此二項的訓練，所花的時間必定會較長。因此發心修者為面對生死大事，就要減少其他不必要的活動與應酬，按時間進入心神的鍛鍊。最好能早晚各靜坐一小時，早上在五點至七點之內，晚上則在十點半到十二前停止。修者可以早上修‘動’，而晚上修‘靜’，或兩項同一時間做都可，只是時間之長與短而已。待得兩項功法做到得心應手時，就可轉入純性功之修煉，即是‘忘言亦忘守’。

（10.3）效應

　　道家內丹修煉者，為甚麼要練習上所講述的呼吸訓練法呢？老實說在我修學靜坐或禪定之過程中，沒學到比上述更好控制心念不生，以及能使神識集中而不墮入昏睡的方法！普通一般老師之教導都不出離注意呼吸及隨息法，經一段時間靜坐之後，無不是落入枯坐和昏睡之情況中，很少能保持心靈明徹如水，心無雜念、念頭不湧現者。即使千多年來，祖師傳導‘守一’的方法，已是非常之高明，但是並沒有指明如何能在‘守一’鍛鍊中繼續保持神識清醒？這一點生理上的發現，就可幫助你在靜坐或禪修有所突破。

　　數息你可以不學，隨意而靜坐。但是對腹式呼吸的訓練就必定要學及領悟，使腹肌在呼吸時產生相當均勻之伸張力，你想要控制那奔馳如野馬的雜念密冒似麻的‘心’，絕對是辦不到的。於靜坐或禪修時，腹式呼吸的功用就在保持腹肌於呼吸時之伸張力，在一呼一吸腹肌一經收縮之後，全身的肌肉亦會隨着收縮，保持神志的清醒，由此可知腹部丹田處的肌肉實為靜坐或禪修最重要之部份。其目的如下：-

（1）通過腹式呼吸，注意丹田腹肌的收縮起伏，對大腦中樞清醒發出刺激能量，既能制止雜念的生起又能助你進入定境（三昧）的境界。腹肌的收縮連續起伏，就能產生這種效果。

（2）腹肌訓練有序，中樞神經就能保持長時間的清醒，不會使你墮入掉舉或昏沉。若是修觀或參禪，可以在心靈寂靜時作觀想、冥想等思考。

（3）使丹田力量充實，養成腹式呼吸的好習慣。

（4）修煉內丹者，若能保持無昏睡，神識清醒，即能於久坐中進入忘我之境，人我宇宙融滙成一體的境界。（5）神識的生理構造是由思慮性質所組成，如果任其自由自然發展，就會做白日夢，亦就是胡思亂想。待得雜念浮現，佔據了心頭，即無入定之可能性。

修習內丹者，若是想學習禪修及經驗過者，都會知道，當妄念生起時，要控制它是非常困難之一件事。欲學修靜或禪定，若是不學習一些有效能控制雜念之方法，當你在靜坐而發現妄念紛紛而起，要想去控制它就不容易了。數息守一兼腹式呼吸（重要者為其生理所產生的後果），是一項不可多得之修煉法；非實修者不能道出其細膩。

　　靜坐修習禪定，就是將心境專注，所以《胎息經》說：‘神氣相注，心不動念，無來無去，不出不入，自然長住；固守虛無以養神氣’。此為性功之絕句。修者沒有經過調伏‘心’之訓練，其心必是散亂的；奔馳的‘心’是不受控制地，此‘心’是跟隨着神識而浮動。如果想控制此散亂之‘心’，修者就必須反復的訓練將‘心’專注在一個目標或穴竅，此即為繫心在一處。當調伏心性的功夫修煉至熟巧時，散亂不羈之‘心’就會逐漸會受司控，而集中在所導向的目標；這就是禪定。靜坐之宗旨就是調伏此不羈之‘心’，進而去認識、理解它，才能踏上解脫的修行。

（10.4）感受

　　在學習靜坐或禪修的過程中，會發生所謂‘間歇’呼吸法，其情形則是呼吸與呼吸之間夾着有頗長的間隔。一個專注於禪定而修三昧達到相當深的境界，他的呼吸氣可以近乎於停止至相當長久的時間（如胎息），只有偶然隱約的呼吸外出，有時幾乎難以覺察到呼吸的存在。這種呼吸於生理上發生的變化，只有修者經歷後才能了解，是隨着各人在修持三昧深入發展之過程中自然而出現，並不是強求可得之經驗，更不是強制呼吸的長短就可以做得到。

禪修者，由於長久靜坐的訓練，在忘言忘守，勿忘勿助的情況之下，呼吸在降至極低時，就會出現一種叫‘隔絕’的新感受。這是因為於心境上已經進入到無聲寂靜的狀態，或說神識已經進入三/四次元的境界。雖然神識是無比的清醒，絕對不是在昏睡之狀態；可是你對周遭境況則全無存在的感覺。在這個時候，修者心靈一片清徹光明，只要凝神專注於下丹田，即知無有任何思潮湧現，腹肌隨呼吸自然有序的起伏；身體各個部份已經是不動且完全放鬆。這時是享受一片寧靜最好的時候，靜中心靈上的反應給你感到無比的舒服，無憂無慮，心靈清靜無礙。

這裏所說的‘隔絕’感，就是靜坐或禪修所說的自我存在的境界。有如畫家、詩人、音樂家、甚至是作家們全神投入的情況，只有自我的存在，周圍的一切對他來說是毫無關係，似乎不存在一樣，即使音樂在響着，亦有如聽而不聞。這種自我存在所產生的‘隔絕’感就是禪定一種較深的反應。這種情形在我們孩提時都會很容易發生，就是當你在遊戲玩樂到出神時，就進入這忘我之境。自己自言自語，手舞足蹈，一片純真的流露，絕對不理會旁人如何看待他。此則為於禪定中而生起的自我存在之隔絕感。

（我於此章由‘修法至感受’一文中，均引用了佛教之靜坐或坐禪的方法，也用了不少佛教的專用語，主要是因爲我本有的靜坐基礎及經驗得自於佛學。願修者或讀者別過於執着和起分別之心；只要是在修持上達到成就和目標，才是執持的宗旨。願你別計較所應用的文字，它僅是達到表達和敍述的一種方式而已。何況中國自幾千年以來，儒、釋、道的文化、學術、智慧已經是融為一爐；所以靜坐修道即不應生起分別之心。又何況有些地方，佛學的敍述會比道家講的更爲詳盡，例如禪定之境界即比道家講者更為深入精辟、精細。相同的道家也借用很多佛學的用語，例如‘明心見性’等…，然而祖師張伯端就是佛道雙修者，因此願修者讀者以平等心看待此章）。

煉神返虛。

　　此文為修性即‘靜’或‘虛’最高之入門
法要；惟修者能悟‘煉神返虛’所說的要領和
‘性’的道理，並且融會於心中，始能在
‘靜’坐中得入。修性本無直入之法或程序；
功法十只是準備功夫，與此段有密切關係，實
為‘性功’之法要也。

　　道家修心養性者，其目的皆為明心見性。
然而何為‘明心見性’之真諦？要知道先天之
『心』即“性”也。先天之“性”，即是
『虛』無“元氣”，一『虛』之質而已矣！於
人擁有生命之後，受“氣”質之所拘，為情欲
之所矇蔽，為恩愛之所纏綿，使此『心』之不
“虛”久矣！要知道氣為心所使，精為神所
役，馳逐妄遊，消耗殆盡。修道家之靜功下手
興工，貴在凝神調息。蓋神不凝聚則散，神散
則遊思妄想迭出，安能團聚一處，更難為煉丹
修性之統帥耶！故惟有神、氣能凝則合而為
一，能一則虛。我心之虛，即本來天賦之性
也。外來太空之虛，即未生虛無之本性也。息
氣之不調則放（散），放則內而臟腑，外而肌
膚，無不是一團躁急之氣在運行。欲想神、氣
凝聚一團，而成為我創造性命之本，亦為難
矣！因此，惟有能調息，則息平，息能平則氣

和，因我身之和，即我生身以後，受天地之命，太和一氣，即未生以前懸於天地之命，此即真性命，與天地人物合而不分之性命，則與天道相應矣。欲想復命歸根，以臻神化之域，實無他法可修；只有凝神令靜，調息令勻，並勿忘勿助，不疾不徐，使心神氣息，皆入於虛極靜篤而已矣！但是並非造作之虛，乃自然之虛。且覺知天地鬼神人物本同一源；然亦非虛而無實也。惟有我之神既虛，則與天地清和之氣，自然相投。要知道人之所以參天地贊化育，變化無窮，神妙莫測者，就因此神息之‘虛’耶。得感清空之虛氣入來，知此虛中所以有實，久久之凝聚，自然身心內外，有一股剛健之氣，純一無雜；但向一念未生前看，為純淨之精景象，如此見性，方是真性發而見性矣！心何以明，惟虛則靈，靈則為所用，明則眾理俱備，萬事兼賅。修到神氣靜止，進入虛無或胎息之境界，所謂內想不出，外想不入，但覺光明洞達，一理中涵（蓋），萬象咸（全）包，斯為得之矣；及觸物而動，隨感而通，隨意可方亦可圓，活潑不拘，高深莫測。又云靜則為元神，動則為真意，神與意一者也，只不過為動與靜之分爾。又聞古云：“心無性無主，性無心無依，心之所以能載性，性之所以能統心，都是心之高明廣大，神妙無窮，即性之量也"。得明這個真心，即明性矣。但是要知道，此性未在人身，存於清空則為元氣，既落入人身，則為元神是也。若要還源歸根，總必修至虛無而不有，始得也。這亦是儒、釋、道以及諸子百家所欲達之宗旨。自古以來，人類在此途中尋，敗者不可計，成者亦無數，史紀有所載、民間有所傳耶。

（11）功法十一：心神空寂合於道

　　道家內丹功之性功修法，多以佛教之禪修之理論來解釋或比喻，例如以"真如覺性"來顯"還虛"之奧義。因爲幾千年來，儒、釋、道三教在中國文化發展的過程中，已經相互吸收採取彼此之理論思想而融會在一起，實沒有分此為儒、道之靜坐禪定修法。但惟有佛教之禪定修法較為完善及博大精深，有所謂的四禪八定。實是學禪定或靜坐者所應學習及體會之修煉（我無此體會，不敢多言，所知者僅為基本而已）。其實道教"還虛"之理論與禪宗之'明心見性'是一致的。要知道道家所講之"還虛"，即是純粹進入無為、圓通無礙、與天永存，而得大解脫的修持。有如翁葆光解釋曰：九載功圓，則無為之性自圓，無形之氣自妙。神妙則變化無窮，隱顯莫測；性圓則慧照十方，靈通無破。故能分身百億，應顯無方，而其至真之體，處於至靜之域。寂然而未嘗有作者，此其神性形命俱與道合矣；也說是自心與宇宙同體的境界。性功之靜坐或禪修實際是恢復對直覺的認知所作的一種實踐工作。

　　道家之煉神還虛，是內丹功法最高修持的境界；無時間性上的拘限，純粹是進入'性功'之修煉。在常寂常定，一切歸元，所以稱之爲煉虛合道；道者虛無也。還虛無即歸道。道家於丹經中常以‘O’代表虛，即一切入於虛空，一切成圓明，返本歸根，明心見性也，於道‘太極’之謂也！

　　道家內丹功-煉虛合道，純是性功的修煉；是純粹進入禪修靜坐的階段，也可說是進入‘空’的境界。只是談‘靜’、‘空’的體會與領悟，修者各有不同的認識與了解。又有如祖師張伯端說：煉神還虛，煉虛合道，都是理論思想，能進入者已經非常少；能證此境界的人，更是少之又少，可以說是龜毛兔角。所以在此不敘述。有關如何進入純性功的修法，請參閱胎息功：第（4）“性功之修持”的細節。不於此重復。

性命雙修之法
　　在道家養生長壽-內丹學來說，有的派別主張先修‘靜’功而後修‘動’功，有者則主張先修‘動’功而後修‘靜’功；亦有者主張‘動、靜’功同時修。其實各個主張都各有利與弊，最主要者還是視修者始修的年齡而定，及其身體健康的概況和須求為先決之條件。我本人則以‘動、靜’功同時進修爲最理想，因爲每個人都希望同時得到‘身、心’的健康。

修心養性之目標就是不要顧此而失彼，同時進行就能兩全其美，主要是看修者是否能抽出時間同時應付兩項艱苦的修煉及恆心。只要有誠心，有志者事竟成。必得成就心中所欲，只怕無心人。若是如此，又何必問以何為先而修煉呢？

性者則是命，命者亦則是性也，無別亦無異，二者為一體，為心的兩面。有命才能修性，修性須要有命方能繼續的修下去；若是無命，言何修之有呢？這裏所說的『命』是指擁有健康的身體去支持你去修心，達到修心養性而證得解脫的目的。那麼『性命雙修』指的是甚麼？性者『性功』則精神的修養，命者『命功』則鍛鍊身體的健康；此兩者所說之意義廣且多。自古以來道家祖師們立下不少定義和解釋，我只是簡略說而已，不作另外之說明。

說到『性命雙修』，並非道家所獨有，然則三教釋、道、儒等教之聖人，都不能例外，比比皆有修心養性者。東方人如此，西方人亦如是。皆始於以性立命，繼以命而了性，最終則性與命合一，以復還虛無之體盡矣。要知道『性』者本虛無，渾無物事，故然必至虛而含蘊至實，始不落於虛空一流。修煉者之下手功夫，則於萬緣放下，滴塵不染，在守虛極靜篤之時，恍惚杳冥，有靈光由內心而生照著，此時即靈臺湛清寂然；道家所謂靈知真知是耶！但是人自受身之後，本有一點之真靈本性，復久為塵垢所污所蔽。幾凡發心大修行者，都必要盡除思慮、拋棄塵緣，使心歸於寂靜無憂無慮，並在寂靜中養出頭緒也；此則明心見性（本性）也。凡是發心修性者，若是探得及體悟這個消息，方始知我生之本性，無時無刻不在，並非因靜之後而有，只因你不覺不昧，現在只不過以靜而養之耳。

要知道，修性者待至心靜，神氣融會於不知不覺之中，心中突然出現一遍靈光，非但人不自知，而自己亦不自覺。在這個時候萬境澄徹，思維片念不生，惟覺得天地萬物，無不在自我包融之內；古今億劫時空，無不自我貫注，是如此見性，實為真見也。若如是而養性，始為真養。是時元神神遊於山河大地，元氣貫太和之天，一遍寂然湛然，渾然融然爾，杳然不見蹤影。法性之無窮變化，盡融於心，只可意會，不可言語道斷，惟自於穆然。

在此境界，萬法歸一，自然煉精而得元精，煉神而得元神，長生可得耶！這即是虛中實，無中有的體現。修持至此，始可悟'心者'無生亦無滅，亦則性可長存矣。於修持時，元氣無出無入，則'命'可長保也。故古祖師有云："心在丹田身有主，氣歸元海壽無崖，不誠（對）然乎？又不知性為氣之體，氣則性之用也。然則無性則命無由生，既無命則性無所立。漫說盡性即可至命，須知道立命乃可以了性。若只徒存而不能立命，每在修煉時見元氣動而神隨之，究竟還是不能捨情斷欲。元神遊則元氣散，畢竟還是不能逃離生死之枷鎖。依此言，即知修性爲人生之大事，豈可輕心視之呢？而煉命之事猶為急焉，焉可輕易而放過耶！實應以積極的態度立刻進行『性命雙修』的工作，或訪學道有成者，學得下手工夫，開始修心向道，以期有所領悟，以能靜心面對命終之刹那而不起恐懼，悟入緣盡緣滅之理，接受此生的終了，而得善終。以"慧命"流轉的觀念來說，這只不過是更換一個軀體來延續"慧命"，即是生命流轉的過程，惟悟"道"者乃可出離。

然而今之修命者，閉目靜坐，收心寂照，只徒守離宮中之陰神，而不採坎宮中陽氣以補之。倘若心念動而神隨馳，不要說長生不可得，豈有望得出輪廻而不隨業流轉呢？更何況徒修空寂之心，死守陰神，全無一點陽氣，既無生機，安有望死後為‘神’！即使是修得六神通，畢竟皆是陰神，是神未入氣，氣未歸神也！只因陰陽未合，神氣不交，氣息有出入，神亦變遷。雖說心在入定時，只可說是強定之陰神。始終未練成不動之陽神，則生死難保，輪廻之種子尚在，這種修煉，又與凡夫焉有何異呢？

從道家養生長壽-內丹修持的觀點來說，此種人體內在所生化之作用，就是生命本體所擁有的潛能。在通過道家丹道之“性命雙修”過程，就可以啓發人體中的這種潛質。並以雙修，利用對方的真炁來補充我身元精之損耗，因此道家養生長壽-內丹學有此雙修這一門，促使生理機能恢復。『性命雙修』的宗旨，不外是“定賓主，不迷真，對景忘，情不動，借寶信，煉元神”。但願修心者，常以它提醒自己，在修持時不要失落了方向。要知道，人總被情欲所牽，感覺所捉弄，並在自欺之中不知不覺走向衰老而死亡。

*第五章：總結。啟開生命之源。

　　道家數千年以來，尋找驗証，延年益壽的精髓，完成性命雙修。總結在四句總綱內，而張三丰「丹經秘訣」，則以十章闡述丹道的修法：

總綱：　。煉精化炁
　　　　。煉炁化神
　　　　。煉神還虛
　　　　。返虛合道

修法：　。添油接命
　　　　。凝神入竅
　　　　。神息相依
　　　　。聚火開關
　　　　。採藥歸鼎
　　　　。卯酉周天
　　　　。長養聖胎
　　　　。乳哺嬰兒
　　　　。移神內院
　　　　。煉虛合道

　　內丹靜功，是以張三丰祖師的十章修法而編著成，只完成其百分之七十左右的功法，因爲一個人之修煉與發展過程皆會有不同，而大體上會很相似但並不會完全一樣。內丹功，有動功及靜功兩部份。功法詳細指出打開周天運行的修煉方法。惟要求勤奮的練習，必定能助修者，打開任、督二脈，使周天運行；並打通十二經脈及奇經八脈，成就胎息、及蒂踵呼吸法、而進入大定、成就「煉虛合道」最高的境界。這是修大定或禪修的境界，成就也因人各異，更是心行語斷，不是闡述的範圍；所以不說禪定的層次及境界。

　　內丹功的動功，就是「添油接命」。此動功，強調煉腎、強化腎的功能；使腎氣旺盛，腎水足，腎上腺內分泌就能調整平衡。腎藏精，主發育與生殖。腎精能化氣，腎精所化之氣稱為「腎氣」。是由腎陽蒸化腎陰而產生。腎氣充足旺盛、生長發育、和生殖功能都能正常，精力充沛，體力強壯。

　　腎主水。腎臟是人體的重要排泄器官，在新陳代謝過程中，產生終末產物，多餘的水、和進入體內的異物，通過腎臟排泄出體外。腎主骨生髓：說明腎藏精生髓。骨髓滋養骨骼，強化腎臟的功能，是健康的基本基礎。

　　言「添油接命」的修煉，實是注重於強腎與固精。目的在煉腎強腎，煉腎生津，煉津生精，以津水補精水及固精水。修心養性，首在節尊固真為本。精旺自然能精化為氣，氣旺必然充滿於四肢，四肢充實，則身中之元氣，不隨呼氣而外出，天地宇宙之正氣，恆常隨吸氣而入，日久月深胎息安，修長生有路矣。

內丹靜功

功法一：凝神回視羶中處，及功法二：神息相依氣下腹，就是'煉精化氣'。凝神回視羶中處，完成「凝神入竅」；注意呼氣經羶中心處，羶中心位屬「火」，使陽氣或內氣產生。陽氣或內氣聚集，則感胸部、背部及腰部發熱等現象出現；要知道，靜中之動，便是精、氣、神的妙用。凝神則「氣與神合一」，才能化精為氣；是經過外氣吸入，與內氣交流相互磨擦而產生能量或熱能。在陽氣或內氣聚集於心羶中處時，只要'神息相依'就能將使陽氣往下丹田聚集。神息相依喻為「集神煉氣」使「神氣合一」或說'神氣'扭作一股。至此「煉精化氣」已完成。所謂凝神者，則神融於精氣也。精、氣、神合而為一，而陽神生矣。

功法三：聚火開關守下丹。能靜，則神氣內動，精神純一，真氣流行，此為內動，是時羶中心位陽氣生，則能聚火開關。陽氣聚集飽滿於下丹後，只能守。本由武火使陽氣生，現轉成文火，成自然呼吸；并守丹田，讓所煉之氣化為‘炁’與‘神’合，而沿任脈往會陰運行。而採藥歸爐的「藥」，就是「元神」。「元神」與「元氣」交合；「神氣」合陽氣則流動，自沿任脈往下運行。是時、意守下丹田，勿忘勿助，陽氣自入尾閭、而沿督脈往上運行。

　　功法四：真火歸周天運行。真火者亦稱‘陽氣’；是由觀羶中心位而聚集的熱能。續功法三，化「精為炁」及與「神」合一，聚於丹田，直至飽滿則會撞關，入尾閭、上夾脊、過玉枕、上百會、經玄關（兩眉之間）、入任脈、經喉舌、十二重樓、入絳宮、羶中、經臍入氣海丹田，完成小周天的運行。使腎精水滋潤大腦以及全身。歸者是「精、氣、神」合一，成為「純陽」之氣，直衝腦海，恢復和增強大腦的功能，身體與氣質變化就會更較為明顯。功法三及四，是‘煉氣化神’的階段，助任、督二脈之氣銜接通，而衍生能力強盛，使陽氣貫徹全身。

　　功法五：坎離接養壽修真。是進入「煉神返虛」之修神或性之境界。因為水火既濟，周天運轉，陽氣於三田中返還流轉，神氣合一，為入小定之境界。功夫純熟精煉，陽氣於經絡

240

運行無阻，負起營、衛之功能，使其達到最完善的境界；活力旺盛，大腦皮層得保護性和抑制力量就會發揮的更好，有助入靜的境界亦會更好。持續勤奮修靜功，經三、五年的鍛鍊，或者能進入‘還虛’的境界。要知道、功夫鍛鍊到「神氣合一」，還是在「守一」的過程中，修命功的前期境界，寂靜的程度不會很高。

　　‘煉神還虛’要達到胎息，或細胞呼吸的境界。屆時、是內氣呼吸及細胞呼吸。口鼻呼吸會減至最低（若有若無），是「神識」全面控制至『無為』狀態，很少人能達到這種境界。同時靜定之境界，也是因人而異，以及其功夫之深淺而定，最後達到『煉虛合道』的境界。

　　功法六：站樁守臍氣自發。雖說任、督二脈銜接通了，陽氣則自運行。但它強盛程度仍是不足。若是少於鍛鍊，而時間又短，陽氣或潛氣是不夠旺盛的。站樁守臍、則能助陽氣自發運行，並且能起治療病患的功能，亦是強化陽氣或內氣運行的高級功法。配合前五功法修煉，有助加速打通十二經脈及奇經八脈。若是陽氣或內氣不足，修煉站樁時，周天不會自動運行；唯有在陽氣充沛下，小周天之氣才會自動流轉，故練站樁功，具有輔助增添陽氣產生的效果。

　　功法七：側眠氣運體回春。要使陽氣或內氣不停息的運作，維護身體、就要使到陽氣或內氣在睡時，都在無意識下持續的運作。所以睡眠這段時間是很重要的修行，並不可浪費。側臥睡時、屈膝、利於調氣及氣血運行，掌握功練人，就能使陽氣或內氣 24 小時都自行運轉。另外、人熟睡後於無意識狀態下，陽氣療效為效果最高的時候，所以這臥功必需善於掌握，疾病經過陽氣的療養自然會痊癒。

　　能善於掌握修煉這 7 步功法，內氣自然充沛，身心健康、延年益壽自不在話下。初練內丹靜功，因不習慣靜坐，不能集中精神，難做到凝神內視，所以都會感到非常困擾與吃力。惟有持之以恆和毅力，就可以達到心之所求。有說：初練內丹功，是「人練功」、次為「功練人」，最後則是「人功合練」，是不同的境界和感受。

　　願修煉與讀者知道，‘小周天功’及‘輔助功’，這七步功法為修煉‘大周天功’的基礎，未能練好這七步功奠定底子，即沒有機會

練就‘大周天功’；更因無任何口訣你可以依
隨，能使‘衛氣’或‘潛氣’往‘會陰穴’運
行而往下至‘湧泉穴’。由此，你可體會與了
解為甚麼道家-內丹學只談‘小周天功’而無有
‘大周天功’實例存在。即使有提及，只不過
是大周天這名詞而已，並無任何的論述。另外
一點是內丹修煉者應知者：若是大周天功已經
練成，小周天任、督二脈的‘陽氣或真氣’與
大周天十二經脈的‘衛氣或潛氣’是同時各依
其路徑運行的。既然無直接方法可練成大周
天，那應該如何着手去練呢？請看前面功法八
的解釋和跟隨其修煉之法。

　　有者問，為甚麼要啟開任、督二脈，及打
通十二經脈和奇經八脈呢？於子午流注不是言
明，十二經脈是體內的計時錶；按時辰經行於
體內嗎？確是如是。要知道這是自律的，不能
覺察及操作的。啟開或銜接了任、督二脈，進
而打通其他的經脈，是使經脈能在練功或自發
時，覺察到其運行的規律和動向；並可以用意
識去引導或意領至身體要治療的部位或穴竅。
又言打通，其意是將經脈中阻塞清除（阻塞者
為細胞所排出及不能清除之廢物所集而成），
或以「氣」衝，使血管闊大，特別是那些細微

的經絡，阻塞清除，恢復正常的新陳代謝功能，就能確保血氣運行自如，身體就會健康。

不是說每一項運動，都能活動到全身的每一部位，特別是腹部。此部份的肌肉，受普通運動的影響不大。所以會出現淋巴腺阻塞的現象，造成肌肉累積或肥胖；用手按會感肌肉的疼痛。若是久處於空調室中，雙手掌就會越來越冷，即使是穿上毛衣，雙手也感到冰冷（不自覺），這是很普遍的現象。這說明"氣"的不通，是脾、任脈、腎經脈等之"氣"有阻塞及新陳代謝不良的現象存在。故十二經脈及奇經八脈的"營、衛"二氣不通，運作不旺盛，就會形成阻塞或累積而成疾病；且腹臟通常也為疾病產生的根源。願求健康者特別注意這一點。

功法八：息下地根大周衍。即為陽氣或真氣由任脈運行下至‘地根’則‘會陰穴’，再往下循行到‘湧泉穴’；意謂‘足三陽’由頭循行至雙腳的‘潛氣’已經衍接通了；復經‘足三陰’由雙腳運行至胸；再接‘手三陰’由胸循行至雙手；復接‘手三陽’由雙手走頭，再從頭接‘足三陽’走雙腳。這為大周天功潛氣或衛氣循行的走向，如一氣網流佈全

身，執行捍衛的任務。所以大周天功的三關為
‘頭、手、腳’。

　　那怎能知道大周天之潛氣已經開始運行
呢？有何跡象可尋或動向可知呢？有。道家內
丹著重修煉者為‘動、靜’兩項功法。‘動功
為添油接命’，‘靜功為小周天及輔助等七步
功’，為大周天功奠定基礎，意謂必已是學成
和通了任、督二脈，且要恆心每天修煉，即包
括內丹的‘動、靜及輔助功’。如是修煉 4 至
5 年，尤其是在鍛鍊動功‘添油接命’時，就
可感到每節功在練時，手掌心或後腦有一陣氣
流通過似的；這表示你的潛氣或衛氣已經開始
循環，約再經半年的時間，在作臥功時，將
‘陽氣’運行至‘會陰’並同時提肛就會使潛
氣往足三陽脈走往腳底。若是能夠過去，意謂
氣通了，大周天之衛氣就會開始循行，修者就
會感到腳板底隨氣的循行在有次序的在跳動。
所以說沒有直接之修法，小周天和動功‘添油
接命’為基礎，於此亦說明道家之動功在練時
‘氣’則隨着運行。其餘者請參閱功法八。

　　功法九： 神氣相注胎息活：以腹式呼吸，
配合肺呼吸，兩者一致；使元神（源於心）與
元氣（源於命門）凝合於丹田運轉，胎息即恢

復。經過長時間的修煉則可取替肺呼吸，使肺呼吸減至若有若無的境界。胎息的訓練即是以真氣或潛氣循行於下丹田中，使氣運行於奇經八脈及十二經脈。在煉炁化神的階段是用小爐鼎，如祖師張伯端說："上以黃庭為鼎，下以丹田為爐，氤氳二穴之間，以神靜守"；因火即元神上運，載水即元精入鼎，即元精元神，經意土而凝化。

　　胎息功的基礎奠定於'衛氣'的練成，因為在修煉胎息功時重點在臍、黃庭、及命門等穴竅氣的運行。'衛氣'集中在此三穴的鍛鍊時皆有不同的反應。因鍛鍊腹式呼吸，牽制了潛氣或衛氣循行於兩腎、命門、黃庭之間，就有助於啓開"衝脈"，為奇經八脈中最難啓開的一脈，就可練成'中黃'氣脈的運行。所以練成大周天及胎息功後，就能體會真氣或陽氣及潛氣在督脈、中黃、及任脈、頭、手、腳中運行流佈。如是，營、衛二氣始謂循行於體內無所障礙，運作達到最高的效果；亦達到修煉'忘言守一'最高的境界。胎息功也為進入'性功'修煉門徑之一。

　　功法十：精氣合一神還虛。此為性功的修煉，由有為至無為、由動至靜，配合忘言忘守的修煉。於性功篇幅中敍述了多種數息法的修煉方法，令初學或不懂者有所依隨。數息法為一項很重要的修法，因爲它訓練修者注意到內在生理的變化和反應，也是基本的‘繫心法’，即是使心集中而不外馳。因修煉腹式呼吸、並與肺呼吸達至一致，在忘言守一功夫練至上乘火候，就能助修者進入無昏睡之境界。在深度的靜坐中，放棄守一（忘言亦忘守），並無昏睡之意，周遭的一切是歷歷分明而達到隔絕自我存在的境界。於此境界中修者可以作禪修；即是在心中對事理作分析、參考、參照話頭或公案等思惟修，則是智慧的培養和發展；亦可達到自我教導或與神靈取得聯系，成就直覺修的境界。若不，以覺性覺照，守靜則矣，就會進入忘我之境！

　　功法十一：心神空寂合於道。續功法十，修者處於忘言忘守的境界，心識不動，無任何思念，心靈一片寧靜，回歸於空寂的狀態。對寂靜的體悟，會有一種空明寂靜之感受，有如神識融於大自然宇宙中，一切有如心的伸延，外境與內心融合為一體無有分別；感覺好像合於道（法）中，即知我身與宇宙間一切事物的結構，皆不離於‘識’、五蘊、四大和合而成的，故有無異無別之感，古人多稱之爲‘天人合一’的境界。

我對性功的成就不高，不敢深談，以防有所差錯。另外，我對‘煉丹’成形（無到有）沒有實際的實踐經驗，我不敢對這一節作任何的敍述；只能將祖師張伯端講述的修煉法載錄在書中，讓修者、讀者對練丹有一個認識。若是將來在修煉中有甚麼感受或實際的變化情形，我會在將來本書再版的時候加入這些新的經驗，使到道家-內丹‘傳燈’之修法更爲充實和完整。

本書“調補”道盡道家-內丹秘傳的修法，將大、小周天及胎息對‘氣’在體內循行的修煉法詳述於書中，爲自古以來未曾有的一本修‘內丹’的丹經書，洩盡天機，我希望能爲天所容；並將‘黃、老’遺留下來的秘法、精粹文化再興盛起來，使世人特別是修者得身體的健康。能夠啓開‘陽氣’或打通任、督二脈，已經是很幸運，何況還銜接通了‘衛氣’或大周天，使氣隨十二經脈流轉，實爲非常稀有者，即是‘氣’在奇經八脈及十二經脈流佈（全體主要的二十經脈，除此外還有十二經別，屬十二經脈別出的經脈），你可想像它帶來的效果。由於此二氣運行於體中，調整新陳代謝運作健全，使內分泌和腺體分泌液旺盛，身體自然健康而得長壽。願有緣者善掌握此機緣，為自己身體做些保健的工作，才能對得起這個身體，感激它給你帶來的好處，及在生活中得獲好壞與善惡及其寶貴之經驗。

　　其實能有機緣修道家內丹‘靜功’並且修成大、小周天功，已經是萬幸者，即使是只修成小周天功，你已是很有福報；因為它對你身體的健康將會起得不可思議的作用，非是金錢所能衡量的。然而修成大、小周天，僅是‘氣’循行於‘脈’中而已，是最初級的成就，還是‘有為’之修或鍛鍊。待得你恆心續修至‘氣’入肌肉，在生理上得到‘氣’的‘調補’及調整，會令你驚啊！然而當‘氣’循行入骨時，對生理發生的改變和感受的過程及層次，會使你難以明白和接受，你才會領悟到甚麼是‘無為而修’才是真修的道理，即是‘無修而修’。願已修者恆心繼續修下去並自己去感受和體會，以後有機緣再細說這部分的天機。

第六章：道家内丹小周天‘速成法’

　　自覺悟小周天‘速成法’後，好友邀請出來傳授，並經過整整三年（2015-2017 年）傳授實踐，而一年僅教導兩次，已傳授了 450 人，而成功啓開任、督二脈者成就率為百份之八十以上。‘速成法’僅在上‘呼吸方法’改變而已，呼吸法有‘文、武’之分，掌握其相互用的關鍵，即能完成目的。其步驟則與逐步漸進小周天功法（本書第四章）沒有甚麼不同的地方。就因爲‘呼吸方法’轉變，即加速了其功效，使啓開‘任、督’二脈僅在短時間一小時內大多數修者都能完成。此方法大大縮短一般‘漸進’所需要的時間，特別有利於工作者。因爲‘漸進法’需要時間很長，為有工作者所辦不到，即使有心欲練道家内丹小周天功，也沒法抽空；若自己修練‘漸進法’沒有恆心也是沒法做到。内丹小周天‘速成法’就方便多了。

　　但本人僅在馬來西亞辦有組織的傳授，在香港、深圳及廣州，僅在朋友圈中傳授而已。一般來說僅傳授給有緣者，因為是道家内丹上乘的養生法！

由於是‘速成法’，在此編輯中不說明其‘呼吸法’，只在傳授時口授。惟恐讀者看書自學而出現問題；因爲‘氣’會自然走偏，不可不慎，故將其保留，恕不直言明。但是凡是欲修‘速成法’者，都必須對以下的概要掌握及理解：-

精要： 道家內丹(Inner Alchemy)，修煉在吸氣時，以心就能帶領'氣'順着任脉急速的前進一直抵達丹田。若心或意識一離開，氣就散失於無形。所以靜坐心或意識、氣與息‘一呼一吸為一息’是不可分離，綿綿不斷，'元陽'在丹田自然累積！因此，練氣之呼吸心法要領：息至而心或意識不守，不開竅；心或意識守，息不至、也打不開竅；心或意識息雙至，但是任其自由出入，也開不了竅；唯有心或意識息雙至而集中，才能打開竅、関、穴。即是說：心或意識和氣是不能分開必須混合為一。要知道'氣'是開竅、関、穴的能量或熱能。必定要在心或意識指定的目標：竅、関、穴，才能將竅、関、穴打開。即是說：意守竅、関、穴要專心恆久。

一般修‘煉氣’經一段時間之後，就會感覺額頭和鼻子附近重重的、麻麻的、癢癢的，因為外氣從鼻子吸進入之後，先進入鼻腔、鼻

251

腔裏面的黏膜及绒毛有聚電或熱能的作用，修煉氣時用心感覺氣由鼻腔進入，即激發鼻腔吸取空氣中的能量，鼻腔的位置就在額頭的附近，修煉了一段呼吸之後，額頭及鼻子附近先有氣感，因此修炼呼吸，必要用心去感覺吸入鼻腔的空氣及反應。但是為甚麼氣會停留在額頭、鼻子附近呢？到了嘴巴就走不下去了呢?要知嘴巴是分開的，氣走到這裏路徑就被截斷了。我们就必须搭鹊橋，讓氣通過去；方法就是將舌頭往後缩一點，將舌頭頂在上顎天池穴的凹洞裏。舌舔上顎目的是連接通任、督二脉，舌尖就會接通氣，將氣傳到舌根，透過舌下的玄膺穴下降，順著氣管下十二重楼，氣降到胸部之後，還要將它集中成一束，以利於通過心窩處狹小通道，然後將氣送至肚脐、再下至丹田。這個流程才是以心"神"帶氣行走任脉的正確功法。此外，運氣方法是：氣由丹田往下至會陰穴，吸氣提肛讓氣過尾閭穴，將氣從督脉提上來，繞過頭頂百會穴之後而往下行，讓氣循任脉回歸丹田，這就是道家修煉内丹啓開小周天的功法，與漸進法相同，但有'速成'及'漸入'之修法。修了'速成'者，最好依書言'漸近'法練一次，肯定修法。

如何繼續練內丹小周天功

How to continue practice the Micro Cosmic Orbit or Nei Dan Gong after you have opened 'Ren and Du channels'

凡是經過修煉內丹'速成法'啓開'任、督'二脈者，因爲沒有經過靜坐漸進打開任、督二脈，無法掌握運氣的方法，不知如何令'真氣或能量'在任、督二脈循行運轉，所謂'河車'運轉或搬運！如果你想練成道家內丹小周天功，以下的過程是修者必須堅持的鍛鍊。

*第一步，1）仍以靜坐方式、練內丹小周天功之運行法。以你習慣的方式靜坐，先調身、調息、調心，靜坐時間自定，必須每日安排時間鍛鍊。

開始：神或意守百會，吸氣時意觀尾閭，同時提肛或鎖肛立刻轉神看百會；因是吸氣，氣自隨督脈上至百會；隨着吐氣令氣過百會，同時觀氣走向印堂、入任脈、下重樓（胸）、經膻中，下丹田至會陰穴。又再吸氣、提肛、觀氣上行至百會，吐氣時，看氣走向印堂、下任脈至會陰穴。如是重復又重復，使氣在任、督運行；直至無須提肛、只要神或意守百會，氣能自然純熟循行在任、督二脈。修者始可說練成小周天功。

2）.以站樁或單腳左或右站為輔助修法。若選用站樁，你必須抽空和安排和定時間練。每次練 15 至 30 分鐘。時間越長成就則越快，若成功了‘氣’在任、督循行就越為通暢，以達至自然‘無為’為準則。請緊記是語：神到氣到，神行氣行。修者須要明白，‘百會穴曰天根，會陰穴曰地根，為人身的‘子午綫’’，提肛就是拉動子午綫，讓氣在任、督運轉循行。故小周天功又稱‘子午周天’。

方法：**站樁；站好，右腳向右橫跨出一尺半左右或與體同寬，兩膝略微下沉或彎 10 至 15 度；兩手向前伸舉起與臍同高，兩手掌心相對，相距一尺左右，作抱求狀，兩肘略彎。這是準備的功夫。

開始：神或意守百會，吸氣時意觀尾閭，其餘氣循行之法如上述（靜坐），使氣能自然循行在任、督二脈。（若以臥功來練，以仰或側臥的方式，若是側臥則右側臥為主，右腳屈而右腳跟疊在左膝略彎處，左腳伸直而略彎。左手伸直放在左腿上，而右手掌貼在右臉下。若是仰臥，兩腳伸直，兩手放在身旁。修者可略改以神或意守會陰，吸氣提會陰；其餘氣循行之法如上述（靜坐）。再重復練至到純熟通暢爲止）。

**或單腳站：任何一腳開始都可以；若是左腳站，只要將右腳跟踏在左踝骨處，可以隨時或定時練，任何場合都可以只須要是站着，也無需抱球，手垂直站直。左、右腳各站 15 分鐘，或隨意有時間就練。
站好：神或意守百會，吸氣提肛，觀氣由尾閭經督脈上至百會，吐氣時，觀氣經印堂下任脈至下丹田，再下會陰。再吸氣重復的練。經過一段時間後轉換成右腳站，左腳跟踏在右內踝骨上，神或意守百會，吸氣提肛，其餘氣循行之法如上述。再吸氣重復的練，至到純熟氣通暢無需提肛，氣能自然循行在任、督二脈爲止。

**第二步，在小周天功氣練至純熟循行通暢後，修者可以採取‘靜坐’或‘臥功’的方式練，即‘守中及腹式呼吸、又稱丹田

呼吸’法，守中就是樞紐，是啓動‘陽
炁’的自然主宰機關。而‘中’者，即身
的正中，則是指臍而略下‘下丹田’所在
處。一般說為‘心之下、小腹之上’稱爲
下丹田。老子道德經說：言多數窮，不如
守中。意思可以說當靜坐修觀想，再沒有
觀想的話題時，則是言多數窮，轉而靜坐
守中，則下丹田。也稱‘存神’或‘凝神
入氣’，使心神集中進而‘收視返聽’。
所謂的視、聽、嗅、味、觸等，不使心神
起惑、散亂或昏沉。將心神在內集中，令
‘心息相依’，即使‘神與息’或心隨呼
吸之出入；讓心隨着息不斷的來來往往，
但又要自然而不着意。故調息的関鍵就是
‘綿綿’兩字。所謂‘綿綿’就是無間
斷，有如橐籥（抽風器），使呼吸保持均
勻，不快也不慢，保持腹式呼吸或丹田呼
吸起伏運行不急不緩。然‘心’者‘神
也’；‘息’者‘氣’也。心神注於丹
田，就是凝神入‘炁穴’，心守炁穴，意
隨息往來。假以時日，最終啓開丹田‘炁
穴’玄関一竅，而產‘元炁’亦即‘陽
炁’、或稱‘先天炁’，所謂丹田炁動或
一陽動，亦謂‘神、氣’合一。呂洞賓
說：陰陽生返復，普化一聲雷。由於呼

256

吸，心或神带领'气'顺着任脉急速前進抵達丹田，內外兩氣相交於下丹田，相蕩旋轉磨擦，而轉化成爲'陽炁'。這是道家內丹修煉'築基練己'的基礎，也是道家內丹修煉的開始！臥功的修法步驟亦如所述，僅姿式不同而已。

道家內丹(Inner Alchemy)練習或修練腹式呼吸或丹田呼吸，目的在用'心或神'將空氣中的'元陽'帶入丹田為身所用，所謂'神到氣到'；在吸氣時，心就带領'氣'順着任脉急速的前進、一直抵達丹田为止。若心或意識一離開，氣就散於無形。所以静坐心或意識使'氣或息'不相離，綿綿不斷，'元陽'在丹田自然累積！因此，練氣的心法要領：心或意識不守，不開竅、不開關、不開穴；心或意識守，息不至，也打不開竅、關及穴；心或意識及息雙雙集中，但是任其自由出入，也開不了竅、開不了關、開不了穴；唯有心或意識及息雙雙至而集中，才能打開竅、開關、開穴；即是説：心或意識和氣是不能分開。要知道'氣'是開竅、開關、開穴的能量或熱能。必定要在心或意識指定的目標：竅、關、穴、才能將竅、關、穴打開。即是説：意守竅、關、穴要專心恆久，才能完成所要達到的目標。

257

因此，腹式呼吸或丹田呼吸，必须長期的練習，確保'元陽'充滿丹田，並且達至'心、息'兩相依的境界。要知道積'氣'生'精'，故久守丹田，經過透射或磨擦燃燒轉化的作用，令‘元炁’累積足夠之後即能啟開竅、関、穴而通氣，則可逐漸將氣佈達至五臟、六腑、四肢、百骸；久而久之，進入靜定。自古以來，這是道家靜坐啟開竅、関、穴的方法，使‘氣’在丹田運轉；有如‘龍虎交媾’或說‘乾坤交媾’等！此所謂的‘先天卦’，實是‘五氣：心、肝、脾、肺、腎’運行法；則是‘氣’循行在中、下兩丹田中。《大丹直指＊還丹訣》論述五臟之氣的互為関係，以五行相生，目的是將人與經絡之氣，合一而已。故說：腎氣傳肝氣，肝氣傳心氣，心氣傳脾氣，脾氣傳肺氣，肺氣傳腎氣；由下（腎）至上（肺），復由肺返至腎，不斷的五氣運行循環，而曰小還丹或說大周天。歷來道書對於‘大周天’功法，多是含混其辭，有關內氣循行的具體的路綫，各說不一。

修者修煉達至丹田氣動或一陽初動：即是‘神、氣’合一，就可進入另外兩項‘胎息、踵息’的修煉；此兩項亦為丹道重要的修煉，特別是‘胎息’。在此不談胎息之‘閉氣’修煉法。

　　***當下丹田‘氣’動之後，修者就可以進入‘胎息’的修煉。修煉時繼續守中作腹式呼吸或丹田呼吸，逐漸肺呼吸就會配合腹部的起伏以及丹田氣動的旋律，三者達至一致後，漸漸的丹田氣動的旋律或轉動就會取代肺呼吸而成爲潛氣自然運行，使肺呼吸若有若無，或者完全停止，修者至此已進入胎息或靜定的狀態。

　　道家内丹說‘息’都是指内呼吸，亦即是潛氣運行之意；有如‘胎息’，即是指修煉‘氣’到一定程度，鼻息微微，若有若無，外呼吸似已經停止，八脈齊通氣運行，遍身舒暢，如胎兒在母腹沒有外呼吸，只有内氣潛行一樣。其實這種境界，就是内丹修煉的初步功夫，息調和而心安，進一步即心神一如，心息相依，達到忘我之境，至此築基將完成！而胎息功法即是：“神行即氣行，神住即氣住，若欲長生，神氣相注。心不動念，無來無去，不出不入，自然常住。勤而行之，是真道路”。

259

'胎息'者，指神氣相依，呼吸不以口鼻，其'氣'出入於丹田、毛竅。《黃庭經講義＊第四章呼吸》曰：修持之道、貴在以神馭氣，使神入氣中，氣包神外，打成一片，結成一團而'神、氣本一體'，紐成一條，凝成一點則呼吸歸根，不至於散漫亂動，而漸有軌轍可循。如是者久之，即可成胎息。何謂胎息？即呼吸之息，氤氳（氣濃郁）佈滿於身中，一開一闔，遍身毛竅與之相應，而鼻中反不覺氣之出入，直到呼吸停止，開闔俱停，則入靜定離出神之期不遠矣。

　　《胎息法》作法：逐漸使呼吸均勻細深長，其勻細均自然勻細，其深長亦是日積月累而自然深長，不得勉強，其呼吸之氣均出入於丹田。隨着練功造詣加深，進入極度虛靜的氣功狀態後，自然忘卻口鼻呼吸。

　　效驗：《樂育堂語錄＊卷二》曰：人到胎息真動，一身蘇軟如棉，美快無比，真息沖或力大融通流行於一身上下，油然而上騰，勃然而下降，其氣息薰蒸，有如春暖天氣，熟睡方醒，其四肢之快暢、真有難以名言者。到此地位，清氣上升於泥丸宮內，恍覺一股清靈之氣直衝玄竅，耳、目、口、鼻亦覺大放光明，廻然不同於凡時也！

　　又曰：道家內丹‘胎息’的修煉，為煉氣之上乘境界。胎息乃是修真息之術。所謂真息者，無息之息也；謂之為‘體呼吸’，綿綿若存，乃長生之要道也！然而胎息之訣要，並非是‘閉氣’。在初煉習時，其氣之細，乃自然細；其息之長，乃自然長。以至後來，綿綿若存，若有若無之間，最後便進入‘無出無入’之境。唯有以臍司微弱之呼吸，或者以微細毛孔呼吸，亦即‘體呼吸’；須在靜定中始可得。然得大定真定者，有如龜之冬眠，不消耗生命之能量；不但氣住息住，且亦心住脈住，不但無出無入，亦不食不飲。

　　元憲真人論‘無為’胎息有云：夫學‘無為’胎息者，只是本清靜心也，亦稱真如本無物也；有若太虛相似，無去無來、無上無下，非動非靜，寂寂廖廖，與真空同體，與大道同源，與本來面目相逢者也。若修大道，當修‘無為’。其心清虛，寂而無寂，靜而無靜，心澄境泯，心境雙忘，則入‘無為’真道矣。學道之人，如修如是法門，則其丹自成，自然寂定，而得胎息矣！故胎息之功，宜在自然中得，無為中得，寂定中得。夫炁凝則心寂，息一則心定，一心寂定，則神安息住。故達摩祖師曰：夫鍊胎息者，鍊息定心是也！心定則神凝，神凝則息定。

至於其入手之法，李子明真人曰：夫胎息真炁修者，結跏趺坐，或自然靜坐，心無掛念，意無所思，澄神定息，常於遍身觀之，自然通暢。初學之人，不得進入完全'閉氣'之定靜，若全閉則傷神，但量自己息之長短，放炁出入，不得自耳聞其息，如此則妙也！若常常調息，不出不入，久而在於丹田固守存神之者，名為'真胎息'也，道必成矣！此方法精要，弊小而功大，易修而易成也。總之，胎息之功法無數，可行者亦不多，專修此法則矣。

***說到'踵息'，踵者，足跟也，意思是呼吸通湧泉穴進出。《庄子》說：真人之息以踵，乃先天炁即潛氣運行。真人者修道有成者也！故祖師曰：人之一身，左足太陽，右足太陰，兩足底為湧泉穴，發水火二氣，自兩足上行小腿內側，抵大腿內至會陰，過尾閭合於兩腎。左為腎堂，右為精府，一水一火，互相橐籥，兩腎空虛一竅，名曰玄牝；二腎之氣貫通玄牝，氣之由此發黃赤二道，入督脈脊椎，

上夾脊，貫通二十四椎，中通心腹，入膏盲穴，會乎風俯，上朝泥丸穴，由泥丸穴下明堂，散灌五宮，下重樓，復流入於本宮，經足三陽於腳之外側下至腳底達湧泉，為一次之循行。然日夜循環，周流不息，皆是自然而然；即是修道之人，用腳後跟呼吸，吸入的'元炁'，炁可以通達全身；可見古時修道者已具有很深厚的功夫。

　　修者完成所述的修法，仍需繼續作守中以腹式呼吸或丹田呼吸，將空氣中的元陽帶入下丹田燃燒轉化，綿綿不斷，'元陽'在丹田自然產生和累積，使'元陽'充滿於下丹田。當丹田'氣'無間在轉動或旋轉，元陽累積'元炁'即漸漸增強，待至'氣'足時就會感身體溫熱，體溫提高，這是正常之現象。修者已是進入'煉精化炁'的階段。

第七章：道家內丹修煉概要

溯源

　　首先略講內丹發展的歷史過程。言其源流，可以從兩個角度來看，一者史前，二者史後，則是說無正史記載者，但是可以從上古人文籍文物中尋找和參研先古人文集：詩、詞、歌、賦等文籍而知對內丹修煉的智慧；另一者即從正史所記載者。史前為因參研上古籍文物記載者如下：-

　　中國道家‘內丹養生長壽學’，簡稱‘中華丹道’，亦稱‘道家內丹’；是古今養生修真者公認為全人類獲得健康長壽、開智超凡、掌握生命科學的珍寶；其歷史悠久、淵源流長........。

　　根據中國偉大史學家司馬遷 (1) 《史記》、道家宗師《莊子*在宥篇》、葛洪道醫和煉丹士《抱朴子》、道家聖哲《呂洞賓全書》與中國道家文庫《道藏》以及中華大量出土文物表明：中國道家內丹養生修真學起源於中華易學之祖伏羲 (2)，顯世於中華丹道遠祖廣成子 (3)，集大成於中華民族聖祖黃帝 (4)、老子

264

（5），並由黃帝、老子發揚廣大於天下，造福世人至今已有數千多年的歷史。

(1)司馬遷，漢人，字子長、生於龍門；嘗遊江淮、北涉汶泗。父談為太史公，遷繼父業。李陵降匈奴，武帝怒甚；遷極言陵忠，下腐刑。乃蚰金貴石室之書，上起黃帝、下止獲麟，作史記，序事辨而不華，質而不俚。劉向、楊雄皆稱為良史之材。

(2)伏羲，古帝名，風姓，有聖德，象日月之明，故稱太昊 hao。教人佃漁、畜牧、養牲畜，以充庖廚，故又稱庖牲。始畫八卦、造書契；在位一百十五年。傳十五世，凡一千二百六十年。中國之五帝時代，為公元前 30 世紀初至 21 世紀初；

（3）廣成子，上古時代掌握並修成道家內丹養生之道的真人。史載廣成子曾著《自然經》。為聖祖黃帝學習及修煉內丹養生之道所事之師。詳情可參閱司馬遷《史記*五帝本紀》及《葛洪*神仙傳》；

（4）黃帝、軒轅氏，指中華民族的祖先。黃帝、古帝名、姓公孫，生於軒轅之丘、故曰軒轅氏，國於有熊，故亦稱有熊氏。時因蚩尤暴虐天下；兼並諸侯、帝戰於涿鹿'在河北省'之野，擒蚩尤誅之。諸侯尊為天子，以代神農氏。因有士德之瑞，故號黃帝；命蒼頡為史，始制六書、風後衍握奇圖，始制陣法；命隸首定數，而律度量衡之成。命伶倫定律呂，而始五音。咨於歧伯而作內經，於是始有醫藥方法，人得以盡年。凡宮室器、用衣服、貨幣之制，皆始於此。在位百年而崩；

（5）老子，姓李、名耳、字伯陽、諡 shi 曰聃 dan。因生而白首、耳有三漏文曰老聃。春秋末期楚國古縣人，今河南鹿邑東人。故稱老聃，周守藏室之史也。孔子適周，問禮於老子。老子為道家之祖，所撰分上下篇，稱道德之意、五千餘言；

其記載文籍史料如下：-
'中國道家內丹起源於伏羲'

資料載於道家聖哲《呂洞賓全集*窟頭坯pi》，呂祖（生於唐德宗貞元十四年、公元798年，師從鍾離權）在詩中明確考證、確認中國道家內丹起源於伏羲。此錄呂祖窟頭坯詩句如下：-

　　伏羲傳道至於今，窮理盡性至於命；
　　了命如何是本元，先認坎離並四正；
　　坎離即是真常家，見者超凡須入聖；
　　坎是虎，離是龍，二體本來同一宮。

'道家內丹養生修真學顯世於
黃帝在崆峒山問道於廣成子'

　　其文史料載：中國道學宗師《莊子*在宥篇》，其文如下：-

　　"黃帝立十九年，令行天下，聞廣成子在於崆峒山，故往見之，曰：我聞同吾子於至道，敢問至道之精。吾欲取天地之精，以佐五穀，以養民人，吾又欲官陰陽，以遂群生，為之奈何？"其全文載於《黃帝外經丹道修真學》一書，第71頁始。

'道家內丹養生修真學
集大成於黃帝、老子'

　　其文集史料眾多，主要者如下：-

一：司馬遷《史記*五帝本紀》、《史記*封禪篇》；

二：《道藏*中山玉柜服氣經》，可參閱《黃帝外經丹道修真長壽學》一書，第79頁始；

三：《黃帝陰符經*張果老註》，可參閱《黃帝外經丹道修真長壽學》一書，第402頁始；

四：《黃帝外經丹道修真長壽學》一書；

五：葛洪《抱朴子》中記載：葛洪因參研上古文集，看到龜甲文中有；‘我命在我不在天，煉金還丹億萬年’。

眾所周知：龜甲文為中國殷、商王朝用《黃帝歸藏易》作爲占卜的文物，也是中國最早的文字，距今已有三千多年的歷史。而‘煉金還丹億萬年’中的‘還丹’一詞，為道家專有的名詞，不言而喻。道家內丹在上溯三千多年已有文字記載，文物可考；而且《黃帝歸藏易》是中華民族聖祖用以占卜的歷史文物。

‘道家內丹集大成於老子’

其文籍史料即更多，主要有：-

一：中國偉大史學家《史記*老子申韓列傳》；

二：《老子道德經》呂洞賓註釋有兩種，資料載《老子道德經》‘養生之道’；

三：《道藏*太上老君內丹經》，資料載於《老子道德經養生之道》；

四：《呂洞賓七言律詩》107 首中之第22、74、80、96 首；

五：《呂洞賓*指玄篇-上》之第5、16、24 首；（上所引述呂洞賓詩歌文籍，全載於《呂洞賓丹道修真長壽學精華》一書中）

六：《道藏*道教相承次第錄》，資料載於《鬼谷子（6）丹道修真長壽學》一書，第 26 頁始。

（6）鬼谷子，縱橫家之祖，蘇秦、張儀之師。相傳為楚人，無鄉里族姓名字。因其所居，稱曰鬼谷先生。著有鬼谷子一卷。漢志不著錄，隋志列於縱橫家。今本十二篇，凡一卷；其文奇變詭偉，必非漢以後書。至術數家則多託名於鬼谷子云。

以上簡略闡述了道家內丹古代發展傳承過程，通過上古人遺留下的文籍及文物，經過參究而得出結論，道家內丹之淵源悠久長遠的；實非後代學者可否定的。

然而依據現代文獻記載，道家‘內丹’功法，則以東周安王時期為最早的內丹功法，約在公元前 380 年已制成，離開現在已將近 2 千4 百年，為有系統的記載古代的‘行氣’方法。另外在中國天津市歷史博物館文獻所記載是戰國初期的內丹功系統，就很接近現代的小周天功法。

　　傳統練丹術，秦始皇（公元前 246 至 210年）在位時已出現萌芽，因‘史記*秦始皇本紀’中提及。但是一般認爲始於漢武帝（公元前 140 年至 87 年）在位時。因爲那時才出現有關煉丹的確實文獻；如《史記*封禪書〉中記述。

　　此種煉丹術又稱‘黃白’術，如《抱朴子*黃白》篇中有說。在秦朝，金丹術已有了萌芽，至後漢、魏、晉，又有了大的發展，至唐、宋就達到了最高潮。

　　內丹功開始只稱爲‘內煉’或‘行氣’法，沒有‘丹’一字。當時在晉楚地區很受重視，傳為赤松子、王喬所傳。王喬為東周靈王太子，公元前 571-543 年；與老子、孔子同時代的人。王喬與赤松子都是‘行氣派’功法的祖師。從内丹淵源來説，《楚詞-遠遊》篇揭露了古代丹法的奥秘，是記載屈原向王喬請教功法的問答辭，並且指出‘行氣’的奥秘。

内丹思想與内丹方術，都歸入養生一類，不稱‘内丹’。魏伯陽借用外丹名稱，稱爲‘金丹’，以作區別。據現有的資料，‘内丹’名稱是從隋朝（公元 581 至 618 年）青霞子‘蘇元郎’開始的！蘇元郎著有《龍虎通玄要訣》，今已不傳。傳蘇元郎依照古文《龍虎經》所著，内容多與《參同契》相同，後人疑爲系《參同契》之節本。蘇元郎原學道於句曲（茅山），隋開皇公元 581 至 600 年中到‘羅浮山’居青霞谷，修煉内丹，著《旨通篇》，始提出“内丹”名稱’。

《周易參同契》作者魏伯陽，其内煉之法屬於吴越系統。《悟真篇》作者天台張伯端，包括南宗的白玉蟾（葛長庚）都屬吴越派。自魏伯陽生於公元 107 年，吴人也；本屬儒士，著有《周易參同契》，以《易經》解釋功法、實由他開始。把八卦與五行相融合，並結合天人合一的思想，作為丹功理論的依据，闡述養生仙術的内容和體驗，亦是内丹術的淵源；被稱爲丹經王。

白玉蟾為內丹南宗五祖、字如晦、又字白叟、號海瓊子、海南子、海南翁、瓊山道人、或號武夷散人、神霄散史。祖籍福建閩清，生於瓊州（今海南省瓊山），原名葛長庚，因父早歿，母改嫁，轉為雷州白姓養子，故更名白玉蟾。生於南宋光宗紹熙五年，公元 1194 年、據《江西通誌》卒於理宗紹定二年、公元 1229 年。自幼聰慧過人，喜讀詩書、習舞學劍、胸懷大志。因任俠殺人，亡命武夷。又說遁跡於廣東羅浮山，得遇陳楠傳授丹訣，時在寧宗嘉定五年、公元 1212 年，正式出家為道士，時嘉定十年、公元 1217 年，已為名道士，並收彭耜與留元長為弟子。嘉定十五年至臨安，因酒醉執逮京兆尹，又被言左道惑眾，逐出京城。此後遂隱居。遂積極創教活動，其弟子眾多；再傳弟子，在元代以李道純、蕭延芝最著名。其著作甚多：在《修真十書》有其《指玄篇》、《玉隆集》、《上清集》、《武夷集》、其弟子收集者有《海瓊白真人語錄》、《海瓊問道集》、《海瓊傳道集》等。

　　在東晉有葛洪，字稚川，自號抱朴子。丹陽句容人，公元 283 至 363 年；大力宣傳服金丹以求神仙，成爲晉代神仙道家理論的奠基人之一。其《抱朴子》一書的《金丹》篇中講述的金丹，成爲漢、魏、晉時代煉丹術之大成。其叔祖葛玄，學同古今。博覽經傳子史，好神仙修煉之術，為當時東吳的出名道士；其入室弟子有鄭隱等人。葛洪師事鄭隱，並將金丹仙術及其口訣悉授於葛洪。其曾去廣州滯留多年，取鮑姑為妻，先後在廣東羅浮山、浙江上虞蘭風山等地修道煉丹。著作有《五靈丹經》、《岷山丹法》、《赤松子丹法》、《康風子丹法》、《劉元丹法》、近代《葛洪抱朴子道醫丹道修真學》等。

鍾離權，姓鍾離、名權，後改名覺、字寂，道號和谷子、一號正陽子、又號雲房先生，唐末燕台人。與壯士晉為大將，統兵出戰西北土蕃，兩軍交鋒，忽天大雷電，風雨晦冥，人不相睹，兩軍不戰自潰。獨自奔山谷，迷失道路，夜進深林幽澗，期以全身。乃遇一胡僧，引行數里到一村莊曰：此東華先生成道之所，揖別而退。忽聞莊中一老人曰：來者非大將軍鍾離權否？應曰'是'。老人復曰：爾何事不寄宿山僧之所？離權大驚，心想必異人也，是時已失將軍之虎威、遽有鸞鶴之志，不覺回心向道，哀求度世之方。於是老人授予長生真訣，赤符玉篆、金科靈文、金丹火候、青龍劍法，囑之勤行。鍾離權告辭出門，回顧莊居不見其處，自是領悟玄旨。有說鍾離權首遇上仙王玄甫得長生訣，再遇華陽真人傳太乙刀圭，火符內丹，洞曉玄玄之道等。著作有《破迷正道歌》、《靈寶畢法》等。

　　呂洞賓、名巖、字洞賓，生於唐貞元十四年，公元 798 年，唐河中府永樂縣人。唐末因遊盧山，遇鍾離權得度，授予《靈寶畢法》，後乃得道成仙。呂洞賓的著述有《純陽真人渾成集》、如《百字碑》、《敲爻歌》、《太乙金華宗旨》、《九真玉卷》、《全唐詩》、《指玄篇》、《九真玉書篇》、《肘後三成篇》、及近代《呂洞賓丹道修真長壽精華》等。

　　張伯端生於公元 987 年，宋太宗雍熙四年，羽化於公元 1082 年、則宋神宗元豐五年於秦隴廣南。字叔平、浙江天台人。《悟真篇》的內丹理論頗受‘陳摶’一派的影響。張伯端的師承，傳說於宋熙寧二年、己酉歲，四川成都遇仙師，得傳大道，其師即為‘劉海蟾’；海蟾為呂洞賓與鍾離權的弟子，因此張伯端應是鍾、呂金丹派嫡系。張伯端自稱系師承《陰符經》、《道德經》的丹法，而《悟真篇》遠溯黃老；自認為是繼承黃老丹法的正統。南宗派系，現代仍流傳於世。其著作有：除了《悟

273

真篇》外，還有《金丹四百字》、《玉清金笥青華秘文金寶內煉丹訣》、《紫陽真人語錄》等。

劉海蟾有三大弟子，稱爲三陽、張伯端與王重陽。王重陽後創北派全真教，並傳七位弟子，後丘處機另倡立'龍門派'，丘處機生於公元 1148 至 1227 年，字通密、號長春子、登州棲霞人；金章宗泰和三年、公元 1203 年執掌全真教，元太祖二十二年七月逝世，著作有：《大丹直指》、《磻溪集》、《玄風會慶錄》、《鳴道集》、《攝生消息論》。七真的七派中，以此派為最盛，其教流傳至今。

陳摶生於唐末、公元 871 年，羽化於公元 989 年，《宋史》中有其傳。字圖南，自號扶腰子，普州崇龕人。舉進士不第，離開祿仕之途後，開始訪道求仙。自言嘗遇孫君仿、獐皮處士，兩人者高尚之人也。從何昌一學鎖鼻術（即睡功）；隱居武當山，後移居華山雲臺觀，止少華石室。陳摶以《無極圖》講解內丹功法。清《華岳志》朱彝尊《太極圖授受考》說：陳摶居華山，曾以'無極圖'刻諸石圜者：四位、五行，其中自下而上，初一曰"玄牝之門"；次二曰：'煉精化氣、煉氣化神'；次三曰：'五行定位、五氣朝陽'；再

274

次曰；‘陰陽配合、取坎填離’。最上曰：
‘煉炁還虛、復歸無極’，故稱之《無極
圖》。依所刻圖形，實指明丹法次序，其初一
系示煉丹穴位，初二至次圖示煉丹的進程，最
上示煉丹成就。陳摶著作甚豐，共有十餘種；
有如：《指玄篇》、《三峰寓言》、《高陽
集》、《鈞潭集》、近代《華山陳摶丹道修真
長壽學》等。而在內丹方面最重要的就是刻在
華山石壁上的《無極圖》。陳摶有師友多人，
師如呂洞賓、何昌一、麻衣道者；友如譚峭、
李琪等人，互相切磋，助長補短，其知識面
廣，學識豐富，無論在易學上，內丹修煉上都
有高超的學識！陳摶事師之一的‘麻衣道
者’，弟子之一的‘火龍真人’；元明間的張
三丰曾自述：‘大道淵源始於老子，一傳尹文
始、五傳而至三丰先生’；‘文始傳麻衣、麻
衣傳希夷、希夷傳火龍、火龍傳三丰’。張三
丰還自稱隱仙派，因為‘文始隱關令、隱太
白、麻衣隱石堂、隱黃山、希夷隱太華、火龍
隱終南、先生隱武當’；見於《三丰全集》。

　至唐末-公元 618 年至 907 年、五代-公元
907 年至 960 年，外丹術衰落，內丹遂代而興
起。自宋代以後，鍾、呂金丹派遂成為道家養

生術的主流。道家丹道自創立後，主派系共有五派系：-

東派為明代時活動在東部揚州的陸潛虛所創，除了留下著作被後人推崇外，但無傳人；陸潛虛逝於明曆三十四年、公元 1606 年，號西星、字長庚、道號方壺外史。

南者南宗為張伯端所創；北派全真教創者王重陽，在南宋時於北方金人統治的地區，內丹功法稱爲北宗。王重陽、原名王中孚、字充卿；後改名世雄、字德威；因以吉為名遂改名嚞(zhe)、字知明、號重陽子，陝西咸陽大魏村人，其家後遷終南縣劉蔣村；生於宋徽宗政和三年、公元 1113 年、卒於世宗大定十年、公元 1170 年；四十八歲時棄家而遊，於甘河鎮酒肆中遇異人（後傳為呂純陽），授以真訣。傳授弟子七人。著作有：《重陽立教十五論》、《重陽全真集》、《重陽教化集》、《重陽分梨十化集》、《重陽金関玉鎖訣》、《重陽授丹陽二十四訣》等。

西派創立者李涵虛，生於公元 1806 至 1856 年，初名元植，字平泉；後改名西

276

月，字團陽、號涵虛生、長乙山人、圓嶠外史、紫霞洞人，今四川樂山人。著有《無根樹註解》、《太上十三經註解》、《九層煉心法》、《道竅談》、《三車秘旨》等；自稱遇張三丰，得其秘傳丹法；後於峨嵋山遇呂洞賓於禪院，密付真旨。因活動以樂山為中心的西蜀，故稱西派。

中派始祖黃元吉，名裳，生平不詳，為清末時人。其《樂育堂語錄》一書，係於四川富縣樂育堂講授內丹心法的講授記錄，為清甲戍至癸未時說，則公元 1874 至 1883 年之間。《樂育堂語錄》內容較一般丹書通俗，闡述較明白，並且還結合弟子的提問，作爲綱契領的回答，因此被近人視爲登內丹之真的捷徑材料。此外還著有：《道門要語》、《道德經註釋》等。以及其他派別。

後來張伯端之南宋丹功為中國仙學的直系，為古楚越功法系統，與北方全真派的北宗丹派-靜功合併。北派主張先修性而後命，而南宗則主張先修命而後性，因兩派的合併，遂成性命雙修，功法趨向統一。

內丹承傳系統和道教系統並非一脈，楚、越古代功法的確為其發源之地。事實上，內丹的功法在周代已有承傳系統，是一種獨立的‘養生功法’。內丹功法和道教系統並不一致，非宗教團體所創立的。‘內丹學’並不具備宗教的性質。內丹功法，應祛除其宗教色彩，還其傳統文化‘養生’的本來面目。楚、越文化是內丹功法的源頭，湖南馬王堆出土之養生方法文件，加上敦煌所存的古代丹功，《道藏》中搜集的內丹修煉法及密傳，皆已廣泛印行，都公開於世了！所以道家內丹法應該脫離‘道教’或套用，須按自己純為‘修心養性’宗旨去發展，始是真實道路，令修者‘心’道德化；‘愛心’慈悲化。

道家内丹概要

*何謂内丹？ 在《修真十書》卷十八《雜著捷徑*外丹、内丹論》中說：'氣'象於天地，變通陰陽。陽龍陰虎，木液金精，二氣交合而成者，謂之'外丹'。含和煉臟，吐故納新，上入泥丸，中朝絳宮，下注丹田，此乃謂之内丹。'内丹'之要，在乎存其'心'，養其'氣'而已。閑暇所以存其心也，内視所以養其氣也。存其心，養其氣，則真火日炎矣，神水華池日盛矣！

　　道家内丹修煉過程為：築基煉己；煉精化炁、煉炁化神、煉神還虛、還虛合道。築基煉己是從'無至有'，為'相生'法；即是以'神、氣、精'次序開始，以致啓開'大、小周天'使'氣或炁'在體中運轉，達到'調補'耗損的作用！所以起步為煉'神與氣'，則'神、氣'相合為一，即是收斂妄心使'心'集中受控制。然而煉精化炁、煉炁化神、煉神還虛、還虛合道，則是從'有返無'以致與'道或性'合虛無境界；所以由'精、炁、神'這次序修煉，即是'還元'法。内丹修者必須明白這個原理和其過程。

279

道家內丹功修者，出現兩種情況。一者是童真及少年入道、稱為上德；另一者是壯年或老年修者，稱為下德。因為下德者在發育成熟後，'精、氣、神'三者皆已消耗，就必須補足或加以修補。故修道有二法：一者'以道全形'，一者'以術延命'。上德者，以道全其形，抱元守一，行'無為'之道即可了事。因天真未傷，客氣未入，如果能頓悟本性，可成大道。下德修者，以術延命，行'有為'之道，方能還原。因為天真已虧損，知識已開，雖因修道而得悟，但不能立即放棄惡習，必以漸修之法，增減之功，始能達至成果。

　　道家內丹功之修法一般分為四或五個階段：一者，築基煉己；二者，煉精化炁（即精與氣合）；三者，煉炁化神（即炁與神合）；四者，煉神還虛；五者，還虛合道。一般人都將四、五兩個階段合而為一，所以說修煉內丹只有四個步驟或過程。但是很多修者只停留在所謂的'大、小周天'功內，而未能深入了解'大小周天'功法，僅是啟開'任、督、十二經脈'、讓'陽氣或真氣'在體內循行運轉，實是'築基煉己'部份必須完成或達至的功法；不然其他的修煉就無需多費唇舌了。

道家養生認爲生命的三要素爲‘精、氣、神’，若三者枯竭則生病或死亡。《悟真篇》曰：‘精能生氣、氣能生神，榮衛一身，莫大於此。養生之士，先保其精、精滿則氣壯、氣壯則神旺、耳目聰明’。內丹修煉就是加以修復、補益，達到‘精、氣、神’充實的境界。所以築基爲首要的修煉，將身體調補好，始能真正展開性命雙修的修煉。

（1）築基煉己：

　　道家內丹修煉始於‘築基練己’，所謂先奠定基礎，基礎穩定始逐步進入內丹的修練。基者：修練‘陽神’的根本；即是安神定息。祖師言曰：以精練精、以氣練炁、以神練神，正是爲了築基。因此，以‘精、氣、神’合練，唯三者能合一則成‘基’，不能合一則‘精、氣、神’不能長旺，而基不能成。唯有築基成，精則固、氣則還，爲永恒堅固不壞之基。可見道家內丹築基實爲修復身體、益補‘精、氣、神’之功；即可知築基爲一切內丹修練的基礎。然而道家內丹築基練己之法有“止念、入靜、調息、凝神、定息、住氣、靜坐”等法。然道家內丹修煉以達到靜養身心、調和陰陽、祛病健康、延年益壽爲功效和目的。

281

築基，築者：漸漸積累增益的意思。基者：**修煉‘陽神’的根本，安神定息之處所。**基必要先築，目的為利益‘陽神’鍛練，即‘元神’之成就；純陽全而顯靈者，常依精、炁而為用。**神原屬陰，精炁原屬陽；依真陽精炁為陽神，成就純陽；不依精炁則不能成陽神，止（只）成為陰神而已。**精炁旺、則神亦旺、而法力大。精氣耗、則神亦耗而弱，此理之所以如是也。

　　欲得元神長住而常靈覺，亦必‘精、炁’長住而為有基也。故基未築之先，元神逐境外馳；如見外在色境，則必起婬念。則元炁散，元精敗，基愈壞矣！所以不築基，且精之逐於交感，年深歲久，戀戀愛根、必耗敗。一旦欲令不漏，而且還元炁，得乎？此無基也。炁之散於呼吸，息出息入，勤勤無已。一旦欲令不息而且化神，得乎？此無基也。神之擾於思慮，時遞刻遷，茫茫接物，一旦欲令長定而且還虛，得乎？此無基也。此三段，是說明上文基已壞者，而不足以爲基之說。

　　古人皆說，以精煉精，以炁煉炁，以神煉神者，正欲為此用也。是以必用‘精、氣、神’三寶合煉。精補其精、炁補其炁、神補其神；築而成基，唯能合一則成基，不能合一，則‘精、氣、神’不能常旺，而基即不可成；然基築成，精則固矣、炁則還矣！永為堅固不壞之基，而長生不死。玄綱論云：道能自無而生，豈不能使‘有’同於‘無’乎！有同於無，則有不滅不生矣！証人仙之果矣，為出欲界升色界之基者以此！

煉己。道家真旨言，最先要煉己。所謂煉者：即古所謂**苦行其當行之事、曰煉。**指凡証道所當行之事，或曰事易而生輕忽之心，或曰事難而生厭畏之心。如是不決烈，則不能成金丹、神丹，必當勤苦心力，密密行之，方曰苦煉。

熟行其當行之事、曰煉。當行之事，如採取烹煉周天等。工夫間斷，則生疏錯亂，如何得熟。工夫必純熟，愈覺易行而無錯，時時日日皆初起之時，密密行之，方為熟煉。

絕禁其不當為之事、亦曰煉。所謂不當為者，即非道法或不道德之事宜；即深有害於道法者。如煉精時失於不當為之

'思慮'；道以思慮為之障，而不可望成。煉炁時、息神不定，而馳外向熟境，亦障道。而忘進深悟入，當禁絕之，而純心為之煉。

精進勵志而求其必成、亦曰煉。道成於志堅，而勤修不已。不精進則怠惰，不勵志則虛談。然志者：是人自己心所向之處。心欲長生，則必煉精向長生之路而行，求必至長生而後已。心欲成神通，則必煉炁化神，向神通路上而行。求必得神通而後已，此正所以為煉。

割絕貪愛、而不留餘愛、亦曰煉。凡一切貪愛、福貴、名利、妻子、珍貴、異物、田宅，割捨盡絕，不留絲毫，方名萬緣不掛。若有一件掛心，便入此一件，不入於道。故必割而又割，絕而又絕，事與念割絕盡，而後稱為真煉。

禁止舊習、而全不染習、亦曰煉。凡世間一切事之已學者，已知者，已能者，皆曰舊習。唯此習氣在心，故能阻塞氣，必須頓然禁止，不許絲毫染污道心。所以古人云：把舊習般般打破，如此而後可稱真煉。

己者：即為我靜中之‘真性’、動中之‘真意’，為元神之別名也。己與性、意、元神，名雖四者，實只心中之‘一靈性’也。其靈無極，而機用亦無機。出入無時，生滅不歇；或有時出、令眼、耳、鼻、舌、身、意，耽入於色、聲、香、味、觸、法之場、而不知返；或有時初、而自起一色、聲、香、味、觸、法之境；牽連眼、耳、鼻、舌、身、意，而苦勞其形。唯煉可制而後得聖真；當以上六文煉法，總要先致誠意而煉之。

然必先練己者，於平常一一境界，打得破，不為物炫，不被緣牽，則末後境緣誘不得，情牽不得。元始得道了；身經云：聲色不絕、精炁不全；萬緣不絕、神不安寧。

以吾心之真性，本以主宰乎精炁者，宰之順以生人，由此性；宰之逆以成聖，亦由此性。若不先為勤煉，熟境難忘。昔鍾離云：易動者片心，難伏者一意。熟境者：心意所常行之事也。有如婬事、婬色等，正與煉精者相反相害。一旦頓然要除，未必即能淨盡，或可暫忘而不能久；或可少忘而不能全。焉能煉得精，煉得炁，必要先煉己者、為此故也。

焉能超脫習染、而恢復炁胎神哉。習慣污染之事未除，則習染之事必不能頓無，必要以習染之念與事俱脫淨盡，而後遇境緣不生煙火，已方純；炁可復歸，身可靜定，而成胎矣！

　　故道家內丹修練，所謂的‘止念’，即是‘收心’消除雜念之一種方法。然‘入靜’即是‘止念’後的修法；其狀態是：心靜則不外馳，心靜則和諧，心靜則清明。然而‘調息’即是調整呼吸。所以要以‘心息相依’之法，拴住鬆弛之心，由微入細，息調心定，終使心靜而神存。所謂‘凝神’就是收斂自己本清靜的心而入其內（下丹田）。‘調息’並不難，心神一靜，隨息自然，加以神光下照丹田，即‘調息’。‘調息’為調度陽蹻之息，與自己心中之‘氣’相會於‘炁穴’中。心止於臍下叫‘凝神’；‘氣’歸於臍下叫‘調息’。在神息相依、守其清靜自然叫‘勿忘’；順其清靜自然叫‘勿助’；勿忘勿助、以默以柔，息活潑而心自在，三番兩次，澄之又澄，忽然神息相忘、神氣融合，不覺恍然陽生，又名‘元神’；神抱住氣、意系住息，在丹田中旋轉悠揚，聚而不散，則內藏之‘氣’與外‘氣’（陽氣）交結於丹田；後天呼吸至得收回外氣

286

（元陽）進入、以制內（丹田）裏‘陰精’，‘元陽’到之時，‘陰精’自化而成元陽；即所謂‘一陽動’或‘丹田氣動’，則是‘神、氣’合一也！

然而調動後天呼吸，必須任其自調，始能調得先天呼吸。真息一動，即是‘先天一炁’存在丹田中；柔剛相濟，只要能夠排除各種妄念，守中甚篤，便能練成一點‘靈丹’。守中者：則守身之正中，即是下丹田；指內丹修練的心性；指微閉雙眼，收神內視，目的為了‘凝神聚炁’，達到一陽動或神氣合一，為道家內丹修練非常重要的一個過程！

修練道家內丹功，築基是入手功夫。內丹功法既以‘身’為基，目的是調補人體生理機能的耗損，符合初步煉功的要求，才能進入修煉丹的階段。同時築基目的是打通任督二脉和前後三関的途徑，以及奇經八脈與十二經脈，直至真氣或陽氣通行運轉，熱通，全身氣通無阻，為練丹運藥作準備的功夫。實際上築基任務有二：一者，保持現在‘精、炁’狀態，二者，補足過去的虧損，達至‘精足、氣滿、神旺’三全的狀況。在‘練氣’尚未達到精滿，氣足，神旺的狀況之前，一切皆為祛病，健身調補的作用，都屬於築基入手功夫。

築基或修練內丹功，除了啟開任督二脉、奇經八脈與十二經脈，以及打開前後三關才能使後天‘氣或真氣、陽氣’循行於體內之外，並且還要啟開玄關祖竅。築基打開任督二脉令‘真氣或陽氣’自轉亦稱"轉河車"，則是成就"小周天"及"大周天"功。人身有正經十二經脈、奇經八脈，都是‘真氣或陽氣’循行之徑，以達至‘氣’自療的功效！

《張紫陽八脈經》曰：八脈者：1.衝脈在風府穴下，2.督脈在臍後，3.任脈在臍前，4.帶脈在腰，5.陰蹻脈在尾閭前陰囊下，6.陽蹻脈在尾閭後二節，7.陰維脈在頂前一寸三分，8.陽維脈在頂後一寸三分。凡人皆具此八脈，俱屬陰神、閉而不開，唯神仙以陽炁衝開，故能得道。然八脈者先天大道之根，一炁之祖，採之唯在‘陰蹻’為先，此脈才動，諸脈皆通；次通督、任、衝三脈，總為經脈造化之源。

在內丹功法裏，奇經八脈以任、督二脈為主。督脈起尾閭即會陰、經夾脊、通玉枕、上泥丸穴至上唇兌端穴止；任脈起於會陰，循腹上行於身之前，至唇下承漿穴止。任、督二脈，人身之子午，乃道家內丹‘陽火、陰符’升降之道，坎水離火交媾之鄉。何以張紫陽將任、督二脈定在臍前臍後呢？曰：‘鉛乃北方之正氣一點初生之真陽為丹母，陽生於子，藏之命門，元氣之所系出入於此，其用在臍下，為天地之根，玄牝之門’。玄牝之門包括上、中、下三田。周天功法，循督脈上升，沿任脈下降，即是陰歸陽化過程。築基煉己首先打通任、督二脈，使其循環運轉，也稱‘通三關’。此時只是氣通、熱通，為將來煉藥開闢通道。任、督二脈一通，即為‘小周天’，在‘任、督二脈循行’；八脈及十二經脈全通，稱為‘大周天’，則由手三陰（肺、心、心包三經，由心出、經手內側下至手指）；手三陽（大腸、小腸、三焦脈三經、由手指外側上頭），足三陽（膀胱、胃、膽三經，由身外側下腳）；足三陰（脾、肝、腎三經、由腳內側上經會陰回到心臟）循行運轉。大小周天功法（參閱《調補-道家內丹功法與概要》功法篇），實際上從內丹概要來說，只是奠基開道，屬於入手功夫。

修練內丹的大、小周天本屬性功，因此築基煉己目的首要‘關鍵’，因為真陽或真氣萌動，玄关一竅自然啟開。內丹功築基主要在補精生精，陰蹻一脈最為重要（陰蹻穴），其竅即是會陰穴即尾閭前，也稱上天梯、海底、危虛穴、生死竅、河車路、三岔口、天根等不同的名字。陰蹻脈上通天谷或指泥丸穴或腦（清淨無塵，能將元神安置其中，毫不外馳，則成真証聖），下低湧泉穴；真氣或真陽產生時，必從陰蹻穴經過，為生藥、採藥之處，具有調腎功能與內分泌的作用。

　　依內丹概要來説，任、督二脈為主幹脈，督脈為‘陽脈或腑脈’的總督；任脈為‘陰脈或臟脈’的承任，為陰脈之海，居其他各脈的主導地位。因此任、督一通，其他六脈逐漸皆被啓開，有如大海與江河般。所謂‘一陽動處眾陽來，玄竅開時竅竅開’。任、督啓開了，延督脈由下而上有三関，稱為‘後三関’；即是尾閭関、在脊椎骨的最下端；夾脊関在背中相對為壇中穴；玉枕関在後頭部，與口相對。前有三田，即上丹田在頭頂中，又稱‘泥丸宮’；內丹修法在‘煉精化炁’時，此竅為‘還精補腦’處；在‘煉炁化神’時，為‘陽神’上遷移至的地方。所謂的‘凝神入乾頂而成丹’。至於‘天門’一竅，即在泥丸穴之上。

中丹田在臍之上，是煉炁化神時結胎的地方，實即黃庭穴。丹經說：心與臍相距有八寸四分，中心適當四寸二分處是也。張伯端說："此竅非凡物，乾坤共合成，名為'神氣穴'，內有坎離精"。又說："身中一竅，命曰玄牝。此竅者非心、非腎、非泥丸、非丹田等，能知此一竅，則冬至在此矣、火候亦在此矣、沐浴在此矣、結胎在此矣、脫胎在此矣"，實即'黃庭穴'是也，也稱釜土也！所謂'玄牝之宮，即中宮也，中藏真一之炁，生金精耶'。

下丹田，丹經指臍內一寸三分。依小腹外形輪郭中，衝脈的直綫與帶脈交叉處與臍相平；形成田，故稱'丹田'。為甚麼說：臍內一寸三分呢？《望脈》裏解釋說：臍內一寸三分，謂仰臥而取之，入裏一寸三分為是，即腎之前也！

既知內丹循環的道路為前三田、後三關，然而後升又叫'進陽火'，前下降即叫'退陰符'，如此循環一周，築基煉己通任、督，有藥時稱'小周天'。修煉內丹除了築基時修補好耗損的'精、氣、神'之外，接着就是鍛鍊三寶成爲'藥'。而藥的物質基礎就是三寶：

'精、氣、神'，本是生命三大要素，煉內丹就是分段鍛鍊這三要素。將'煉精化炁'列爲初關，令元精元氣凝和為'炁'，稱爲'大藥'；而'煉炁化神'列爲中關，即是把大藥與神凝合，成爲三元凝合為'神'，即稱爲'丹'；'煉神還虛'為內丹的上關，即連'神'煉成爲虛無；而'返虛合道'，即由虛無還原至'道'或'性'，所謂'天人合一'最高的理想境界。

丹經以'精、氣、神'為三寶，又以'火'代神，以'水'代精，'氣'一字在初關無代字、中關用此'炁'字、上關只剩'神'一寶，因'精、炁'皆已煉化，不再用此詞。'神'又分成'身、心、意'三種意義。靜時為'身'、'神'之所出也。動時為'心'為'意'，'心'者'神'之體，'意'者'神'之用，均屬'神'之範圍也。'心'之代字即用'神'之總稱'火'，'意'之代字即用五行中之'土'，實際上丹經中名詞雖多，但是只有兩種，木火為一類，金水為一類，土則附屬於木火之下，為'意'之代號，為'神'之運用，所以稱'火'者'神'也。

修煉內丹‘精、氣、神’為一體，不可分割，在築基煉己過程為修補功夫，因爲‘精’為丹基，‘神’為主宰，‘氣’為動力。主要欲補足者是‘元精’，因此保精、調精、補精為建好基礎。當‘精、氣、神’互相調補、轉化、凝合，達至精滿、神旺、氣足方可開始進入練精化炁的階段。丹經所謂‘元’者，即元始，是本來之物，為萬物之本，非後天所生。‘元精無形’寓於元炁之中，若受外感而動，與元炁分判，則成爲‘凡精’。‘精’在先天時，藏於五臟六腑，氤氳而未成形，後天之念一動，則成爲後天之‘精’。‘精’者生命機能，是生命的本源，內丹以此為煉養得‘丹母’，從此探討生命的源泉，認爲是生命的元素在此。故‘元精’與‘神炁’凝合，則成爲‘丹’，則是物質化。《青華秘文》張伯端主張‘精從氣’，他說：神有元神、氣有元氣、精得無元精乎？…..元神見而元氣生，元氣生則元精產。所以說：大藥不離‘精、氣、神’，藥材又‘精、氣、神’之所產。然三者孰重？曰：神為重。金丹之道，始然以神而用精氣也。‘神、氣、精’常想戀，而神者性之別名，至靜之餘，元氣方產之際，神亦欲出，急持定以待之，不然是散而無體之體也。意思說三者相合，始成爲藥，缺一未足，則築基不

293

成，不能用作靈藥，無藥即不能煉精化炁。《悟真篇》進一步說：見之不可用，用之不可見。即表示“元精、無形無質，一生質則不可用為丹母”。呂洞賓曰：息精息氣養精神，精養丹田氣養身，學得此術，便是長生不死人。故傳統中醫學認為‘人始生，先成精，精成而腦髓滿’。

　　‘神’者內三寶之一，為生命現象的綜合表現，也是調節控制生命的能力。內丹文獻中又稱之為‘元性、本性’、‘火’、‘心’，乃先天以來靈光也。故《唱道真言》直接了當的說：‘煉丹就是煉心’，‘煉得方寸之間如一粒水晶珠子，如一座琉璃寶瓶。無窮妙義便從自己心源上悟出，念念圓通，心心朗徹，則自古以來道家不傳之秘，至此無不了然矣’。‘丹經所謂築基、藥材、爐鼎、鉛汞、龍虎、日月、坎離、皆從煉心上立名’。所以整個煉功過程，就是個‘煉神’的過程，通過大腦的有序化運動鍛煉，使精、氣、神之間發生轉化，使機體各系在大腦的統一指揮、調控下處在一種協調、代謝最優的狀態，因而出現一種最佳的生命活動方式，也就是一般所看到的健身祛病，抗衰老的表現。因此‘神’在‘精、氣、神’三者中取主宰作用，‘煉神’也是整個煉功的關鍵。古人將‘神’分為‘先天元

294

神’、‘後天識神’，又稱‘欲神’。煉功要用‘元神’，去‘識神’，‘有為而為者，識神也；無為而為者，元神也。識神用事，元神退聽。元神作主，識神悉化為元神’。‘元神者，修丹之總機括也。藥生無此‘元神’，是為凡精，無用；還丹無此元神，是為幻相，不能成嬰’。《樂育堂語錄》曰：其實煉功中，能排除各種雜念之干擾，頭腦保持虛靈狀態，這時的神，就是元神。每天處理各種雜務的神，就是古人說的識神，神志處在‘識神’狀態是不能煉功的。丹經中‘神’的異名極繁，共有八十九個之多，其中稱為‘陽中陰’者其一也。

內丹修煉以‘神’為主，由築基煉己開始至還虛合道，都由‘神’主宰。修煉內丹要明白‘心與神’的關係。‘心’是最根本，‘神’是由心而生，‘心’的本體是‘無為’、不動的，‘動’者‘神’也。所以說：心者，君之位也，以‘無為’勝之，則其所動者、‘元神’之‘性’也。以‘有為’勝之，則所以‘動’者，欲念之‘性’爾！意思說：神藏於心，動則為神，無為之動為‘元神’，有為之動為‘識神’。因此，心靜則神全，神全則性現。道家內丹修煉稱‘煉性’，亦則是修心，煉命即'精、氣、神'三者合練。所以張伯端主張'修命後修性'。然內丹築基過程即是'性、命'雙修，目的是補足命寶涵養本源的修煉，故必兩者兼顧。因此，築基煉己下手功夫有：收心、守一、止念、入靜等訓練。收心是入靜的首務，收束內心，寂然不動。守一也叫'守中'、守竅。三者意思相近，但是也有分別。守一是指靜守一處，守竅是指將意念集中在關竅或穴位上，'守中'即是指守身體的中央或說下丹田。所以三者仍然是不能完全混合。

　　夫'神'者，有元神、有慾神焉。'元神'者，乃先天以來一點靈光也。慾神者，氣質之性也。元神者，先天之性也。形而後有氣質之性，善返之，則天地之性存焉，自為氣質之性。所蔽之後，如雲掩月，氣質之性雖定，先天之性則無有。然'元性'微，而'質性'彰，如人君之不明，而小人用事以蠹（du）國也。且父母媾形，而氣質具於我矣。將生之際，而元性始入，父母以情而育我體，故氣質之性，每遇物而生情焉。今則徐徐剷除，主要欲使氣質盡，而本元始見。本元見，而後可以用事。無他，百姓日用，乃氣質之性，勝本元之性。善反之，則本元之性勝氣質之性；以氣質之性而用也，則氣亦後天之氣也。以本元之性而用之，則氣乃先天之炁也！氣質之性本微，自生以來，日長日盛，則日用常行，無非氣質。一旦返之矣，自今以往，先天之炁純熟，日用常行，無非本體矣。此得先天制後天，'無為'之用也！

　　丹經有說：下手先凝神。所謂凝神者，則息念而返神於心，神融於精、氣也。神與精氣合一，則調神的收獲也！修內丹者欲知，人心、道心，皆指煉'思慮神'為元神的過程，凝神和識心，都是調法的運用。故調息與調神同功，因此靜坐之際，先行調息之法。調息為輔助入靜之功法。丹經曰：'內呼吸'即呼吸用鼻，氣要細長，綿綿不斷，謂之'息調'，由'調息'到'息調'，皆是收心、止念的過程。《指玄篇》曰：息息歸根，金丹之母，調息乃入手之功。凡人心依著事物，忽而離境則不能自主。雖能暫離，未幾則復散亂。所以用心息相依之法，繫此心，由粗入細，才得此心離境而獨存其實。

　　'氣'者，內三寶之一。為人生之根本。《難經＊八難》：諸十二經脈者，皆繫於'生氣'之原。所謂生氣之原者，謂十二經之根本

297

也，謂'腎間'動氣也。此五臟六腑之本，十二經脈之根，呼吸之門，三焦之源，一名守邪之神。故'氣'者，人之根本也，根絕則莖葉枯矣。'氣'有先天炁、後天氣之分，先天炁又稱'元炁'，為生命之原動力，故又名'原氣'，在內丹常寫成'元炁'，以表示與後天之氣有所區別。後天氣即呼吸之氣，煉功者'先天炁、後天氣'相互為用。清代黃元吉說：諸子欲收先天元炁蘊於中宮（中丹田：絳宮，稱神室也），生生不已，化化無窮，離不得一出一入之呼吸，息息歸根，神、氣兩相融結，和合不解，然後後天氣足，先天之炁之生始有自也。故《入藥鏡》說：先天炁、後天氣，得之者，常似醉。呂洞賓因讀《入藥鏡》而得先後二氣相互為用之旨，於是煉丹有得，故而讚揚說：因看崔公入藥鏡，令人心地轉分明。元炁有抵抗疾病的能力，故又稱爲'正氣'、'真氣'，致病因素稱爲'邪氣'。煉內丹就是培養、鍛鍊元炁（真氣）。故王重陽註《五篇靈文》說：這點至陽之炁，即先天真煉之炁，謂太乙含真氣是也。恍惚杳冥者，指先天發生之所也。欲先天致陽之炁發現，別無他術，只是一靜之功夫耳！靜功之道，只在去妄念上做功夫。觀一身皆空，寂然不動之中，忽然一點'真陽'發現於恍惚之中，則是

'神、炁'合一；若有若無，杳冥之內，難測難窺，非內非外，不知所以然而然者也。所以《黃帝內經*上古天真論篇》總結氣功健身之道說：恬淡虛無，真氣從之。精神內守，病安從來？可謂千古至理名言。古人認為，精、氣同源，精由氣化，氣由精滿，煉精者，即是煉氣，使精、氣合一。《悟真篇》中說：道自虛無生一炁，使從一炁產陰、陽，陰陽再合成三體，三體重生萬物昌。這是先天'元炁'，原是潛藏的內氣，當人出生之後，'炁落丹田'而主宰後天之氣，諸如呼吸之氣、以及水穀之氣、臟腑之氣、經絡之氣等！內丹修者，'止是採取先天一炁以為丹母'，然後'內外混合'，而產生效應而取得效果。

*甚麼是'氣'？

自古以來修煉內丹所敍述的經驗，皆是實踐時生理和心理的體驗，非從科學、物理的角度來分析。現在讓我們以二十一世紀的觀念來看；道家修練自古以'外丹'煉藥為主，自改變為'內丹'之後，即以修練'精、氣、神'為對象。因此，修煉內丹(Alchamy)者，對'精、氣、神'必須有所認識。內丹功說練氣，然則'氣'究竟是甚麼？却是我們修練者必須認識的一個重要問題！古人修練所言者，皆是經驗體悟之說。但是如今除了經驗體悟之外，還可從科學、醫理、物理、生理的角來了解。現在西方科學向來都用 aura 來形容人體周圍放射出來的光，後來稱爲人體能量場 human energy，並描述說：‘氣’是由互相垂直的能流所組成，有如電場總是與相關的磁場垂直一樣，還說在人體各部有許多漏斗式的氣場漩渦，稱之為 chakra，即所謂丹輪，道家所謂的穴道。環繞着人體外的靈氣；道家稱爲’金光’護體，有保護人身，使邪魔不敢靠近的作用。人體的氣是通過丹輪的漩渦進出的，人體發生病變或功能失調時，相關的丹輪將會出現異常及能量紊亂，能量也會減弱。這些丹輪還會受情緒和心理狀況的影響，發出色彩及強度的變化，都是一般人所不知者。

為甚麼丹輪或穴道會呈現漩渦狀態呢?因為能量是一直在旋轉，天地的能量也都是不斷以圓形運轉，人體的穴道唯在圓形運轉時，才能與天地的能量相應，才能吸收與儲存。‘氣’與水的運作原理是相同的，順時針旋轉是吸，逆時針旋轉是排。內丹修練氣，可以用意念將‘氣’以順時旋轉吸入體內，以逆時針旋轉即是排出體外。但是練氣必要了解‘氣’

的運作，還须從了解‘氣’的基本原理開始，把練氣必備的條件以及過程弄清楚。

　　人體有一个很奇特的現象，科學家發現人體內臟是偏於左邊生長，有如心臟、肝臟、肺臟、脾臟及胃腸也如此。其實這就是左脉升，右脉降的原理，[左行氣]向上行，[右行血]往下行，左脉提供氣化，生長能量；右脉則用來沉澱濁氣，新陳代謝，因此內臟會偏左發育。科學也發現，多數人左右肢體的皮膚溫度也不相等，皮膚電位活動也有不同步，不對稱的現象，為甚麼會這樣呢？這是‘陽氣’往‘陰氣’流動所產生的現象。人身上半身屬陽，下半身屬陰；左半邊屬陽，右半邊屬陰，血氣一定是由上而下，由左而右流動循環的。《內經》云：[陰陽者，血氣之男女也；左右者，陰陽之道路也]。陽主動，我們的心臟偏左邊，陰主靜，肝臟偏右邊，消化系統也都是向右邊開口。所以左邊是身體生長的方向，右邊是身體排濁的方向。修練氣若能練通左右脉，排濁就具有主控性，將左脉串連右脉成為一個環圈，左脉的動能就會將右脉的濁氣推動往下排，左右脉連通繞行數圈，肝火自然下降。

內丹練氣都是由呼吸開始，就是將氣吸入丹田。這個動作包括三個條件：氣、丹田、呼吸；即‘氣’為原料，‘丹田’為工廠，‘呼吸’為進原料的過程。氣者《素問・宝命全形論》曰：天地合氣，命之曰人。指出人是由天地陰陽之氣结合而成的，陰陽之氣是造人的基本素質。《難経》說：氣者、人之根本也，根絶則莖葉枯矣。人是靠氣而活著。莊子也説：人的生死，源於氣之聚散作用。氣是人與宇宙共通的質素。故萬物之生存，皆是氣的作用。一個人若能修練至天人相應的境界，就能與天地之氣合成为一體，與宇宙同春。中醫的醫理，認為‘氣’在人體有推動、温煦、防禦、固攝、氣化等作用；並認為[百病皆因氣逆]，指是氣、血出了問題，疾病才会跟着来。說明人體的生理現象，病理變化，都與‘氣’有密切的關係。有如說心臟為甚麼能夠把血輸送至全身呢?只因血行脉中，氣行脉外，由於血管外壁行氣，心電跳動時，血管外壁的氣與心電諧波共振，而產生足夠的壓力輸送血液，故説‘氣’有推動血液流動的功能、智慧。《黃庭経》說：修道練氣的用意，目的是直接吸收天地的能量加以積蓄、儲藏，並經過修練讓它產生變化，以增益優化我们的形體和精神。仙聖都是經過這個過程而修煉成就的。所以道家將

302

'氣'歸類為：先天炁、後天氣、陽氣、陰氣、真氣、元氣、精氣、宗氣、营氣、衛氣等。道家練氣，是把體外的空氣吸到體內，故空氣是內丹修煉的最基本材料，雖然氣的名相很多，但主要者為二：－

道家基本將氣分為[先天炁]及[後天氣]兩大類。清代黄元吉在其《樂育堂語錄》一書中，對後天氣解释：何謂後天氣，即人口鼻呼吸有形有質之氣。有形之氣就是一般人練習呼吸時吸入身體的空氣。道家即將呼吸吸進入身體的動作稱為'服氣'。然而空氣的成份，依科學的分析，包括'氫、氧、氦、二氧化碳....以及水蒸氣，微生物'等元素。這些有形有質的氣體吸入身體之後僅停留在肺部，並沒有管道進入丹田。那進入丹田者又是些甚麼東西呢？從分析丹田裏的[氣]包括以下三种成份：－

1.我们食用的一切食物除了混合一些空氣之外，食物消化後進入大小腸之後就開始腐化；其营養被吸收；但腐化的過程即會産生一些廢氣，古稱五穀腥腐，現代醫學稱為人自體中毒素的最主要來源！

303

2.動植物都有生物能，即是另一形式的氣，動植物等食物被消化，同時也吸收了彼等之生物能。

3.內丹修煉呼吸氣時，由外界吸入丹田的某種成份的[氣]：即是[元陽]。

前二者是容易明白，而第三項是我們要研究的，也是內丹修煉最重要之'氣'锻鍊。呼吸時吸入丹田的[氣] 為一種含有火氣及動能的粒子，道家稱为"元陽"，元陽是諸多氣的一種，都是尚未合成物質的宇宙原始能量。

[元陽] 是一種能量，身體雖無直接管道令元陽直通丹田，然而修煉內丹者可以用心（神）將這種能量透過身體帶入丹田。練氣時從呼吸開始，目的就是把空氣中的'元陽'帶入丹田，即是以'眼观鼻、鼻觀心、心觀丹田'的方法建立氣走的路線，以心力集中將氣引导入丹田，正统的功法如下:-

一般修'煉氣'經一段時間之後，就會感覺額頭和鼻子附近重重的、麻麻的、癢癢的，因為外氣從鼻子吸進入之後，先進入鼻腔、鼻腔裏面的黏膜及绒毛有聚電或熱能的作用，修煉氣時用心感覺氣由鼻腔進入，即激發鼻腔吸取空氣中的能量，鼻腔的位置就在額頭的附近，修煉了一段呼吸之後，額頭及鼻子附近先有氣感，因此修炼呼吸，必要用心去感覺吸入鼻腔的空氣及反應。但是為甚麼氣會停留在額頭、鼻子附近呢？到了嘴巴就走不下去了呢？要知嘴巴是分開的，氣走到這裏路徑就被截斷了。我们就必须搭鹊橋，讓氣通過去；方法就是將舌頭往後縮一點，將舌頭頂在上顎天池穴的凹洞裏。舌舐上顎目的是連接通任、督二脉，舌尖就會接通氣，將氣傳到舌根，透過舌下的玄膺穴下降，順著氣管下十二重楼，氣降到胸部之後，還要將它集中成一束，以利於通過心窩處狹小通道，然後將氣送至肚脐、再下至丹田。這個流程才是以心"神"帶氣行走任脉的正確功法。此外，運氣方法是：氣由丹田往下至會陰穴，吸氣提肛讓氣過尾閭穴，將氣從督脉提上來，繞過頭頂百會穴之後而往下行，而在往下行時吞一口水，讓氣循任脉回歸丹田，這就是道家修煉內丹啟開小周天的功法，有'速成'及'漸入'的修法。

　　在《樂育堂語錄》中説：[學者下手之初，必要先將此心放得活活潑潑......始能內伏一身之铅汞'神、氣'，外盗天地之[元陽]；即説明練氣之初必须用心意去降伏體內的氣，盜取天地間的'元陽'也。所説的'坎'是指丹田部位，煉精是取用丹田中儲存的'元陽'為材料，以後天氣呼吸，將吸入到丹田的後天氣的成份轉化即成'元陽'，這是就煉精的材料。'元陽'者其成份究竟是甚麼呢?陽主動，主火。元朝内丹修家俞琰説：若無藥而行火候，則虛陽上攻，實是自焚其身也。指説練氣初期，沒有调和陰陽的比例，吸進過多的元陽到丹田，沒有與元陰取得平衡，就会變成虛陽，火氣就會上升，等於引火燒身。若漫無止境的吸氣入丹田，就会變成一股難以控制的邪火。所謂練氣不當，也會帶來烦惱。長期將氣帶入丹田，丹田就會發热。初期只覺得全身比較暖和，非常舒服;但煉功日久，逐漸就會感覺身體開始'上火'，即是元陽累積太多所產生的現象。所謂上火，即是火氣浮動上升，氣的性質本就輕而上浮，何況是火氣?丹田中的元陽累積到一個程度之後，會形成一個火氣團，開始不受控制，會離開丹田而上升，在身體到處亂竄，有人練功被氣團纏身就是這個原因。故在内丹修練時，不能漫無止境的吸氣入丹田，若是形成火氣團之後還得想辦法控制它在丹田，穩在丹田不浮散，然後煉之化之，將它變成安全穩定的氣。如《難経》説：後天氣入了丹田之後，即成為十二经脉、五臟六腑之本

306

源。若缺少後天氣，经脉、五臟就缺少灌溉。全真教的孫不二説：練氣必须以後天氣為根本，才能接通先天氣，而後天氣也是運行經脉、治病強身必備之氣，是用來维持生命之氣。總之内丹修練氣之第一步，經呼吸將氣吸入丹田，而進入丹田的氣，其成份即是帶有火氣、動能的元陽，這一點是我們必须知道的！

　　修練氣的效應可从三方面来看：即物理、生理及醫療、物理是科学的見解，在此不談。

在生理方面:-

　　1。氣使腦部 alpha 波有序化的增强，令大腦功能處於全腦共振的狀態,使人可以主動控制内部器官.

　　2。練氣耗氧率下降 16%；二氧化碳排出量降低 14%；心跳率每分鐘平均減少五次；心血輸出量下降 25%；乳酸濃度下降 26%。

這顯示修練氣能減缓新陳代謝，降低人體能量的消耗。

　　3．練氣者皮膚電阻值遠高於一般人，自律神經穩定性較高。

　　4．練氣者體溫上升，也可使體溫下降。

5. 血液循環改善，心率每分鐘減少約五次，意守部位能流量明顯增加；例如使膽汁，腎上腺素分泌量增加。

6. 練氣可以改變血液的酸鹼值，降低血漿皮激素濃度，延緩老化，增強免疫力。

在醫療方面:-

1. 練氣對癌症的療效高達 89%；北京一所療養院醫證實氣可以抑制，破壞癌細胞的生長及癌細胞。

2. 實驗也證明，氣可使細菌體腫脹，破裂及溶解，抑制細菌的生長，經常練氣可將免疫力發揮到極致.

3. 氣對治慢性疾病有如高血壓，血栓閉塞性血管炎，胃潰瘍，瘫痪等疾病皆有顯著的效果，實驗報告多得很。

4. 修練氣可增加全身細胞的活力，血球的生命力，促進荷尔蒙的分泌，並可調正神經機能。

5. 真氣或能量在人體，第一個先天的功能是治療、消炎、復健、再生、免疫、抗體。

308

道家特別注重養生，修道的目在治身、修心、了性；治身是第一步功夫。我们的身體不免有舊患新病，故先要治身，把病治好；不然修道就會產生各種的障礙。修練氣即能夠增強身體的能量，使許多疾病獲得改善。雖然未能完全明白其原理，但是修練氣能治療疾病已是不爭之事实。《内经》説:天地之精、氣，其數常是三出入一。我們的呼吸是進氣少出氣多，因此體内的氣會不斷的減少，至年老時氣已所剩無多，血中缺乏了氣，就變得又稠又髒，輸送营養、排除廢物的功能就會很差；血管就容易阻寒硬化，人怎會不生病呢?人體的許多疾病皆源自於血液循環出了問題。在中醫的理論説：氣為血之母、血要净化、活化；就必须讓血裏充满氣，只要血中氣足，循環系统便能维持良好的功能。修練氣促進氣血流通，即能解決大部份疾病的問題。

　　人類身體阻塞的情況有三：即血瘀、氣瘀、痰瘀。當中氣瘀是無跡可循，最難治療。人體内之髒氣越多，氣脉阻塞就越厲害，對健康就越不利。唯有改飲食習慣、或多吃含有益菌的食品，對清除體内廢氣是有些幫助；若要徹底排除積藏胸腹間之濁氣並不容易。排濁纳清的工作又要分氣、血兩方面來進行：1）血方

309

面：要利用乾净的血，將骯髒的血推向過濾的系统，有如肝臟、肾臟，以清除毒素癈物。2）在氣方面：要利用清氣去推動濁氣，將積留在體內的濁氣排出。年長時，體內的氣就逐漸減少，血液也變得又濃又稠又髒，清除癈物的功能下降，很容易造成血管沉積硬化和阻塞。

陳楠《翠虛篇•金丹詩訣》：[凝神聚炁固真精]，換而言之，人體的能量'精、炁、神'樣樣不可缺，樣樣都必練。自古以來氣的修煉氣用於養生之功法有下列幾種:-

1）意守丹田：修練氣者必须經常精神內守，神不離丹田，儲備充足之元氣预防病及疾病。若塵缘繁多煩心，思惟長期在外，就會減少丹田氣。因為氣脉的入口都在丹田；若源頭氣不足，氣脉就容易阻塞；烦惱多、塵事忙碌，心地不清净，便會造成心浮氣躁而耗脱元氣。勿論多忙，不忘分點時間意守著丹田，只要有一念意守存想丹田，保持腹力不鬆弛，丹田裏的氣就不致於上浮飛散。高级的修煉功法是長久意守丹田，陰竅與湧泉穴之間常聯繫，將氣牢繫在丹田，精、氣才不致於飛散，功力也會隨著歲月而增長。

2）河車搬運：即是氣沿任、督二脉周天運行。李時珍《奇经八脉考》説：任、督二脉，人身之子、午也....人能通此二脉，則百脉皆通。任、督二脉是氣的主幹，是練氣時陽火陰符升降之道，可讓精、炁周身運轉，用氣來灌溉肢體臟腑。任、督二脉主宰人身的健康。任脉《内経》説：一切元氣虛弱的疾病，皆應從任脉始治，因為元陽循行任脉下降丹田與元陰媾合，使身體得以氣化，给予身體動力。督脉《莊子*養生主篇》説：缘督以為經，可以保身，可以全生。督脉循著神經系統的主幹脊椎而上行，两旁布满着各個臟腑的俞穴，除了練功通督脉，也可利用拍打打通背氣，背氣暢通，身體必健康。人身的氣有三大循環圈：一是任、督二脉，二是左右兩脉，三是带脉。此三循環至少各要運轉基數三十六次，才能保持全身氣行通暢。内丹小周天氣運轉分好多種層次；氣可在脊椎内側循行，走脊椎的两旁，也可走脊椎中心，若真正將小周功煉成，達到吕祖說：端得上天梯的功力，修者也要花上數十年的功夫。

　　說到任脉其作用是用來補氣，督脉是用來發氣；排洩濁氣因為需要用力推進，故要走背部的督脉才有足夠的動力，所謂走陽線。行氣督脉大都是由下向上，唯一例外者是腦部排濁是採用[督脉逆行降濁]，氣由頭頂沿督脉下行入地；胸部的排濁法則較為複雜，須先發動丹田之混元氣，向背後的仙骨，行氣上升至夾脊，然後快速的旋轉夾脊，轉向前胸，再往下行經過心窩之狹小管道，經過丹田、陰竅循腿內側陰經下行入地。另一種功法是升左脉，降右脉，打通三焦氣往下排濁。長期意守肚臍及丹田，使胸、腹之間的穴竅氣脉一一打開，將隱藏在氣脉之中的濁氣排除淨盡。然而要打通全身經脉，功法繁複，要經過漫長歲月的修煉，實非件易事。帶脉的功能作用：即是收束諸氣，使體內的氣不致于紊亂，可以控制丹田火氣不使上騰。故修煉時運轉帶脉左轉而後右轉各 36 次，即達至此效果。由於帶脉串連了任、督二脉，運轉帶脉可令全身處於高電壓，高能量場的狀態，有助臟腑運動、排除濁氣。

3）發火燒身：随著年歲增長，细胞逐漸老化，修煉內丹練氣，即是提供细胞能量，就能長期維持细胞的健康及活力充沛，修煉者最好每天煉功一次，以磁場能量滋润全身，令细胞吸收能量，延長细胞的生命力。

4）氣沖病灶：即是治病養生功法，當氣發現身體有阻塞之處時，氣會自然的治療。若以意念運足丹田氣，用意念强改病處，導引髒氣流動外排。以自己氣海中元炁運於全身，這是閉氣攻病的重要訣竅。道家内丹小周天功是入門的基本功法，或说初级修練氣的功法：所謂築基練己，堅持修練氣，目的是成就大周天功，完成‘煉精化炁’；建立其功能都關乎增進健康、延年益壽，是人類急待解決的問題；而後的‘煉炁化神、煉神還虛、返虛合道’，其功法内容皆屬於修神修性和成丹的修煉。

*先天後天二炁

玉皇心印妙經曰：**上藥三品，神與氣、精，固然矣**！人以‘精、氣、神’三者以生此身；亦以‘精、氣、神’而養此身於世間。凡是從胎生者，皆如此；仙與佛同是從人胎中而有此身心者。故亦同修此三者：精、氣、神而成果；學仙學佛者當知。

然其間自有秘密，而當直論者。秘密者：先天後天之說；上古也有未說之秘；中古聖者亦說之未詳，故後世人有遇傳者，有不遇傳者，有知者少，不知者甚多。

唯是‘神與氣’也，祇用先天、忌用後天。先天是‘元神、元炁’是有變化之神通之物也；後天者‘思慮’之神或識神、交感之精，無神通變化之物也。

　　而‘炁’則不無先、後天之二用，以爲長生超劫運之本者。二‘炁’者：先天是‘元炁’，後天是呼吸之氣，亦謂之母氣與子氣也；超劫之本乃‘元炁’不能自超，必用呼吸以成其能。故說有‘元炁’而不得後天呼吸無以採取烹煉；而為本有的呼吸而不得‘元炁’、無以成就長生、轉神入定之功，必兼二炁方是長生超劫運之本也。

　　呂祖曰：得‘先天炁、後天氣’之旨，而成天仙也！然所謂‘先天炁’者，謂先於天而有；乃無形之‘炁’，能生有形之天。是天地之先天也。即是能生有形之我者，生我之先天也。‘天’從‘元炁’所生，‘我’亦從‘元炁’所生。

　　故亦曰先天。修者用此‘先天始炁’，以爲‘金丹’之祖。未漏者，即採之以安神入定，童真之修法。

314

已漏者，採之以補足。如有生之初，完此先天者也。凡在欲界者，精已漏者，遇此‘先天炁’，將動而欲趨欲界、則採取烹煉還補、為‘離、坎’之炁（即是小周天之功法，稱為‘煉精化炁’），而先天依舊完足，即是‘金丹’。服此金丹則超出欲界之上而成神仙天仙矣！

夫用此‘炁’者，由何而知先天之真也？當靜虛至極時。即致虛極、守靜篤。

無一毫念慮，念慮原是妄想心。

亦未涉一念覺知。此在不判不動之時，尚在將判之先者。

此真正先天之真境界也。所謂不思善、不思惡，在恁（那樣）麼時。

如遇混沌初分，即鴻濛一判、或陰、陽分明的時候。

即有真性始覺，真炁始呈，是謂真先天之‘炁’也。先天之‘炁’藏於‘炁穴’，雖有動時，猶是無形依附有形而為用者；始呈現而即始覺；尚未墮於有形體之用。故曰‘炁’之真。若依形體而用，則旁門邪說之所謂氣者。

修者於次下手，須要知採取真時，知配合真法，即以‘以神馭氣’。

所謂‘後天氣’者：後於天而有。言有形以後之物，如風、氣之類。

　　即同我有身以後，有形者也，如呼吸氣之類。

　　當陰陽分，而動靜相乘之時。言陰陽，是言太極一中分陰陽為二，神炁是也。陰陽俱有動靜，故相乘，如二分爲四等。若不信陰陽同有動靜者，如熟睡時，炁固靜、神亦靜。睡醒時，炁亦屬動、神亦屬動。

　　有往來不窮者，為呼吸之氣。何以說呼吸為往來不窮？以呼吸在睡時也有，在夢時也有，在覺時也有，在飲食時未飲時皆有，故曰不窮或無盡，不停也。若‘神、炁’歸於元位，似不見其有、則曰‘元神、元炁’。不與睡中呼吸顯然同相、及其‘神、炁’同動，判然靈覺；有照有應，顯然不無。唯聖真有修者，而後有証。以凡夫之呼吸者、運至真人呼吸處，以凡夫之呼吸窮而死者，修成真人之呼吸窮，而長生不死，以超劫也。

　　有生生不已者，為交感之精，故曰後天。自呼吸之息而論，言凡夫呼吸自然之理。

人之呼出、則氣樞外轉而闢（開），吸入，則氣樞內轉而闔（闔），是氣之常度也！自交感之精而論，由先天之炁動，而為先天無形之精。先天之‘炁、精’俱是無形者；在虛極靜篤時，則曰先天‘元炁’，及鴻濛將判而已有判之機，即名先天‘元精’，其實兩者本一也。

觸色流形，變而爲後天有形之精。若人不遇色慾邪婬，必不成後天有形之精，此乃人生日用而不知者。若行色慾則變成交感精或有形之精。

是精之常理也，皆人道也，若此而已。人道者，言順則為人，時之道也。此篇先言順，而後言逆修；精即自家所有，以修自家，如佛所謂眾生，即佛之意也！

後天而奉天者也。修者於此，須不令先天‘元精’變爲後天；又必令先天之精返還為‘始炁’。逆修即是歸於原根，復還命蒂之所。‘始炁’者即虛之極、靜之篤也。

是以後天氣之呼吸，得真機而致者，故動靜先後之際。即所謂亥之末，子時之初便是。

317

用後天之真呼吸，尋真人呼吸處！李云：只就真人呼吸處，故教妊女往來飛，又即紫陽真人所謂、一孔玄關竅乾坤共合成，又云橐天籥地徐停息者皆是。

一意歸中，即以神馭炁，凝神入‘炁穴’之理。‘炁穴’者在下丹田。

隨後天氣軸而逆轉闔闢；‘元炁’固要逆修，而呼吸之氣要逆轉，不逆轉則是凡夫口鼻咽喉浩浩者何異，所以言真呼吸者以此。當吸機之闔，我則轉而至乾，以升為進也。

當呼機之闢，我則轉而至坤，以降為退也。乾天在上，自下而上，機似於吸入；故曰闔曰升；亦似古之言進升於乾，本為採取之旨。坤地在下，自上而下，機是於呼出；故曰闢曰降，亦似之言退降於坤。本為烹煉之旨。然現在之烹煉，又為未來採取之先機。此道隱齊特言之密旨也。

修煉先天之精；合為一炁，以復先天者也。真陽曰：此段即言小周天所當用之機，火候所不能傳之秘在此。修煉金丹之士，只要闔闢明白透徹，則金液可還而為丹。若闔闢不明，則藥不能生、而亦不能採取烹煉，大藥無成，枉費言修。

　　世人乃不知先天為至清至靜之稱。所以變而為後天有形之呼吸者，此先天也。動而為先天無形之精者，亦此先天也。化而後天有形之精者，亦此先天也。此順行之理也。‘元炁’為生身之本，凡一身之所有者，皆由此‘炁’所化生。

　　至於逆修，不使化為後天有形之精者，固此先天也。不使動為先天無形之精者，定此先天也。不使判為後天有形之呼吸者，伏此先天也。証到先天，始名一炁。是一而二而為三，三而復一。有數種之名。即是道所說：一生二、二生三、三生萬物之說。

　　即有數種之用，故不知先後清濁之辨，不可以採取真炁。真炁者即先天‘元炁’，清者也。後天交感之精，濁者也，則不真。

　　不知真動、真靜之機，亦不可得‘真炁’。虛之極、靜之篤，則曰真靜。未到極篤無知覺時，不為真靜。從無知覺時，而恍惚有妙覺，是為真動。未到無知覺時，而於妄想中強生妄覺，則非真動。動即不真、則無'真炁'者。

不知次第之用，次第者，次藥生之真時，採藥歸鼎封固，進陽火、退陰符。周天畢，有分餘象閏等用。

採取之工，由升降之機得理，則能採取得炁。不然不得真炁，縱用火符，亦似水煮空檔而已。

又何以言伏炁也哉。古人有言藥物者，單以'先天炁'而言者也！有言為火候者，單以後天氣而言者也！不全露之意也。有言藥即是火，火即是藥。雖兼先後二炁而言，蓋言其有同用之機。藥生則火亦生，用藥則亦用火。故曰即是、亦不顯露之意也。後來者何由得悟耶，修道者不可不明二炁之真！

*静坐啟開竅、関、穴之法

內丹修者在静坐時心(意識)念達到的部位、竅、穴，就會產生電流、熱能或能量。道家內丹(Inner Alchemy)，練習或修練腹式呼吸，亦稱'丹田呼吸'，目的在用'心'將空氣中的'

元陽'帶入丹田為身所用；在吸氣時，心就带领'氣'順着任脉急速的前進一直抵達丹田为止。若心(意識)一離開，氣就散失於無形。所以静坐心(意識)、氣(息)不可分離，绵绵不斷，'元陽'在丹田自然累積！因此，練氣的心法要領：息至而心(意識)不守，不開竅、関、穴；心(意識)守，息不至、也打不開竅、関、穴；心(意識)息雙至，但是任其自由出入，也開不了竅、関、穴；唯有心(意識)息雙至而集中，才能打開竅、関、穴。即是説：心(意識)和氣是不能分開的。要知道'氣'是開竅、関、穴的能量或熱能。必定要在心(意識)指定的目標：竅、関、穴，才能將竅、関、穴打開。即是説：意守竅、関、穴要專心恆久。因此，腹式呼吸或丹田呼吸必须長期的練習，確保'元陽'充满於丹田，並且達至'心、息'兩相依的境界。要知道積'氣'生'精'，故久守丹田，經過透射（磨擦燃燒）的作用，令‘元炁’累積足夠後即能啟開竅、関、穴而通气，則可逐漸將氣佈達至五臟、六腑、四肢、百骸，久而久之，進入静定。自古以来，這是道家静坐啟開竅、関、穴之法，使'氣'在丹田運轉；亦是以後大周天功的入門。

道家認為經常動'心'(意識)對健康不利，由於心(意識)動就是在用'火'。心動到哪里，火就燃燒到哪裏，因而傷害五臟、六腑。所以心（意識）還是保持清淨一些為上。要知道‘心’者，是體為不動者；而‘意識’是心之用。兩者本一體，只在用上有分別而已。所以丹道修者最終必須明白轉意識為‘神’，運用‘先天炁’而不用‘後天之氣’；其差別又是那麼微小。先天炁即是（旡火之炁），而後天氣即是具‘火之氣’；因爲後天氣取自穀物、飲食。

*理解"氣、精、炁、神"

　　我们静坐用心（神）注意呼吸之出入，將氣帶入丹田，心和氣皆帶火，而丹田叫’陰海’或氣海，水火相交於丹田磨擦而生’精’，產生熱能和動能；在丹田裏’氣’化成’精’之後，成为我们經脉裏運行的動力，打通經脉用的是精氣，因爲所有的氣脉的入口都在丹田，氣就可通百脈。所謂氣盛通脉，脉通穴開、一竅通而百竅通，一関通而百関通。若丹田精氣的壓力夠强；一旦打通全身的經脉及穴道、全身不留一點髒氣，古人説是’脫胎換骨’，現代人説排清體内的毒素。

　　内丹静坐練氣或作腹式呼吸，又稱‘丹田呼吸’，都是由呼吸着手，即是吸氣吐氣的動作，也是收歛識神的訓練，那'練氣'應該是修練功法的第一步驟；跟着道家內丹首說"煉精化炁"！然而'精'是甚麼？煉'精'又應該怎麼練呢？。故修道者首先必認識'精'是甚麼，才有辦法了解煉化的機制。丹經《素問經》說：夫'精'者：身體之本也。那即是說：'精'者 (essence) 是構成身體的基本元素。故俗語有說：身體好時指'精力充沛'，身體差時指'精疲力盡'。由此，我們可以知道'精'者，可增加也可減少，為一種可以補充也可以消耗的元素。故說：'精'足才有力氣，力氣是由'精'所供應的。

我們飲食吃的東西，動、植物、药材及水產等，皆含有营養素如蛋白質、脂肪、维他命、礦物質等；然而能量是由攝取動、植物的能量而來，就能起得補充身體的元氣和體力、並具補養臟腑和經絡的作用。我們說它是'生物能'。然而人體本身也有生物能，人體的生物在能耗減之後；即可以藉吸收動、植物、礦元素、药材等的生物能来補充增強；令我們的體力和精神恢復。因此說其成份應該是最接近的生物能，也就是我們所說的'营、衛'之氣。

我們食用的動、植物、药材等，經過消化之後，動、植物等的精氣、生物能 (bioenergy），就可以進入我們的經脉中流動，能補充滋養我們的五臟六腑和經络。但是生物能也會流失；例如經長途運輸，經精製、過度的烹調等。故食物越新鮮就越好！可是人随着年纪增長，细胞逐漸的老化，吸收能力也逐漸消減衰退，反而年輕人吸收食物精氣的功能即比較強！可是補充精氣不是單依靠食補、药材物等物，實是依賴自身煉化出來的‘精、氣’。因此，經常鍛鍊’精、氣’来補充精氣，才是维持健康最理想和長壽的方法。

修內丹腹式呼吸或丹田呼吸，是將體外的空氣吸進丹田。因此練功的第一步驟應該是"練氣"，即是吸氣到丹田之後，先把‘氣’煉化為‘精’，精足了再把’精’煉化成’先天炁’；接着將先天炁煉化成’神’；最後將‘神’與‘天’相應，而返回宇宙本體，道家稱它為"還虛"而‘合道’。故修道家內丹的過程是將所吃者、所得的生物能變化成後天的"氣"、再將‘氣’練轉化成~精~先天炁~神"。故正確的道家內丹修練的過程可略改為"煉氣化精，煉精化炁，煉炁化神，煉神還虛，返虛合道"。即是天人合一，亦即是"神、性、道"融合为一。‘虛’者‘道’也亦‘性’也。由此可知內丹修練是因身體耗脫而煉‘氣’，進而’無中生

324

有’煉成‘氣’，最終煉成由‘有’而’還無’的先天鍛鍊。

　　道家内丹修練將’氣’經過呼吸即是加工精煉，在精煉之後；會變成各種不同的成份，並且具有不同的功能。然而“氣、精、炁、神”之間的相互關係又是如何？從’有’的角度來看：即’氣、精’，皆屬命。而’無’者即"炁、神"皆歸性。即是’有爲’及’無為’兩種。故説’氣’是’有’，是物質，是心，是能量、熱能或元陽，是動；而’精’是過度性的能量（生物質），是心、是意、亦似動、似静；’炁’亦是過度性的能量、是意、是磁能、亦似动、似静；然’神’者是能量、是性、是光、是静。通過這個過程，宇宙萬物從而以生，皆因结構缘起變化而賦予的狀態。所謂兩極相交，相蕩旋轉，而產生能量，出現創生萬物的生命力。所以老子説：‘有、無’相生，天下萬物生於有，有生於無。也就是説創生萬物之源是’無’；’無’就是’無極’。哪’有’又是甚麼？‘有’者就是陰陽和合生的物質；凡是物質都是陰陽和合所生成的，是有形之色體。

　　道家丹書曰：‘陽中之陰’曰‘精’；‘陰中之陽’曰‘炁’。兩者相需而物生焉。

325

又曰：‘精’是炁之母，‘神’為炁之子，故‘神’為精、炁所生。故道家養生，使其‘精’充沛、‘氣’足‘神’旺，方能說是煉養鍛鍊之功。所謂‘精’者，身之本；‘氣’者，神之主；‘形’者，神之宅也。故‘神’過度運用則衰、‘精’過於耗則竭、‘氣’太勞則絕。因此，積精、聚精、保精、全精，以返於純乾之體，方是養生之重點。故養生固內可以養形、鍊形可以養內，內外交養，則精、氣、神自足矣！但是必須在修煉的過程中，於色身之中尋找出‘先天真精’於何而生，‘先天真炁’自何而動，‘先天真神’自何處而存，運用它來煉丹則不難矣！雖然煉精者、必煉元精；但後天交感之精亦不可損。煉炁者必煉元炁，而後天呼吸之氣亦不可傷。煉神者必煉元神，而後天思惟之神亦不可減。因爲先天者、道之體也；後天者、道之用也。人未生時則用在體中，人既生後則體藏而用內。若不由‘用’而復體，又將何以為凴藉處？欲完成先天之‘精、炁、神’，則非保後天之‘精、氣、神’不可。其實精、氣、神三者，雖有先天、後天之名，實無先、後之別。只不過‘有欲、無欲’之分而已。故煉精、必成元精；煉炁、必成元炁；煉神、必成元神。然而下手之功，必先凝神調息，默默觀照臍下丹田一寸三

326

分之間，繼而精生藥產，始用河車搬運，將丹田所積之‘精’，運而至於全身，灌溉久之後，精盡成‘炁’充實全身，此‘煉精化炁’之功也。由是而過關服食、溫養大藥，此‘煉炁化神’之事也。自此以後，則為修者面壁之功。‘返虛合道’始由下丹田而‘煉’，繼則中丹田而‘修’，終由上丹田而‘養’。所謂三田返復為一生之修行也！此為修養之路，內丹修者不可不照其理，以爲修養之基耶。魏伯陽祖師曰：‘耳者精竅、目者神竅、口者氣竅’。若耳逐於聲，精便從聲耗而不固；目逐於色，神便從色散而不凝；口多言語，氣便從言走而不聚，安得打成一片以爲丹基？內丹修者，若不於此三關鍵收捨向裏，無有是處。丹書曰：精能生氣，氣能生神，榮衛一身，莫大於此。修內丹者，先寶其精，精滿氣壯，氣壯則神旺，神旺則身健，身健則少病。此精能生氣，氣能生神，二語最精妙。故修煉內丹者，以保精蓄氣為首要。虧者煉以補之，盈者煉以化之。其功未能達至者，戒在於洩，不洩為養生保命之首務，不淪為忍精之謂；忍精是以成病，其旨要在能自然不漏也！

道家內丹修煉以治‘心’為根，修丹以保‘精’為本。金丹秘要曰：腎堂者，元關也。

327

心腎合為一脈，其白如線，其連如環，中廣一寸二分，包一身之精粹，是為九天真一（祖竅異名）虛和之妙氣，至精活命之深根。人唯淡然無慾，精氣散於三焦，榮華百脈。欲事一作，撮三焦精氣，從命門而瀉。即無慾事，而慾想一萌，命門之火動，精氣充溢，不復歸根，不洩猶洩也。故黃庭經云：急守精室，無妄洩，保而守之可長活。需知精充盈，須煉之化炁；神光華、須煉之還虛；虛極靜篤深，須煉之合道。精、氣之洩，不限於房事，凡百營求，凡百思慮，與凡百苦樂事，皆可以散洩精、氣也，修者不可不慎！

　　道家內丹修煉以靜坐為‘煉精、煉氣、煉神’之下手功夫。丹道中萬般的功法，均在以清靜為基礎。唯有清靜方能無念；唯無心無念，湛然常寂，方得成為鍛鍊之爐鼎。丹書曰：吾心一念不生，則虛白自然相生。此時之精為真精，氣為真炁，神為真神。用真精、真炁、真神，渾合為一；煉之成為黍米玄珠，為陽神，而仙道成矣！以神合氣，靜養為功。所謂存心養性是也。以氣合神，操持為要；所謂持其志，毋暴其氣是也！以精合神，清虛為本。謂之養心莫善於寡欲是也。雖然精、氣、神三者，分之則三，合之則一也。‘神、氣’

聽命於‘精’者也，人能完（不消耗）其精而神自旺，全其精而氣自舒；之後，加以調濟之功，烹煉之法，返還之道，無患靈胎之難結，大丹豈不成耶！

道家內丹修煉‘精、氣、神’，務在保而實之，充而全之，煉而化之，化而用之而已。故修時要保精、保神，使其勿漏而勿虧。次者在補精、補氣、補神，使其充盈而周全。最後方是煉精、煉氣、煉神，使其生化而還真。所以養其‘精、氣、神’以爲全形之本，煉其‘精、氣、神’以爲生化之用，新陳代謝不已，則自生生不息，而性命常存矣！

道家煉精、煉氣、煉神之道，以煉先天之‘精、炁、神’為上乘，即所謂‘元精、元炁、元神’是也。若是煉後天之‘精、氣、神’，則為下品。即所謂‘凡精、凡氣、凡神’之謂也。此為渣滓 zi，可養年益壽，而不能成丹入仙。唯修煉先天之‘精、炁、神’，即使人無從捉摸無從下手概，故養生修性皆從後天開始，俾漸臻 zhen 於先天之境。需知‘精、炁、神’三者，若為先天之物，即三者為‘陽’；精為陽精、炁為陽炁、神為陽神。若為後天之物，即三者皆為‘陰’。若在‘陰精、陰氣、陰神’上用工夫，何能入道登真呢？修真之道，以純陽為真。煉丹之道，皆在煉盡後天之群陰，以返先天之純陽為本。昔悟元子有言曰：大道修行者，煉先天之元精，而交感之精自然不洩漏；煉先天之元炁，而呼吸之氣自然調和；煉先天之元神，而思惟之神自然定靜。故先天成，後天化，學者努力修持，方能有應驗，否則後天且不保，枉說先天乎？煉後天，是從‘有’入‘無’法，從‘有作’而入‘無爲’道。煉先天，是從‘無’生‘有’道，從‘無爲’而兼‘有作’法，此乃返還之秘要也！

修練內丹的程序是：‘煉氣化精，煉精化炁，煉炁化神，煉神還虛，返虛合道’；即是由‘有’到‘無’，從物質轉回到能量，回到’道’的本體。由於修道的最終目的是‘煉神還虛，返虛合道’，故‘還’是’歸’的意思！

煉氣目的在調和真息。老子云：玄牝之門，是謂天地根，綿綿若存，用之不勤。今人指口鼻為玄牝之門，非也！玄牝者，天地闔闢之機也。易繫辭云：闔戶謂之坤，闢戶謂之乾；一闔一闢之謂變（轉變）。一闔一闢，即一動一靜。老子所謂用之不勤之義也。丹書云：呼則接天根，吸則接地根。予謂呼則接天

330

根，吸則接地根；即闢戶之謂坤，闔戶之謂乾也。即一闢一闔之謂變，亦用之不勤之義也。指口鼻為玄牝，不亦謬乎？此所謂呼吸者，真息往來無窮是也。

2. 煉氣或炁

　　道家內丹之‘煉精、煉炁、煉神’三部功法，以‘煉氣’為基，煉‘炁’為體，而以煉‘神’為用。然而三者又以‘炁或氣’為中心，煉‘氣或炁’的功夫，亦可說是煉‘炁或氣’脈的功夫；然煉‘氣或炁’脈，目的是在使氣脈通暢、氣血和融，以神氣相合，精炁相鎔之資，而促進新陳代謝的功效。唯有丹道的‘氣功’，尤為精深而繁密，方法尤多而且精細。然而就煉丹的工夫之‘煉氣’而言，則非一般之氣功可比擬！

　　一般的氣功，多以煉後天之氣、煉呼吸之氣為宗旨。但是道家內丹煉‘氣或炁’，雖然亦煉後天呼吸之‘氣’，而實是煉先天之‘炁’；即所謂的‘真炁’或‘元炁’為唯一的條件。若只從‘凡氣’下手，只能達到‘卻病延年、強身益壽’之功效而已；絕對無法達到‘結胎成丹、出神入化’的境界。道家內丹所謂的‘真炁’、乃先天一炁，乃是從‘虛

331

無'中來，亦謂之'真一之炁'。真炁產於'真元'之基，即是一念不起時的一種微妙之真機所發動；此即是'真炁'生之時爾。惟有煉先天炁，仍需煉及貫通後天之氣。丹經曰：一氣貫串。故'煉炁化神'之功法，雖說是煉先天真炁為宗旨，但仍不能離開煉後天氣以為用。一般氣功之煉法，中下乘之煉法皆不能離開後天功法，以其有形，故易以為用也。

'煉精'可以補氣，'煉氣'可以補神。其反亦而，即'煉神'可以補氣，'煉氣'亦可以補精。而'化'者，使其互為用或輔助也。'補'者，使其互為體也。'化、補'之功，總在使已破之體，返還於純陽真炁之身。丹經所謂'返老還童'之功，亦稱為'栽接'之法也。栽接法又有'彼家栽接法'與'清淨栽接法'之分！只在'添油、接命'而已。然而'補精、補氣、補神'全在添油的功夫，並非僅補精一著而已。然採精、採氣、採神全為'接命'的功夫，實非全在採精一功而已。需知人若無炁即衰弱，則陽必萎厥，所以必要補之。元炁充沛，則元陽自充足，而元神亦旺盛；相反，元神充足亦然。此則'採補還元'之功也。最重要者，唯在煉氣一門，以其可'一貫三'也。

332

道家內丹言及真陽炁動之時，與真炁發動之機；修者必須知，在心未煉盡（靜篤），神未寂定時，在此種境界，絕難產生。這種境界全係在內景，驗正在於火生，暖氣薰蒸，恍惚有覺無覺時，而又無覺有覺為兆也。然此暖氣，非在外身未熱與毛竅全開，或出汗酥暢的意思。‘煉炁化神’即以此炁為至重要；於此，又必有一‘氤氳’境界為驗（經驗），否則不能‘化’也。在氤氳之境界中，玄關自現，而‘化’景亦生。氤氳之象，即是‘精、炁’合一，‘神、炁’交合時之景，非過來人不能知也，亦難以體會，此亦惟有在真靜中得之。故天玄子曰：萬步功法，只在‘靜定’二字。所謂‘凝神靜定’，念中無念，功夫純粹，打成一片，終日默默，則神歸炁復，自然見玄關一竅，其大無外，其小無內，則是採取先天一炁，以爲金丹之母，勤而行之，是真道路也！

　　在修煉內丹的過程中，‘煉精化炁’，確有化‘炁’之景象；‘煉炁化神’，亦有化‘神’之景象；‘煉神還虛’，亦也有‘還虛’之景象。這些景象之至要在‘神、炁’妙合於虛空，水火兩互濟，各有消息可知。其玄密之機，非聖人不傳，全在自修自證，自肯自會。不親自去體驗，焉知冷暖為何？畢竟是隔一層也。並非不與通也、通亦無益！

　　道家丹書曰：天地生化之機，在於一氣之流行；生命生化之機，亦在於一氣流行。氣虧則萎，氣衰則弱，氣滯則病，氣竭則死；養炁之要，首貴養其先天真一之炁，而不貴後天呼吸之氣。次者貴養其純陽之氣，而不貴陰柔之氣；次者貴其中正之氣，而不貴暴戾之氣；貴養其謙沖之氣，而不貴驕矜之氣。故氣之流行，須求其和暢；氣之本體，須求其充盈。充盈則浩然磅礴，和暢則周流通達。久之，自可使吾身之氣，上合天地之氣，而與天地同流矣！

　　道門養氣之要，尤以‘不動氣’為首務，惟後世學道之人，以‘不動氣’為修身之本；不然‘喜、怒、哀、樂、愛、惡、欲’七情一動，氣亦隨之而動矣！天下事，談於‘動氣’者，不知何其多！世間人喪於‘動氣’者，亦不知凡幾！如能善得一團中正祥和之氣，蘊於內而不暴於外，則有多少人呢！需知，心可以動氣，氣亦可以動心。故養心可以養氣，而養氣亦可以養心也。若要心不動，唯在‘虛’一字上下工夫。祖師張三丰曰：虛心陽炁，虛炁養神。炁慧神清，廣覓藥材。又曰：神為收炁之主宰，收得一分炁，便得一分寶；收得十分

334

炁，便得十分寶；炁之貴重，世上凡金凡寶，雖百両不換一分。言說收炁者，在收聚天地之炁，以養自然之炁，而以爲長生藥材之基。故涵養與道德、與養生練命上，無不着重養氣功夫也。所謂養氣之道，培養其基本也，如只重煉氣功夫，其所積之氣不厚，則其煉炁化神之功、自然亦有限矣！'煉氣'乃為充實其雄厚資本之法也！

*何者'炁穴'

內丹凝神入'炁穴'，炁穴者即玄關一竅。此竅在心之下，腎之上，正中虛空之稍下處，前對臍輪後對命門，即吾人各之太極也，為吾人胎元受氣之初，所結而成之"縷"；禀父母精氣而成者。乃生身立命之根蒂。本'先天一炁'凝而為性，脫胎之後藏扲臍，即下丹田，稱'炁穴'。後天一氣结而為命，性命之源，生死之蒂，人之壽夭，皆禀於斯。仙聖之種，亦含於斯。知此竅而攝心修煉調養，則命在不在天，昧此竅而任心所為，則命由於天。心注定於玄關一竅，心息相依，吸氣入之，進則绵绵，出則微微，不疾不急，出息未已，即以入息繼之。修者若心不守此竅，即使息雖入，而神不專注，則其竅不開，必念念不離而

335

後可。如果息不入竅，即使是心守而氣不貫徹，其関亦不開也，故守中者，必息息歸根方能成就。然而縱使心息俱到，而任其出入而神不注，則氣不聚，而其竅亦不開也。修練者守中必以神定氣盈，充満丹田，炁穴必開，精必至也。人身真炁，原始於腹中，漸而開竅，逐漸而四肢百骸，亦復如是。丹田氣穴能積氣便能生精，不须片時，而真氣周流，真精自生。所謂九還成大药，片刻顯神功。此竅一開，百竅俱開，有病即於病後微帶熱痛，三四日或七八日，其痛即止，病亦祛除。修者若無病即補助，以至交姤還丹，得胎脫胎，超脫神化；皆是時候至而開妙竅，不假人力造作而成者。當真精生時，只要氣足神旺，很快即達至四肢百骸，皮膚狀有如蟲行，如是緊緊用功，時刻不放；任、督二脉，交於唇间，坎離乾坤，小周大周，三車三田，頭面湧泉，無處不到。修者如是刻刻不放，功效無窮，各各不同，结胎脫胎，日合月合，出神入化，盡自此炁穴而终得妙悟，皆是自然而然，而莫知其所然也！

修練内丹為甚麼要‘凝神入炁穴’呢？除了收欇散亂之神外，尤為重要者是，通過凝神守一法，打開‘炁穴’與‘玄関’之間的聯系，使之彼此真氣相通，是將祖竅中凝聚那點陽神，下藏於炁穴之内，進一步為修成丹道立下基礎。具體之修法：静坐時心止於此‘炁穴’，凝神内視。即是將凝之神，盡歸此穴，真氣自然内運，暖熱陽生。人自脱胎之後，此穴中的真氣，不能與玄関相通。水火不濟，任、督塞閉，有死之機也。得傳修法，凝神存想玄関竅，久而静定，則呼吸之氣，深入‘炁穴’。静定之時，則炁穴的‘元炁’，在吸氣時往後上升至玄関穴(人之背脊二十四節，上冲泥丸)，呼氣時由玄関竅(由任脉)再下炁穴，子母相會。一升一降，水火既濟，漸漸凝住，丹基堅固。此時如果不進一步調定真息，則怕火冷丹遲，靈藥不生。這是説，調息之時，既要讓心神随着息互相往來，又要自然而不着意。唯有這樣，才能使爐火纯青而出真金(精)。所以調息関鍵在於"绵绵"，時刻不能間斷。若調息一時，止息一時，焉能功成丹成呢？真息升降，合乎任、督二脉升降往來的周天之法。呼接天根玄関，吸接地根氣穴。所謂：内交真炁存呼吸，自然造化返童颜。

3. 煉精化炁

    道家内丹‘煉精化炁’，古時亦稱‘初関’或‘百日関’，即是煉‘精’轉化為‘炁’。所謂‘煉精’則是煉‘元精’，即是先天之'精'；亦是修煉體內的'元精'，令其轉化為'元炁'或'真炁'，將產生的'元炁'，所謂後天氣隱則先天之'炁'見，即是陽生焉，陽生者先天之炁，自'炁穴'流出，則出自於腎中；通過周天，使其運行在任、督二脈，藏於丹田，完成'神、炁合一'的境界。古亦稱'煉形化炁'，即是怡神守形、養形煉精，積精化炁、煉炁合神、煉神還虛，金丹大道乃成。這個修煉過程分為四個階段：

其一，'採葯'；即是靜坐或臥時，'元炁'發生（外葯，所謂外葯者：其實即是'元精'，精順生人，精逆囘是'元炁'能生丹），便及時採，使其升華；即是調節陰精與陽精，使'精'化'炁'，採外葯目的是還精補腦，漸復本來面目。所說的'元炁'即是'真陽'之炁，也則是腎水，為先天之物。

其二，'封固'；即是將及時採的外葯送入丹田，將其封存而不致於洩漏，進而以'凝神'將炁使聚斂細微的'元神'收於丹田。

其三，‘烹煉’；即是河車運轉，周天360 周完成；則是‘心腎交媾’，令‘神、炁’凝結。

其四，‘止火’；在完成 360 周天後，有陽光三現之信號，便是炁凝丹結的時候，言內葯已成，便須止火（心腎交媾自然會停下來）。這亦稱小周天功夫。此步功法主要針對中老年人而說，即是補足後天虧損之精、炁，達到返老還童、恢復青春的目的。

修練內丹進行呼吸法使外氣進入丹田，以丹田呼吸或腹式呼吸而守中（下丹田），即是使‘精’精微凝成‘炁’，為了不洩漏精氣！必须修煉傳統道書說：吸、舐、撮、閉，這四項修法。

1. 吸者，則以鼻吸外氣，稍為用武呼吸，但是同時用意念观氣，將氣吸入至丹田，即是使氣随神至丹田。呼氣時缓慢，不用意識自然進行。如是使'氣'在丹田翻滾磨察，使‘元炁’產生。在呼吸時，吸氣意識集中在氣，使氣由督脉上，呼氣使氣由任脉下，回至丹田。重復練至到一陽動或丹田氣动。修練內丹始説初步成功。

2. 舐 shi 者，即是把舌尖抵住上口腔，使任、督二脉銜接起来。把陽氣轉變為津液流出，由於腮腺激素受刺激之緣故.

3. 撮（cuo）者；是用意識將肛門和直腸緊縮，亦可同時收縮腹部，具有將洩漏出的精液引回來。這地方之肌肉若鬆弛的話，即使氣逐漸洩漏出去。撮的訓練，是使氣不易外洩，促使體力精力都顯著的增加。

4. 閉者，即是閉上眼睛，不看任何東西，耳不聽任何聲音，用鼻子呼吸，不開口，關閉肛門、性器官及其他穴位，以防止氣外洩。

所說閉之修法，除了眼睛之外，其他部位的器官都不容易完全緊閉，就要加入意念来摒棄外來的干擾。

在不洩精的情況下，將意識或神置扵丹田。進行時稍用武的呼吸，下腹就會出現漸漸發热的情况。若神繼續集中在丹田，則热的范圍會逐漸縮小，進而引起腹部振動，並產生一股力量，即所謂一陽動或丹田氣動，喻神、氣相依，元炁初動。《樂育堂語錄•卷一》：如在打坐，略用一點神光下照丹田炁穴之中，使

340

神、氣兩相依，乃是一陽初動之始，切勿以猛火烹急練，以微外呼吸攝之足矣。這是‘精’變‘炁’的階段。在這種精變為陽炁的過程中，能源（精、氣）的本質並無差異。這個情況，修者試想’水變氣體’的道理是很相似。所以只要神散或意識鬆懈，陽炁立刻返回精，並極快的速度刺激生殖器官，感覺十分強烈，氣一鬆弛，精則在瞬間向外洩出。

内丹之修練為了防止精的外洩，就必須進行’吸、舐、撮、閉’及收心的訓練。然而內丹修者，只要把陽炁維持在原來的狀態下，陽炁便會往上向兩側活躍地流動。在修練時常利用’閉、撮’二法，把穴竅完全關閉。陽炁即流经會陰直至尾閭，直上督脉。在陽炁流動時，身體會有一股氣流過的感覺。若是無感覺，可能是因為陽炁力量太弱之故。就必須加強武火的練習。在陽炁流過尾閭時，會產生熱的現象，只要將神置於尾閭處。就可採用’吸’锻鍊，在不斷重復之下，陽炁之勢必會增強，尾閭穴振動，在瞬間，熱能便會上升到夾脊或玉枕穴。這表示熱能通暢之意。若體内陽炁充沛，則會上升到百會穴或泥丸穴。把陽炁置於百會穴正下的泥丸竅内，暫行溫養。溫養意指把氣集中在此處。以文息進行；但須微地集中意識。若

341

無意識或神住，温養的陽炁會由熱變冷！接着將陽炁降下至祖竅，所謂神行則氣行，經眉間之印堂，下重樓至膻中。此時是以武呼，舌尖抵住上口腔，將任、督二脉銜接，以免陽炁誤入岐途。在行"舐"時，下降的陽炁變成津液，因腮腺受刺激之緣故。當陽炁經過膻中穴時，胸部會感覺到一陣陣的壓力與熱感。只要在呼氣時，集中意識或神住，若是不集中，也因此一受振動，陽炁便喪失！在陽炁經過膻中以後，就往下直達丹田。丹田若不熱，陽炁便會消散。因此，此時要停止武息，而改用文息作温養。

　　這則完成道家说的"小周天"或説河車運轉。然而陽炁由下丹田直上泥丸穴的步驟、稱為"進陽火"；由泥丸穴或百会穴不降抵達下丹田，稱"退陰符"．小周天功乃是道家內丹修煉的基礎。欲進一步修其他程序，修者必須確實做到小周天這一步，並且精於此法的修煉才行，不然無法起步其他功法的修練。

　　道家內丹小周天功，修者完成'一陽動'之後，以其為輔助修練'心腎交媾'，亦稱'坎離交媾'或'水火既濟'。即是說使腎氣上升、心氣下降，於下丹田中交媾，進而使腎氣中的真一之水運載心氣中的正陽之氣。二者合而胞胎結，初時其形狀就如黍米一樣，溫養百日，以子午周天火候功夫，便會陰盡陽純，撫養壯大而成金丹，之後便可煉金丹成'神'。

4. 煉炁化神

　　道家內丹之'煉炁化神'，又稱中関。這個階段修煉的目的，就是'神、炁'合練，歸於純陽之'神'或'元神'；也就是結聖胎的階段。修者在打通任、督二脈之後，在繼續修煉，使全身的関竅進一步打開、經絡暢通，將人體之炁與天地之炁進一步相合，並配合自己的元神進行練養，使'神、炁'搏結，結成聖胎於下丹田間，凝集以養大丹。就是說以'神'抑制心中真火，使真火抑制腎中真水，使水火交媾於丹田中；得到了真火、真水就會凝結。煉炁的要領在於運動、闔闢、往來、升降，呼吸片刻也不能停，開始可以意領氣，後來就要自然而然；即是從'有為'向'無為'的過渡。待得'神、炁'歸一，聖胎產生的時候；功夫修至此，'陽神'就會出現。此時性命合一，處在混沌的狀態，有如胞胎中的嬰兒一樣。說白了'煉炁化神'也只是進一步將'神、炁'凝結；由'有為'過渡到'無為'，

寂空觀照，做到一切歸乎於自然，從而進入
‘煉神返虛’的階段！即是說：‘煉精化炁’
之後，以靜坐為主修，使靜極生動；即是陰中
之陽也。然動以涵靜，即陽中之陰也；心中的
元炁，和腎中的元精，就會運行；腎氣上升、
心液下降，本乎自然，名曰以汞迎鉛，又曰坎
離交，又曰內外陰陽消息也。修者至此，急起
大河車，運上泥丸穴；即有妙象生，有美液墮
顎中，大如雀卵葡萄，非麝非蜜，異樣甘甜，
此乃‘九還金液大丹’也。就是說：運煉元精
與元炁，內丹修煉稱之爲汞迎鉛入，實際上是
腎中元精上升，心中元炁下降；二者和合凝
積。元精上升、元炁下降，亦稱為‘情來歸
性’。元精與元炁結合後，就可以煉‘七返九
還’的功夫。所謂‘七返九還丹’就是將元精
與元炁凝合成‘內丹’。修者以靜坐為主，用
大河車功夫，將金丹運移上泥丸宮，再以‘九
還金液’大丹的功夫，將‘內丹’練成聖胎。

　　所謂‘七返九還’，亦稱‘七返九轉’。
道家內丹的修煉認爲：天地有五行，人體有五
臟；如此相配。水為腎，火為心，木為肝，金
為肺，土為脾。與五行生成之數相配；即天一
生水，地二生火，天三生木，地四生金，天五
生土；地六成水，天七成火，地八成木，天九

344

成金，地十成土。即腎得一與六，心得二與七，肝得三與八，肺得四與九，脾得五與十。此中七與九是兩個成數，也是兩個陽數，代表人身之陽炁。道家內丹修者，採練者就是這個陽炁，以此點化全身的陰氣，成就純陽之體。心七為心為火，心火下降，七返於中元而入下丹田，結成大丹，稱為'七返還丹'。肺九為金，金生水，水為元精，精由炁化，故九為元陽之炁，運此陽炁遍佈全身，使陰消陽長，稱'九轉還丹'。二者相合，稱'七返九還'！

道家內丹煉炁化神，就是腎水上升，心火下降，這過程的修練完成之後，人的'元神'就會控制人的'本性'，元精就會化爲'元炁'；元精與元炁進而凝合於下丹田，身心寂然不動，自然'炁'化為'神'。其中關鍵在於運動，元炁開合、升降、往來一刻不停，自然而然！

然丹道北派曰三田返復'金液還丹'；'還丹'有小還丹、大還丹和金液還丹。小還丹者：腎氣傳肝氣；肝氣傳脾氣；脾氣傳肺氣；肺氣傳心氣；心氣傳脾氣；脾氣傳腎氣，是為五行循環。上田入中田，中田入下田，三田返覆，曰大還丹。金液還丹者：升腰舉身，正坐閉雙目，兩耳勿透出外馳，舌柱上顎，自有清涼香美，津液下漱而咽。

　　道家修練內丹，下丹田是煉精化炁之所，中丹田為煉炁化神之處，上丹田為煉神飛升之地。靈胎現形時，當用遷行中宮之法，即是念住、息住。所謂胎息住，是由下丹田胎炁以兩眼交拼合一內照，自然胎息一點一點上升、移入中宮，此為神入炁中。等到升入宮中，然後炁包乎神，是絳宮中的炁，包乎胎神。有如在母胎一般，即說明息住；中宮真炁包住，名曰道胎。道胎一結，胎炁自然發於眼前，這是真慧光發現。將道胎養於中宮，道胎養足；炁發於眼前，純陽之神能生慧，有漏盡通、天眼通、天耳通、宿命通、他心通、神足通等應驗。漏盡通在‘煉精’時已完成，至此才有後五通。至此時，神與神交合能生神，此神是‘性’之真神，與命之真神二光合一，如成這個，能化有形之‘我’，散則為氣，聚則成形，得此靈胎；雖然能夠保全性命，若欲將其煉成天仙，還需要修練超凡入聖的功夫，凝神靜坐，虛以待之。

　　所謂五行之炁：為‘心、肝、脾、肺、腎’之炁，氣在‘炁穴’中流通於五臟之間；

於肺則為‘金炁’，於心則為‘火炁’，於肝則為‘木炁’，於脾則為‘土炁’，於腎則‘水炁’，為五行之炁。以身心言之，身心立而精、炁流行，五臟生而五行具矣！天一生水，精藏於腎也；地二生火，神藏於心也；天三生木，魂藏於肝也；地四生金，魄藏於肺也；天五生土，意藏於脾也。五行運動而四端發矣，明達是理者則能隨時變易以從道也。

九轉還丹：指修煉內丹所須旋轉的次數。這裏的‘九’是個虛數，非是指九次，而是指‘陽’之極，代表人身的‘陽炁’；即是以‘炁’驅逐人體的‘陰氣’，練就純陽之體。這是用‘周易’的乾卦來作比喻的，乾卦皆為陽爻之象。乾為金，九為金之成數，所以稱‘九轉’，才能練成大丹。修內丹者通過修練，將此‘陽炁’練回歸身，擁有乾健之軀，故稱‘九轉還丹’。

修內丹者練成小周天產生"小药"。 修煉內丹成功打通任、督二脉，除了不斷使’陽炁’在二脉中運轉之外，也必須常將’陽炁’停留在丹田，泥丸穴、夾脊、膻中等處；特別是丹田和泥丸兩處。首先把’精’集中在丹田，以鼻呼吸及腹息呼吸或丹田呼吸的活動，使聚集的

'精'轉變成'陽炁'，將累積的陽炁生成力量，經過任、督二脉循行；接着在丹田、夾脊、泥丸、膻中等處，讓陽炁停住，并輕微地加入意識作溫養。在這個過程中，為甚麼要使陽炁在這些地方流動及停留溫養呢？此乃因爲在母胎內此為先天炁流動之範圍，在此不斷使後天氣流動，則可引發先天之炁。在生理學的觀點，這地方乃是胎兒基本胚胎附著的最後場所。所以氣容易通過。使氣通過，將意識集中於此，便能將氣控制住，使氣通行於任、督二脉。

在修練時，在丹田、泥丸、夾脊、膻中等處，特別是在丹田和泥丸兩處，長久停止'陽炁'，同時輕微地集中意識，稱為"陰陽"和合，下腹不久可見光，此正為内分泌系和自律神经系覺醒的狀態。不久，進入呼吸停止的狀態，稱為真息，即是進入胎息的狀態。修者繼續在所見之光包圍全身之下，於第二道光出現之後，在下腹部便會引起氣的迴旋運轉，並以快速的速度旋轉，最後變成小而硬的物體，此為"小药"，是'陽炁'受集中的意識和内分泌系的作用，完成物質化的结果。'小药'以極快的速度推進尾骶骨，通過督脉上達泥丸，此時'陽炁"如水流般，而凝结的物質有如真珠般滾動，從泥丸經任脉下行，回到下丹田。

348

修內丹者必須知道，'穴道'乃是內分泌神經系的集中地，'氣'受到作用之後，便具有更高度的功能；不久之後出現光，便能把'氣'完全控制住。無可否認，內丹的修法，不僅僅是控制內分泌系，還要更進一步把"氣"作為根本引發出原始之'炁'，使其還流於"神"，製造新的肉體。而'氣'是可以感覺的能量；這是不爭之事實。我們要緩慢衰老，主要是指內分泌系的功能活潑性化良好，也就是使新陳代謝系統良好。

掌管身體自律"時鐘"的功能，是指：自律神經系器官和內分泌系兩個系統，內分泌由自律神經系統所支配，而內分泌系所分泌的荷爾蒙，則向自律神經系發生作用。兩者都受間腦視床下部的命令！'氣'乃是整個生命活動的功能；而經絡把身體如網膜般覆蓋著，甚至覆蓋經過皮膚、肌肉及內臟之氣的通路；經穴大多分佈在肌肉與肌肉之間；或者是在神經和血管流經的肌肉上。經穴的結合組織最為完善，並且具有良好的感應能力。

由於'小藥'物質化的狀態弱，一旦從人體出來之後，會立刻變回'能'的狀態。如何去理解'精、氣'的狀態呢？只要細細體會

‘水與氣’的分別。‘精’化為‘氣或炁’，若是不穩定，很快就會變回‘精’的狀態！而‘小藥’即是生命的根源，‘小藥’發生之後，若繼續進行三百周天，將會產生‘大藥’；其發生的狀態類似‘小藥’。《大成捷徑》曰：大藥發生了之後，性欲就開始發動，大藥就變成精不足的現象。這是發生小藥的時機；即是說，不完全的大藥，則是所謂的小藥。在大藥發生之前，會出現三次光，這光是預測大藥發生的依據。光第一次出現時，性器官收縮；光於虛空中出現。最初在丹田，瞬間便上到眼睛處。但是《性命法訣明指》曰：小藥是大藥的輔助品，即是輔助大藥發生作用。光現也就是大藥發生的時機成熟；會使丹田烈火般的炙熱，肌肉會發生輕微的痙攣之狀態。不久之後，在靜坐中，自丹田會湧現光，上升到眼前，照亮空室內，即使是張開眼睛，光也不會消失，繼續亮著，這是光之二現。自光現後，靜坐進入忘我之境，不加意識，即光會三現。在此時進入真息，即是胎息靜坐的境界。修者在靜坐不能達到無我的境界，即無法進入胎息。修道為了使真氣不洩漏，必須暫時緊閉六根。在繼續靜坐時，六根與丹田會產生振動，亦會有微痛感，在丹田處會感覺有某些東西出現，在肚臍周圍旋轉。此物以非常強烈之勢四向突進。修者此時必須用‘撮’和‘閉’之法，將肛門及其他的穴位全部關閉，以防物飛出而‘氣化’。之後，將大藥置止於丹田；用意把它或用神行即氣行導至尾閭，循督脈抵達泥丸穴；並在泥丸穴作溫養，即唾液不斷湧出，再將唾液咽下。之後，大藥自會遂着任脈而下至下丹田。當經過鼻孔時，意識或神不可鬆弛，以免大藥飛出而氣化；經口時慢慢的將它吞下、置於丹田、黃庭。此為之‘服藥’。至此已至培養‘陽神’的時候，亦即是養胎或陽神；培育‘陽神’之處是在中丹田，所謂的養胎十月。

言至養胎，《伍柳仙宗全集》有如下的載述：－

形成真息或‘胎息’之後，便可得大藥。在大藥形成前後，必須進入靜定無我的觀想狀態。若是無法進入真息的狀態，則胎息不可得。是否真為胎息，端視此狀態而定。胎息不是一次就可以完成的，必須循序漸進。開始時，必須做到不用口和鼻呼吸。

在第三個月，二氣，即性氣與命氣，自然就會在肚臍附近流動；

351

到了第四至五個月，二氣便逐漸穩定下來，進入完全沒有食慾的階段；

第六至七個月時，心會閃閃發光，即使處於睡眠的狀態，意識也非常清醒；

到了第八至九個月時，身體百脈呈現完全靜止之狀態，僅流動於經絡與臟腑之間；

在第十個月時，進入完全胎息，唯有先天之炁，因爲不識神或無意識之功。能而流動者，此時‘精、氣、神’三者完全歸一於‘神’；並且具備六神通，達至‘煉炁化神’的境界。

由此而知，大藥是由‘先天炁’所形成的。大藥發生了之後，便循行於任、督二脈，最後在中丹田作溫養。修者必須花約一個星期，不分日夜地進行修煉；但不會影響身體的健康，由於此時呼吸幾乎停止；在胎息中，內臟也停止活動，不會耗脫熱能。不過身體有如在混沌之中；有感與天地融合爲一的感覺。但是處在這種狀態中，獨自一個人續修一周是很難辦到的。故必須有伴侶的照顧，以免發生遇外。所謂‘法、侶、財、地’皆具備，方能安心修煉。

在大藥產生了之後，在連續的 7 天之內進行靜坐入定，在定中，下半身會有熱氣湧現，即應用意識或神將它引至尾閭，經督脈達至泥丸穴，唾液會不斷的湧出，必須將它咽下。若腦中似有物的感覺，也要將它引至口中，其味芳香。之後，用意識或神將它逐漸引至喉嚨處，並將它吞下，使它停留在中丹田處，與大藥混合後，再作觀想而進入靜定中。

道家之煉精、煉氣，乃是長生之事，亦稱之為‘命功’。道家云煉神還虛，乃登真成聖之事，亦可稱為‘神功’。但是須要統一貫串，方可得最高明、最上乘與最後一步的成就。然而煉精、煉氣之說，南北兩派各有其不一之說法。南派之用鼎，須借重彼家；北派則係以自身之丹田為鼎。南派認為藥物須向彼家採取；北派則認為、藥物自身中本具備。在修煉靜坐時，達到‘陽生’時，即一陽初動，或說丹田氣動，即是‘神、氣’合一也；即是藥生時，便可採取而鍛鍊；亦即是‘精生’時。在精生而煉精，即可以收煉精以補‘精’之效益！之後，再運用火候烹煉，即可收得‘煉精化炁’，煉精補‘氣’之效。再次運用周天搬運之功，即可以收得‘還精補腦’之效果。雖然為一件極易之事，然則亦非一件尋常之事宜；特別是首次過任、督二脈，復次通衝脈、及奇經八脈與十二經脈；以期‘氣’循行於體內無間順暢。不然，亦難望內丹修煉有所成就。丹道書中常說，鉛汞藥物，而鉛喻為‘氣’；而汞則喻為‘神’，藥物則喻為‘精’也。金丹大道之命功，全著重在以此‘精、氣、神’為入手之不二法門。

修丹煉精的工夫，主要是‘煉精化炁’，元精發動時；若順其自然，則變成有形有實之濁精；故必須煉之使其‘化炁’而上升，則可使精不洩不漏。中老年人，因已破身，精敗氣衰，即必須自內丹小周天功做起。目的是‘生精、補陽’，行火補氣。而下手之工即在‘凝神寂照’，只要一凝神一寂一照，真陽自然產，真炁自歸，真神自見。功夫在於使‘神’不散亂，神不外馳，神能內守，神自能集一。衡嶽山人曰：真神原自無中見，不到虛極不見真。故翠虛吟曰：昔日師傳口訣，要在‘凝神入炁穴’。

惟凝神之法，首先須平心靜氣澄神；其次，須要能定真息方可。息不能定、心不能定，炁不能定、神亦不能定，則何能有真種子呢？所謂專氣，即凝神是也。即說‘神凝則氣凝’，亦說能止虛無，即可得真靜定也。所以凝神虛無炁穴，自然神炁相抱，神炁相結，而靈胎自成矣！然而凝神入炁穴之訣，有降心火，昇腎水，收心腎相交，水火既濟之效。腎屬水，心屬火，火入水中，則水火既濟；自相交媾。故說內煉之法，至簡至易，唯降心火於丹田之中耳。故凝神寂照，不但藥產之前必須用此功，採藥封爐以後，以及溫養、乳哺之工，亦全須凝神內照、寂然默守。待‘陽生’起火，藥產而採藥歸爐（丹田）而薰蒸、烹煉，直至還虛，方可止火，其中每步有每步的工夫。故說：機未發以神照而內守，當用文火以薰以蒸。

‘水火既濟、陰陽調和’。道家修煉，若要達到有成果的境界，必定要做到‘水火既濟、陰陽調合’。修道有成，臉上顯‘道光’、是一種特質，道家稱為‘紫氣’。老子道德經曰“沖氣以為和”，沖和二字、即是‘陰陽合一’。真正修道者，靜坐有成、身上散發的‘氣’，臉上顯露的‘光’，是一種罡氣。此氣並非一定是紅光滿面。常人亦稱‘威儀’。修靜坐者，若任、督未通，‘真氣’凝聚於印堂眉心額頭之上，修者幾乎無法入睡、虛火上升，實是痛苦萬分，根本不能作一點思惟，否則氣集在眉心，就會痛得更厲害。遇到‘真氣’集於眉心，實是束手無策，再加上虛火上升，真是苦不堪言。通了任、督者，‘真氣’是不會集於眉心的。一般靜坐法都教你專心一致、集中心志於眉心，沒事時就意守竅於眉心，或者就是斷念、排除七情六慾，甚麼也不想。這種是靜坐錯誤的方法！哪如何解決‘真氣’集於眉心不下、虛火上升呢？靜坐產生‘真氣’，首先要明白‘降心火法’或‘水火既濟’之功法；不但可以消除虛火、防止‘氣’集於眉心，解決靜坐最大的難題。

修道鍛鍊‘真氣’，重點養生治病、達到氣質的變化。由立命而進入心性的修養，性命雙修，由凡入聖，採取自然養太和之法。‘真氣’人人本俱，用於養生治病，絕對有其理論基礎、兼不可思議的力量。‘真氣’在人體內周流不息的運行，一定要注重‘陰陽調合’，由身心的舒暢，而達到心志的提升；否則‘陰陽失調’而虛火上升；或‘真氣’散佈在頭和頸以下的部分、進而產生不平衡，未得養生治病的效果，先受其痛苦。陰陽失調，只因太著重於氣力的培養和訓練，拙火不純化，心志沒淨化，衝動躁火引起種種靜坐不幸的後果。靜坐的目的是使‘陰陽調和’、真氣平衡，引下眉心凝結的‘真氣’，或是凝神於下丹田，這是自然亦是最佳的方法；即是神意穩守在下丹田，因一呼一吸‘氣’都在下丹田運轉。

話說煉精以煉‘元精’為主，凡精為有形有質之精；‘元精’則為無形之精，藏於‘元炁、元神’之中。來自鴻蒙將判而未判之際。故煉精必須煉其‘未動’之本體。當元精發動時，若聽其自然，一變而成有形有質，則為凡精、濁精，順而交洩則生人矣。修道則逆用之，煉精使化為‘炁’，炁輕而上浮，便自然成不漏之體。故‘精生’之候者，即是‘陽生’之候也。所以元精亦即元陽也。無欲而動，無念而生者，為元陽，為真機之動，又曰天機之發。必於此中取煉，方是真精為藥，取坎填離者，是在取坎中一點真陽，返還於離中，變為乾元本體而已。

煉精之下手工夫，主要在‘虛極靜篤’與‘返觀內照’的工夫。靜極則一陽生或氣動。靜極而生者，其陽為真陽，其精為真精，即所謂坎中之真陽也。但是修煉時如何才能達至‘虛極靜篤’之功效呢？這便須要用‘凝神’及‘返觀內守’之功，煉精、煉炁、煉神，均須用‘真意’凝神返觀內照。惟有欲使其能‘化’，則須在寂照之時間下工夫。總之以寂照為主，寂則心不動，照則神不馳，用之而妙用自生矣！內丹所謂‘內視、內守、守一、內視’等，均是此工夫。需知念不動則心自虛寂，心不動神自守竅。此全是性命之根源。

煉精化炁，乃水府求玄，行小周天之功。丹經所謂採坎中先天一點至靈之元精也。乾交坤而成坎，坎為水，即腎，坎中一點元陽即乾金，又名水中金；金乃水之母，反居水中。故又曰‘母隱子胎’，此乃真鉛，真種子，大藥即須以火逼金行，使其上浮，因其時至而採之，即採此坎中之真鉛元陽，以補我‘離’中之虛也。須知無念無想，虛極靜篤時生者，始為真精。此為人人可自修自得者。至於煉精化炁，採藥行動，運用河車之時，亦切忌以意行之，任其自然運行，方為得訣！

又說養氣，煉氣最高的境界，是‘水火既濟’，即是‘陰陽’調合。靜坐和‘真氣’有關，只要是靜坐者，都能感受身中自然有一股‘真氣’在流轉；此‘真氣’之強與弱，只在會用不會用的差別而已。只要有‘真氣’在身中，就能達到某種程度的易筋效果。靜坐之修法不論是佛門的不動參禪，或者是道家的性命雙修，甚至是身中還未有‘真氣’的感覺之

358

時，是否會發覺身體某部份的神經會不自主的跳動，或全身上下‘神經’都會不自主的輪流跳動；特別是在休息時，跳動就更為明顯，慢慢神經的跳動就會引起肌肉的抽搐；隨著靜坐之日深月久，神經跳動、肌肉抽搐，會愈來愈深刻，深入經絡、臟腑組織，甚至抽搐時會有微痛感，以為靜坐出了毛病，產生心理的壓力和害怕，不敢繼續再靜坐。

　　然而‘真氣’在人體，**第一個先天的功能就是治療、消炎、恢復健康、再生的能力、免疫、抗體。**在人自然的成長過程中，也會逐漸的衰老。所以常有疾病發生。有朝一日，接觸靜坐之後，體內有了一股‘真氣’，此‘真氣’是人生來俱有的；本質上就是治療、消炎、恢復健康、再生的能力、免疫、抗體。‘真氣’的第一個影響、即是肉體中的神經組織和筋絡系統；神經和筋絡本是一體。‘真氣’即有如一股電流、直接刺激神經與筋絡。所以修道靜坐者，每一個人必定會有大小強弱不等的神經跳動、肌肉抽搐的經驗。此狀態就是俗稱的‘真氣易筋’，為初段階級的脫胎換骨現象。這不是病徵，因為這是‘真氣’在體內運行產生的跡象，就會有如此神經跳動，何況自己根本沒病！

温养:是指把氣集中於穴竅，微將意識集中或神住之意。

在陽炁上行下降通暢，進而修溫養之法。修煉內丹啟開了小周天之後，除了不斷運轉陽炁之外，還要把陽炁停留在丹田、夾脊、泥丸、膻中各穴竅進行溫养；即是停留在穴竅鍛鍊陽炁。開始時，意或神守下丹田；稍用武息，令陽炁產生，唯有在丹田氣動後始能做到。然後'吸'氣，把陽炁引至夾脊，在此溫養兩分鐘，在溫養時以文息呼吸作溫養；之後以'吸'氣將陽炁提升至泥丸穴，又作溫養兩分鐘。接着以'呼'氣把陽炁降下膻中穴，又作溫養兩分鐘；最後'呼'氣，把陽炁降至下丹田，又作溫養兩分鐘，每次靜坐時重復數次。

修煉小周天運轉順暢及習慣了之後，則改成文息呼吸法修持，因為繼續採用武息呼吸，會引起全身'氣'發動，使氣不穩定而難於控制。如果吐氣太深太長，氣將會大量被排出體外，而造成全身冰冷的現象。內丹修持若長久持續作溫養，陽炁會從任、督二脉流向全身的經絡，例如奇经八脉及十二经脉等。由於神經系統的穴竅帶有輕微的電能，會使身體出現麻痹感而進入静定的境界。在這種情形出現時，必须把意識或神集中在泥九穴進行溫養。如果是覺得陽炁太過於集中在頭部時，即可將氣移至膻中穴或是下丹田作溫養。

陽炁經長期的鍛鍊之後，唾液會帶些甘味；鼻子可聞到香氣。呼吸也由文息進入真息或胎息的階段；呼吸變成細而長，最後停止。當時會感到有窒息感，但無呼吸困難的現象。在額前或鼻子、或腹部之間，會有白或金光上不晃動。不久之後，丹田內有一股氣開始由左向右回轉，逐漸加快，並具有力量，白光顯躍，最後停止形成一點！回轉停止，能感覺到下丹田似乎有珠狀之物轉動，此即為'小药。小药為後天之氣所形成。亦是人體的"能量"，經由竅的功能和意識的集中，使其物質化的结果。內丹修煉能持續練成小药者，已經是非常罕有；大多數的修者在小周天階段，即停留不前。主要是修行是副業，其陽炁不易強化的缘故。祖師丘處機言：一天之內至少須花三小時靜坐。內丹的修煉，都必須在安排的時間內鍛鍊，忘卻一切俗務，努力修煉，不然便無法精進和有所成。

《陳虛白規中指南》曰：入药起火，神是火，炁是药，取將坎位中心陽，化離宮腹裏陰；從此變成乾健體，潛藏展飛躍盡由心。夫

361

坎離交媾，亦謂之小周天，在立基百日之內見之，水火升降於中宮，陰陽混合於丹鼎，雲收雨散炁结神凝、見此驗矣。紫陽真人曰：龍虎一交相眷戀，坎離交媾便成胎；溶溶一掬乾坤髓，著意求他啜取來。夫乾坤交媾，亦謂大周天，在坎離交媾之後見之。蓋药既生矣，於斯出焉。又訣曰：離從坎下起，兌在鼎中生，離者火也；坎者水也，兌者金也，金者药也。是説乃起水中之火，以煉鼎中之药。

5. 煉神還虛

　　道家内丹'煉神還虛'，為上関，又曰 9 年関。是丹道修煉的高級境界，是指出神入化的境界。修練經過'煉炁化神'這一関，便進入内丹修煉高層的階段；是進入'無為'法，為修大定的功夫；靜坐内視入定，乳哺溫養，使'陽神'最終能出竅。道家内丹修煉者多以'0'代表'虛無'，即是'抱元守一'，入於虛空之中，返本歸根，明心見性，稱為'九年関'；即是靜修入定，九年功滿，則'無為'之性自圓，無形之形自妙，神妙則變化無窮，隱顯莫測，性圓則慧照十方，靈通無缺，就能分身百億，應顯無方，而其至真之體，處於至靜之域，一切寂然無有作者；此其神性形命與道合矣！

内丹'煉神還虛'為了'合道'，其功夫在'七返九還'的基礎上、修煉金液還丹等功夫；使上、中、下三田相交媾；陰與陽往復而還丹，以至於養神以合道。'金液'者：肺液，肺液為胞胎，含龍虎（元神、元精），送至下丹田。大藥成時，飛起其肺液入上宮，而下還中丹田，自中丹而還下丹田，這即是'金液還丹'。然'玉液'為腎液，腎液者隨'元炁'上升，而朝於心，積之而為'金水'，舉之而為玉池（口腔），散化為涼花白雪。若以納之，自中丹田而入下丹田，有藥則沐浴胎仙。若以升之，自中丹田而入四肢煉形，則更遷塵骨。不納，周而復還，這就叫'玉液還丹'。道家內丹修者經過'金液及玉液'還丹，陰極陽生，陽中有真一之水，其水隨陽上升，是為'陰還陽丹'，補腦練頂，以下還上；既濟澆灌，以上還中，燒丹進火，以中還下；煉質焚身，以下還中，五行顛倒，三田返復，互相交換；就會在煉形化炁，煉炁成'神'的基礎上，使胎從下丹田遷至中丹田，自中丹田移至上丹田，自上丹田遷而出天門；棄下凡軀，以入聖流。在修靜定時，心處於無知無欲，無我兩忘之境，自然體會到圓通自在的感覺，同時領悟'精、炁、神'合為一體的妙處，這就是'煉神還虛'的真諦！

363

內丹修煉者，終日靜坐，神識內守一，一意不散，默視五臟，舉起丹中純陽之'炁'，內練五臟，炁附於神，上入頂中，外煉四肢，炁迸金光，外出神體，長久神便合為道。故不計晝夜，常隨氣轉，卯時視肝，肝氣現青；午時觀心，心氣現紅；酉時觀肺，肺氣現白；子時觀腎，腎氣現黑。五色氣出，壺中真境，不同塵世。故常默運丹田中純陽之炁，隨日隨時以煉五臟，炁真自現，神真自出。炁隨神升，神附炁起，從中丹田入上丹田；若頻起丹中真火，即去魔降妖。

道家內丹'煉神還虛'，乃在一個'靜'字，或一年乃至九年，待至打破虛空，與太虛同體；體內五臟之炁凝集於丹田，可以溫養內丹；先天的'元精、元炁、元神'凝聚於丹田。惟一陽神寂照於上丹田，相與渾融，化成一虛空之大境，斯為存養之全體；乃為乳哺之首任務。存養純熟，自有出神之景也！'煉神還虛'最後的境界是'煉神'者；無神可凝之謂也。緣守中乳哺時，尚有寂照之神。此後神不自神，復歸無極，體証虛空。故九載當中，不見有大道之可修也，亦不見仙之可証也。於是乎，心與俱化，法與俱忘，寂之無所寂，照無所照也，又何神可云乎？

364

道家内丹說‘還’一字何意？‘還’者‘還丹’。指將耗散於外‘元氣’收歸丹田。陳攖寧《答呂碧城女士》曰：‘何為還丹？還者還其本來之狀況，即是將虛損之身，培補充實，將失之元氣，重復還原地’。道家内丹功法理想的最高境界，稱爲上關或九年關。但並非說必須九年才能完成，因爲‘還虛’純粹是內丹‘性功’，所謂常定常寂，一切歸‘元’或‘無’，亦稱‘煉神合道’，而‘道’即‘虛無’也；亦認為"道"者亦‘性’也，即是‘虛無’亦則是"空"。丹經以零"0"代表‘虛或空’，宇宙以 0 是代表不壞而常存之意。煉神歸虛無，就表示完成三歸二、二歸一、一歸 0 的整個過程，亦稱與道合真。返本歸根，明心見性。所煉三者自是指‘精，氣，神’三寶。煉神還虛為内丹功最高修煉的階段，即是‘煉神還虛’約為九年，前三年為乳哺陽神，而後六年有神出之景。實際上道家‘清修派’的理論與禪宗的明心見性是一致，因爲張伯端本為‘道、禪’雙修者，故引進很多‘禪理’去解釋道家内丹功法的理論！《道德經》曰：視之不見名為夷，聽之不見名為希；即常定常寂，感而遂通，四大歸空，了生脫死之意也。所以‘返虛’即純入‘無為’法，圓通無礙，與天地永存，得大解脫！

內丹‘煉炁化神’之功完成之後，只剩下一寂照之‘神’，‘元神’不能久居於下丹田，必須遷移至上丹田的兩眉間卻入一寸的明堂宮中調養、再移入卻入兩寸的洞房宮、再移入卻入三寸的泥丸宮，為陽神之宮殿，此舉稱‘移胎’。將陽神寂照於上丹田，混融成一虛靈之境，存養隅神，曰為‘乳哺’。於初時陽神尚未穩定，如嬰兒要照顧及要乳哺。‘静坐、修定’就是基本乳哺的功法，‘入定’即是‘煉神’，神愈煉則愈純，道家稱為‘見性’或‘本性’。入定愈久，定力愈大，陽神則越健全，神通力也愈大。

道家內丹稱人體為"壺"，繼續修煉‘坎、離’交媾直至出神，皆是在壺中的腔子中完成的。陽神乳哺日久後，六通已全（若只有五通乃系‘陰神’不可有脫胎之想），‘性’合虛無，在死心入定之中，一塵不染，一絲不動，在入定中突見眼前有金蓮從地湧出，上透九霄，化為雪花紛飛，天花亂墜之象，囪門自開，為出胎之時。囪門又稱天門或百會穴，此時天門骨開縫（分開微感痛苦），金光四射，香氣滿室，‘陽神’自泥丸宮脫胎而出。若不能及時出胎，神久拘於形中不能解脫而還歸虛靈，仍可離定而動，但會出現危險。例如‘尸

366

解’或‘坐化’，都是‘元神’出壳失去控制無疾而亡的結果。神拘於軀壳中頑而不靈，只能算籌同天地一愚夫。‘陽神’即人的精神最高精华，是至虛至靈，是無形無質的。此時胎兒系陽神初期，若任其上出，必至迷失，應繼續入定，神不外馳，可露形亦不可露形，由三年的乳哺進入六年溫養過程，此即出胎景象。道家主張‘形、神’一致，留形住世，形神相依而延長生命，出‘陽神’可以離形，化身千萬仍可回入形骸，最高理想是肉體沖舉，拔宅飛升。雖有羽化、尸解，但所棄形骸並不是真的形體而是幻化。‘形’指身，亦指‘精氣’；‘神’指元神，亦稱‘陽神’。

煉神還虛至調神出壳之後，三年乳哺煉功完成，則繼續六年溫養之修煉。在修煉的過程中，在人的身軀二三尺處，常出現一輪金光，即是溫養‘元神’或法身的乳液。其修法：以‘元神’或‘法身’接近於光前，以念力將聚光收於法身或元神之內，然後收元神或法身入軀體內，依滅盡定而寂滅它。以太虛為超脱之境，以泥丸宮為存養之所。為了防止陽神出而不歸，迷失本性，必須旋出即收，多養少出，開始則出一步即收，宜近不宜遠，宜暫不宜久。繼續則出多步，多里而收，漸出漸遠，漸出漸熟，使陽神逐漸老成！陽神出壳之後，仍會有幻覺出現，引誘陽神迷失不返，這是由於煉己不純的原故，因‘陰神’外遊造成的。煉神還虛這一段功法，以補足原來煉己未至之功。這時重以定功煉神，神愈煉則愈靈，漸入‘道’或‘性’之境，才放陽神出去，便可以達地通天，千變萬化，移山超海，神通廣大，始能將法身或元神愈分愈多，稱為身外有身或應化身！

（這是道家敍述內丹煉神還虛，後天修煉所達至的成就。但是能達到這種境界者不多，亦少見，鮮有所聞。若是得自先天者，修者在靜坐時，先天‘元炁’由祖竅灌入，首先為強烈白毫光，後為黑光如水注般輸入。得此般加持者，精氣之強與旺盛是難以思議及形容；除了能為病者治病之外，也能輸‘氣’給弱者。得此‘先天炁’後，陽神可以隨意出竅，神通廣大，瞬息間可以天涯海角及查詢辦事，神奇之外，令人難以相信。）

邱長春在《大丹直指》說：金丹之秘。在於一性一命而已。‘性’者天也，常潛於頂。‘命’者地也，常潛於臍。頂者性根也，臍者命蒂也。一根一蒂，天地之元也，祖也！臍下黃庭也，庭常守乎頂及臍，是謂三疊黃庭，曰琴心三疊舞胎仙是也。對‘性、命’此時的修法有二，即晝行命蒂臍中之道；夜性根頂門之道。

晝行命蒂臍中之法：日行命蒂者，只用兩手相摩令熱，捧定臍輪，以意專之，只守在臍輪。無思無想，只靜定之。自覺神水下臍，真水奮發，從臍下丹田跳躍，直湊乎頂門。任其自然，亦無遍數，只一意守於臍輪。若欲休歇，行住就便不拘。久而丹田如火，精神暢美，神妙難述。

夜行性根頂門之法：夜行性根者，只一舌拄上顎，漸塞定喉嚨兩竅，以意專之，只守在頂門。無思無想，只靜定之。自覺其火從下滾上，踴躍直至頂門。欲休歇，行住任便不拘。久而頂中漸如遠聞仙樂之音，真香發於鼻之中，神妙難述。金丹秘訣，盡於此矣！

6. 返虛合道

道家內丹‘還虛合道’是修煉的最上一乘，亦稱‘虛空粉碎’，為內丹修煉的終極目標。正如《性命圭旨》所言：大道乃虛空，虛空乃天地，天地乃人物。所以逆修必須經歷

'虛空'才能契合大道。其要點就在於粉碎虛空心，即無心於虛空，做到本體虛空，並安本體於虛空中，得先天虛無之陽神，合於遍布萬化無所不在的大道。從而出現百千億化身。至時形神俱妙，與道合真，功成道備；即陽神出竅，離開塵世，接受紫詔天書而居洞天矣，也就是說：陽神出竅後，留住人間，繼續積功累德，功行圓滿後，得天庭命詔，升入仙境。其法是由漸法入頓法，有'有為'入'無為'，由不空入真空。

丹道'返虛合道'修持的方法：忘形以養炁，忘神以養虛，忘虛以合道；即此'忘'之一字，便是無物也；就是說打破一切與道合體。丹道煉精為'丹'，而後純陽無生，煉炁成'神'，而後真靈神仙超凡入聖，棄殼升仙。就是說修真的人，功到煉炁成形，皆不願長生住世，要加速內視，而還虛合道。降魔魔散，煉神神聚，急忍無斷因循，不棄凡殼，是因為困在昏衢，止為陸地神仙。所以'還虛合道'，必以道為'體'；入於中間虛無之境，大造大化當中，運起周天三昧真火，鍛練元神，使虛空法身返於太無，太無為聖真之境。

丹道祖師張三丰，在'返虛合道'修煉具體過程為：換鼎分胎；轉制通靈；九轉靈變；修煉天元；瀟灑悠遊。

**換鼎分胎：重新安爐立鼎，運轉乾坤（元精、元神），巧妙地將丹胎移至上丹田，含養自己的道德，就可以粉碎虛空，從而就能移神出殼，分胎化形，成就千萬億化身；

**轉制通靈：即是說千萬億化身逐漸形成，並且溫養壯大後勝於元胎，每個化身就像茂密的大樹枝葉一樣簇擁着主幹；其中的奧妙只有通過切身體驗才能夠領會到；

**九轉靈變：則說通過九轉還丹的功夫後，仙胎成養潔白如雪，赤黃如金，進一步修煉，就是脫胎拔宅飛升的功夫，也就是修煉天元的功夫；

**修煉天元：修練天元的功夫，只有靠自己去體悟，就像'無'中生'有'一樣，以天為爐、陰陽為葯，自然能夠練成靈胎，攜同雞犬，白日飛升；

**瀟灑悠遊：即說脫胎成仙，可以逍遙自在，無拘無束，悠閑自在地遊覽於人間仙境中。

道家內丹功返虛合道，為內丹功最高的撒手功夫。修至此時是將陽神收入祖竅中，煉而復煉，煉至神返虛，進入虛無處煉之，陽神百練百靈，煉得陽神的慧光內神火，貫通軀體百竅，陽焰騰空，透頂透足，將色身練化成法身"陽神"之中，使神光普照。最後煉得通身光明，軀體崩散，粉碎為不有不無，無形無迹的先天祖炁，還歸於 0，方是"返虛合道"。這最後一步稱為"虛空粉碎"，做到聚則成形，散則為气，則為成聖成仙之境。道家內丹所謂"帶肉大覺金仙"，萬劫不壞之軀，所謂"形神俱妙"，與道合真，超神入化，性、命雙修的成果，都是化歸'虛無'的意思！'虛無'者，'精、神、魂、魄、意'五者相與混融，化爲一炁，不可見聞，亦無名狀，故曰'虛無'。

道家內丹的概念是以"有、無"相生的觀念，與內丹學對人生理的原理為依据。而煉神返虛，就是要煉得神不自神，形神兩忘，不見有道法可修，不見有聖、仙可證，盡歸無極虛無，復還空無，達至與天地合一，與宇宙同體，乃至後天與先天合而为一的境界。內丹學認為，宇宙本源就是‘道’，道則是‘虛無’或‘0’是永存的。

先天之道，致虛極守靜篤，不可一毫思意加於其間。不可執著於‘有為’，亦不可‘死守’。着於‘無為’，惟只要一念不起，一意不散，含光默默，真息綿綿不息，圓明覺照，在於‘靜定’之中，在非動中作所可能為者，此為"長養聖胎"之火候也。在靜坐時不睹不聞而存覺性，無思無念養聖胎，火候之功為最。因為‘火’之性，能容物之真然者。所以未得丹時，必須假借‘火’以凝之，既得‘丹’矣，又要借‘火’以養之，借‘意’以調之。然而‘火候’微旨，少有人知，簡而說之，其竅有三。三也者，惟有常順適其性而利用它，太過則損之，不及則不益之，俾得‘中和’而無‘水干火寒’之慮。經云：火功須就三千日，妙用無虧十二時。溫養六段功夫所謂‘溫養’，則火氣不寒不熱而‘調’之意。屯蒙者，朝暮直事也。抽添者，進陽火退陰符是也。

一者：寅戌者，金火生旺之鄉。
二者：子午者，陰陽發生之際，須要用心看守，勿令洩氣，唯恐滅神丹之分数。

三者：卯酉者，陰陽之門戶也，此二時為沐浴之時候，即是宜停煉功，若加抽添則炎，火反傾危矣，故云勿煉。

四者：紫府者，真氣歸藏之處所。

五者：慧劍者，覺性也。

六者：溫者，不寒不熱之謂，寒則火冷而丹不凝，火熱則火燥而丹易爍，故必須不寒不熱。

若養珠汞者，有如龍之養珠，從容溫養涵育，待其自化，若天之潤物，晴雨如時，寢食有節，自然自成自生，謂之溫養也。古丹家云：採鉛止一時，合汞須十月。一時者，知雄守雌，四候之前二候得丹也，十月者，知白守黑，一年之內九轉丹成也。故溫養必須用鼎，抽鉛添汞，此是得藥後的功夫，有十個月進陽火退陰符，這與煉己無別。又云：得丹之後，復行進陽火退陰符，抽添鉛汞是也。但是神息必安然大定，鉛盡汞乾，自然氣化為神，真人成矣！

修煉內丹功達至脫胎者，大功將成矣，為人間未有之事。凡胎由順而結，故其脫也，為從下。聖胎者以逆而結，其脫從上。然結胎於下丹田，男女皆同，容易接受和適宜。致於絳

374

宮則狹小矣，而泥丸宮又狹無空隙，而可位可到之處何者也？神者，無方無體無質者也，為金石可開可穿，而絳宮不能位，泥丸不可到也！唯待頂門迸裂，正龍子脫胎之時，陽神出現。陽神者，法身也。胎者，色身也。胎之目的棲神，亦以礙神，神不得胎則靈光無托。元神完，則胎無所用，一道紅光是至真也。修煉內丹者九年面壁修煉大道，日續不斷調息，九年功滿，精化為炁，炁化為神，神形俱妙，與道合真，則陰魔鬼神化為護法，三都八景化為神聖，無量精光化為神兵矣！此後，積功累德，廣行方便，三千功德圓滿，真天仙也！

皇天真人注《陰符经》：一者，天地之根，陰陽之母，萬物賴之以生成，千靈感之以舒慘，生於高天厚地，洞府仙山，玄象靈宮，神仙聖眾，未有一物不用鉛氣而生者。子能煉鉛成氣，而萬物自生，故不死耳。夫鍛鍊鉛汞者，此是錫水銀也。黑錫是鉛，水銀是汞，黑錫五金之母也，水銀五金之賊也。黑錫復燒為黃丹，是陰返陽也，黃丹復造化黑錫，此是陽返陰也。水銀鍛燒而生心紅，此是陰返陽也，心紅造化水銀，此是陽返陰也。天地抽鉛汞而生萬物，得其長生。陰者汞也，陽者鉛也。仙有五等：天仙，地仙，鬼仙，人仙，神仙。惟有天仙者，形神俱妙，與道合真，聚則成形，散則成氣也。

　　返虛合道之重點：內丹修煉至‘返虛’的階段，神更通靈，出神第七天開始法身分為二，四十九天後法身為七，愈久分身就愈多，但不能放任。分身之後必須急收回，一身入定，端坐寂照入定，法身返虛，身軀也返虛。所謂‘人無我、法無我’，只有覺性而已，與‘道’合一也！《性命奎旨》說冥心：‘夫冥心者，深居靜室，端拱默然；一塵不染，萬慮俱忘；無思無為，任運自如；無視無聽，抱神以靜；無內無外，無將無迎；離相離空，離迷離妄；體含虛寂，常覺常明。但冥此心，萬法歸一，則嬰兒安居於清靈之境，棲止於不動之場，色不得而礙之，空不得而縛之，體若虛空，安然自在矣’。

性命雙修

　　道家性命雙修，即神與形合，實即是神形俱妙，與道合真；即是‘從無到有、又從有返無’；是人體生命康復再造的工程。‘神、氣’者為性命的代號。修煉從‘無視、無聽，抱神以靜’入手；即道家內丹‘垂帘守竅’，以達凝神調息。調息是‘無為法’靜定之後

376

‘調度真息’入於玄竅；即是掌握‘陰陽’二氣，天人交感。‘呼吸精氣，獨坐守神’以修性，直至盡性以至於命，再修命以了性，而盡性命雙修，神形俱妙！

　　道家內丹修煉具備三項物質條件：
1. 經竅之機要，即是以上丹田‘玄関竅’為綱領，由淺入深，循序漸進，以達至開関展竅，得窺生命之門。
2. 物質即氣血精髓；由‘有形’升化為‘無形’之‘元精、元神、元炁’，進而結成‘丹’，還丹到煉丹：即由無到有，有又返無。
3. 即是顛倒之術的功法，是把視聽言動，一切向外順行消耗之神，用順者逆之’的顛倒之法，變爲向內，以自壯自強。例如：運用功法使神凝於一定的穴竅，特別是極具靈敏的上丹田‘玄関’一竅，可得不可思議的效果！李時珍說：‘唯返觀者能照察之’！這就是運用‘凝神返觀’之威力。

　　道家內丹之修煉都屬於‘補漏’築基的修法。凡成年‘體破’或‘漏體’者，都得‘補漏’才能‘築基’。即在玄関之‘離宮’結成不同凡精的‘陰精’；陰在‘離’中真陰無陽。故必行‘煉精化炁’之功，即是煉此陰精化成爲“炁”，即是築就整個大丹之基！完成‘無中生有，有又還無’的整個過程，而築基即是‘無中生有’。

　　道家內丹說小還丹，即是小周天功‘煉精化炁’，一段‘補漏’使顏容衰損返壯的修煉；進而‘陽生活子’，產‘藥’而採‘藥’，呈現黍米玄珠，即是‘外藥’或‘小藥’，結成陰精外丹，成就‘無中生有’，即是開始‘煉精化炁’。所謂小周天或小還丹者，亦稱‘坎離交媾’或‘子午周天’！先是由玄關‘午降於前’，讓‘離’中之陰精下降，而沿任脈膻中降到下丹田，而繼續意守。迨至陰極陽亥過子來、一陽生時，就會開始‘子升於後’，經尾閭由督脈上夾脊、至玉枕到百會，囘到‘離宮’。此實即小周天或小還丹循行之實，亦是後天之修持。

　　道家小周天功或小還丹的修煉，靜坐已不能以小時計，不久坐如何能有禪味？大周天的‘煉炁化神’，即由‘氣化液’，再升化爲微物質之‘神’。由外丹變內丹，由小還升至大還，都是積極長時間的鍛鍊。小周天即是‘取坎填離’，不斷由外升內的過程，由南至北，陽極陰生，退陰符沐浴和溫養，必日復一日，頻頻進行，直至溫養久已，上顎有清甘之露降下，即是‘甘露’，喻為‘玉液瓊漿’，仰口咽下，經絳宮化神，而還諸整體，頻頻運行，逐漸增加！

　　道家內丹小周天，亦稱后天的修法，為‘坎離交媾’，為初級法；坎離為後天卦。大周天功，亦稱‘乾坤交媾’，為返先天的修法，為中級法；而乾坤為先天卦；都是‘有為’的修法。故‘坎離交媾’為小周天，在立基百日之內，見水火升降於中宮，陰陽混合於丹鼎，炁結神凝，得見此應驗。‘乾坤交媾’亦謂大周天，在‘坎離交媾’之後見之，蓋藥既生矣！於此出！乾坤本陰陽，故亦稱‘陰陽交’。在五行為‘金、木、水、火、土’，亦稱五臟，即‘心、肝、脾、肺、腎’五氣的循行運轉；即‘腎氣傳肝氣、肝氣傳脾氣、脾氣傳肺氣、肺氣傳心氣、心氣傳脾氣、脾氣傳腎氣’。此為五臟氣循行之法。然離為火為心；坎為水為腎；亦稱爲‘水火交’或‘心腎交’。

　　《大丹直指》說：雖然五臟之屬相應五官：眼、耳、鼻、口等，‘丹道’卻要求外不洩‘神、氣’，而應內之循環而已。即以賢為先天之本的自然調節，以水‘賢’生木‘肝’，木‘肝’生土‘脾’，土‘脾’生金‘肺’，金‘肺’生火‘心’，火‘心’生土‘脾’，土‘脾’生水‘賢’，如是循環走向稱爲‘金液還丹’，其目的為使純陽氣生。

致於‘煉神還虛、還虛合道’，目的是達至神形俱妙，為道家高級功法，為‘無為’的修法，以靜坐內視、凝神、調息為主修之法。

*金丹之秘
摘自《大丹直指》典曰:

金丹之秘在於一性一命而已。'性'者天也，常潛藏於頂；'命'者地也，常潛藏在臍；頂為性根，臍也命之蒂也。一根一蒂，天地之元也，則祖也。臍下黃庭是也。修煉內丹，黃庭常守乎頂及臍，是謂三叠。黃庭曰琴心三舞胎仙也，琴取其和，且人之生其胞胎結於我之臍綴，接在母之心宮，自剪臍蒂落，所謂之蒂也。蒂者命蒂也，根者性根也。頂中之性者：鉛也、虎也、水也、金也、意也、坎也等。臍中之命者：汞也、火也、龍也、根也、離也等。頂為戊土，即心中之神，臍為己土，即腎中之氣，二土為圭 gui 字，所謂的'刀圭'，是性

380

命二物，亦則"神、炁合一"。臍內一寸三分，存藏'元陽'。因父母二氣交感，內藏一點元陽真氣。道家千經萬論出於此也。

用法：不拘於行、住、坐、臥，晝時則行於命蒂臍中之道，夜則煉性根頂門之道，不分日夜，時時鍛鍊，一百日丹結，三百日丹藥成，自然陽神從頂門出入，來去無碍，此謂金丹之妙也。

行持：日行命蒂者，用兩手相摩令熱，捧定臍輪以意守之。只守在臍輪，無思無想，守靜定；自會覺神水下臍，真水（火也、心氣）奮發，從臍下丹田跳躍，直湊於頂門，任其自然亦無遍數，只一意守於臍輪；若於休歇，隨意不拘，久而丹田如火，精神暢美，神妙難述。

夜煉性根者，只舌抵上腭，漸塞定喉嚨二竅，以意專守，只守在頂門，無思無念，守靜定；自感覺真火（水也，腎氣）從下滾上，踊躍直至頂門。若欲停止，隨意不拘。久練頂中漸如遠聞仙樂，真香發扵鼻之中，神妙難述。金丹祕訣盡言於此矣！

全真直言曰：外陰陽往來，則外藥也。內坎離輻輳，乃內藥也。外有作用，內則自然。精、氣、神之用有二，其體則一。以外藥言之，先要不漏。呼吸之氣，更要細微，至於無息（進入胎息）思惟之神，貴在安靜。以內外藥而言，煉精、煉元精也，抽坎中之元陽也。元精固，則交合之精不洩。煉氣、煉元炁也；補離中之元陰也。元炁住，則呼吸之氣，自不出入。煉神、煉元神也。坎離合體成乾也。元神凝，則思惟之神自泰定，其上更有煉虛一著，非易輕言；貴在默會，心通可也！

道家静坐十二心法

1. 一靈獨覺法

　　當做工夫時，宜絕念忘機，靜心定神；提防動心起念，惟有一靈獨耀，而歸真返璞；此時便易入無為正定，山河大地，十方虛空，盡皆消殞，歸於寂滅。在一靈獨耀境中，不可動心思量，才涉思維，便成剩法。故宜念起即覺之，心動卸止之。心本虛靈不昧，於修靜定工夫中，固須制其外馳；然不可入於昏沉寂滅；宜貫注全神，集中一點，并保其一靈惺惺之境，妄心欲動時，即伏之不動，妄心已動時，即制之不動。要去欲起時，即攝令不起，妄念已起時，即予覺破，令不續起。故古謂：「不怕念起，只怕覺遲。」「念起是病，不續是藥。」念念覺破，便自可至無念矣。

　　無念便無心，無心便近道，且亦登堂入室矣。當一心散亂，幻與雜念紛起，生滅不停時，宜急用斬截法，截斷諸心，打殺萬緣。使心住心位，境住境位，心不外緣而內寂，境不內擾而外靜。及至一塵不染、一念不生時，則自虛靈不昧，澄澄自知，雖寂寂而常惺惺，雖惺惺而常寂寂；一靈獨耀，神光曄 ye 煜，而得大自在力。

正如郁山主所说在：「我有神珠一颗，久被塵勞関鎖；一朝塵盡光生，照破山河萬朵。」此即唯一靈獨耀説法也。修道而能至一靈獨耀，便能「入色界不被色惑，入聲界不被聲惑，入香界不被香惑，入味界不被味惑，入觸界不被觸惑，入法界不被法惑。」（臨濟語）無入而不自得也。在此境界中，「言語道斷，心行處滅，」最易體認天理。徹識仁體，明心见性而與道合真。孔門「慎獨」之功，亦即在求能保此一靈獨耀之靈明也。孟子倡「良知」，陽明承之倡「致良知」，均系此一静極通神工夫。故曰：「心至無心神自定，一靈獨耀遍乾坤。」

2. 泯外守中法

儒門以「執中」為心法，并以中庸之道為天下後世倡。老子以「守中」為心法，丹道門庭修煉更有「守中」與「守中黃」一訣法，心口相传。佛家亦倡「中道」，主捨空有二邊而行中道，最後雖主「中亦不立」，即中亦應捨，然仍以得證中道為修證要妙。故亦可以说，**守中為三家共法。**

泯外守中之先，第一步须行「制外存中」法，制外所以令外不入内，守中所以令内不缘外。泯外則不用强制防治外塵之干擾，而外境自泯，外泯則内景之中體自見。天地有天地之中，宇宙有宇宙之中，人心有人心之中，理事有理事之中；得其中，固執而守之，守而勿失，便入道矣。

丹道派則须配合八卦五行以「規其中」，復以中為玄牝之門，乃天地之根；故以「中竅」為千古不傳之「聖竅」與「道竅」。守之可應天地之中與宇宙之中，得到人心與天心合一、及人心與道心合一之境界，因之而神化萬千也。

3. 冥心守一法

仙經曰：「子欲長生，守一當明。」三家聖人教人，除以中為道體外，又復以一為道體。道本虛無。大而無外，小而無内；惟在此虛無中，有宇宙天地萬物，若無「中」則上下左右，運行生息，俱無由立，亦無由維系而至於不墮不滅。虛無不可窮不可見，以一見之。仙經謂「守一存真，乃能通神」者在此。

老子曰：「道生一，一生二，二生三，三生萬物。萬物負陰而抱陽，沖氣以為和。」萬物生於一，一生於道，故守一即可至於道。老

385

子又曰：「天得一以清，地得一以寧，谷得一以盈，萬物得一以生，王侯得一以為天下貞。」一者道之始生，而為萬物之母，故老子又有「守母」之訓，庄子有「我守其一、而處其和」之訓。守一為得一之階梯，乃入道之不二法門。冥心于一，合氣於淡，則不二三，心不二三即定；行者於此，宜將牙關咬緊，死盡偷心，冥合於一，此為定心妙法。

孟子曰：「天下烏（何）乎定？定於一。」俞真子曰：「人心烏乎定？定於一。」一心不動，一念不生，即自得定。惟心不冥極，雜紛起，根塵不净，難得見一，一不可見，又烏乎守？烏乎定？一者道體，人與天地萬物之共性，見一即見道，亦即佛家之見性工夫。心一冥极，則自「灵台一而不桎」（庄子語），而清虛澄澈；便即見一，亦即見性，迄乎見性，便即入道。迄與道合，一亦不立，性亦不立，而其極於無。宇宙天地萬物人我，打成一片，而復歸于渾沌無我之境界。

4. 系心守竅法
守中守一，為無形無相無位之道法，此守竅法，則為有形有相有位之道法。夫人心好動，易向外馳放，難得片刻安住；欲其冥極，殊不易言，於此時便可用系心守竅法。系心守竅，亦即儒門之「收放心」工夫。當做工夫時，一覺此心已放，便應即予收回，系於竅中。初時，一住即放，一放即收；再收再放，再放再收；久久純熟，自不馳放散亂，佛遺教經謂：「制心一處，無事莫辦。」心念一動，制令不起，微嫌有強勉意。佛家修止，有「系緣止，制心止，體真止」三止法，均所以息妄想顛倒，歸於一切處無心、無念、無欲、無為，而以得解脫也。

系心守竅，上丹田、中丹田、下丹田均可守，初步則均以守下丹田為通則。惟亦有初下手即教令守眉間，泥丸者，此亦名守黃庭法。亦有教守鼻柱、絳宮、氣海、海底、炁穴、命門者，尤以教守玄関法為最神秘。故古真謂：「道法三千六百門，人人各執一苗根，誰知些子玄関竅，不在三千六百門。」盖以「此竅非凡竅，乾坤共合成。」故不可指。工夫到時，方得見得知也。道家守竅法，均有口訣，有工程，有火候，有符度，有證驗，有境界；惟此則過來人自知，不足以為外人道也。

5. 虛心實腹法

老子曰：「虛其心，實其腹。」壺子謂心不虛則神死，腹不實則命危。」心不虛極，則不能空靈，亦不能清明在躬。心無一物則物泯（滅），心無一念則念泯，心無一理則理泯，心無一事則事泯；如此則自一塵不染，萬境諸寂，心法雙泯，能所兩忘：而入於無何有之鄉矣！無論用空心空境法、存心存境法，或存心空境法、存境空心法，總以求此心之能虛極靜篤，空靈神明為要妙。至於「腹」字，乃指丹田，五行之土，為人之命寶。

道家秘傳有「積氣實腹之法」，有「聚氣實腹之法」，腹實即所謂「丹田有寶」也。丹田有寶后，尚有「採药」「過関」「服食」「温養」「沐浴」「還丹」「神化」諸法，法各有訣。實腹者「坤」腹，虛心者「離」心；故有「實陰服食」與「取坎填離」之方；此亦為交合心腎、變換陰陽之訣法。故曰：心處神来合，腹實命不枯。

6. 心息相依法

即靜坐煉功時，心不易制服，亦不易系住，欲其息（停止）諸亂想雜念，入於靜定境中，了不可得。於是而可採取此一功法，使心相依於息。相守於息。息行心行，息住心住，息運心運，息止心息。心息相合，則心息一體。玄門有住息法，止息法，住心法，止心法；乃呼吸控制、氣脉控制、心理控制、精神控制之要道。迄乎萬境皆寂，一念不生，人法兩空，能所雙泯時，使得見性入道，且自有「一陽来復後，天地盡皆春」之境界。

此法初入手時，可與「凡息」相依，進乎中乘，可與「胎息」相依，迄乎上乘，可與「真息」相依。真息乃先天息法，似有息而實無息，似無息而實有息，并使此息與天地之息合，而人心亦自為天地之心合矣。行此法切不可用心去依，而以「似在相依似不依，似不依時又似依」為訣竅。修行人，開始亦可由通行之「數息法」與「聽息法」入門，久久纯熟，再求次第深入。

又說：'心'就是神，就是本性；'息'就是氣，就是'炁穴'裏的真息。所謂'心息相依'，就是'神息相依'，真如本性和'炁穴'真炁時刻相守，一刻也不可分開，由於'心息相依'，大有'凝神入炁穴'的味道，所以濟陽子說：要見此息（炁穴真息），須要除雜念，致虛極，守靜篤。心空見性，口鼻無

389

氣，凡息停而真息動，恍惚杳冥，炁穴現出一竅，渾渾淪淪，名曰竅中竅，即文說時至神知。人當至靜，在於夜間睡醒時，清靜之際，藥產神知。不知者，是當錯過矣。須要'凝神入炁穴'，息息歸根，若忘若存，猛烹極煉。煉精化炁，逆收入炁穴。候陽氣暖熱，運行周天。

然而，這種炁穴中的綿綿真息，雖然不同於有形的口鼻之息，可是卻又確實離不開呼吸往來的口鼻之息，而是彼此有關聯，也正因這樣，所以濟陽子又說：若行、住、坐、臥，口鼻之息宜要調。不調，不能見真息。其法在於'凝神入炁穴'，心守炁穴，意隨往來。呼接天根玄關，吸接地根炁穴。所謂'內交真氣存呼吸，自然造化返童顏'。

7. 凝神寂照法

凝神寂照法，則非在凝「凡神」，而在凝「元神」。凡神與元神之分，過来人皆可頓悟。寂照法初步可自寂照「凡竅」入手，久久不搖不動，即可產生元陽，激發真氣。再上一乘，則可凝元神而寂照「玄元竅」（亦有以玄元竅為「玄関」者），此易入大定而生起「真火」，亦稱「神火」（真火與凡火有別。丹家煉药。多誤認凡火為用，大誤。）此火能起死

390

人而肉白骨；有回天之功。惟不知「止火」之訣者，則易走火入魔，甚至火熾焚身，使人喪身失命，故修行人，又須懂得「防危杜險」之法。古者，聖人虛其心而實其腹，凝其神而寂其照；并以此为得靜定之要法。靜極則生意盎然，定極則別有天地；此不可思議境界，與佛家之寂滅境界，大有逕庭。禪宗修四禪八定九次第定，可由之而明心見性；惟與丹道門庭之定法有別，道門此法之訣要，主在「凝神所以內定其心，寂照所以內回其機。」邵子謂「一念回機，即同本得。」

　　此訣主在有「回機」之妙用，不但可藉真陽與神火之生，可回其生機；且可藉「人天合發」與「人神感應」之理，而回其天機，復其本體。正所謂「回機一蹴透三關，枯樹逢春花滿山」者是。凝神之功力，不可思議，古謂「精誠所至，金石为開。」正可為此一工法注腳。經曰：「祇滅動心，不滅照心。」寂照之要，在常照常寂，常寂常照；尤須體認「凝以不拟而凝，照以無照而照」之妙義！否則差之毫厘，失以千里矣。

391

8. 回光返照法

回光法乃做功夫時，宜收拾精神，依照太乙金華宗旨所示：「於萬緣放下之時，惟用梵天∴字，以字中點存眉心，以左點存左目，右點存右目，則人兩目神光，自得會眉心。眉心即天目，乃為三光會歸出入之總戶。」（按∴字即梵天伊字，謂日月天罡在人身。總戶為丹書所謂日月合壁處。）收拾精神，乃所以使周身之精、氣、神聚於一處；回光乃所以使天地陰陽之氣無不凝，而日月天罡之光無不合。

故經曰：「專一回光，便是無上妙諦。回光既久，此光凝結，即成自然法身。」「光已凝結成法身，漸漸靈灵通欲動矣，此千古不傳之秘也。」天地萬物莫不有光，人身亦有光；心有心靈光，性有性靈光，腦有腦神光而佛家稱頭光），五官百骸，莫不有能，莫不有神，亦莫不有光；得其神則生，失其神則死；其於光也亦然。回光即所以外回宇宙之光，內回心性之光，外回自然所發之光，內回形體所潛之光，會於眉心，而住于泥丸；使內外之光，合而为一圓光。同時，并行返觀之法。

返觀之法，乃所以用觀以養其神光也。天玄子謂：玄門有「三回光法」「五返觀法」，向極秘惜不傳。盖「一念回光」，可直奪天地之機！專一返觀，可即透造化之體。惟均須於心境兩空，一念不生時，方能修持而有所得，故亦為寂心正法。佛家天台宗主止觀雙修，有三止三觀法，極為詳密；禪宗主觀心參究，密宗主觀想持明，華嚴主法界澄衬；凡此均為觀字法門工夫。訣法雖異，迄乎得道，則一也。

9. 息心止念法

　　人之心無時不動，動則散亂，而萬念紛飛，幻想交織，無時清靜。動一分妄念，則損一分真氣；多一分清靜。即添一分元陽。欲得其本心，全其真陽，則須寂其心，死其心，使一心不動，萬念俱止，心寂則念自止，念止則心自寂。心靜為心，動則為念；念者，人；二心也。一心即正，正者，止於一也；二心即魔，魔者，其鬼如麻似粟也。

　　人之所最難降服者，即此魔心用事。即心為聖，即心為魔；即心是佛，即心是賊。經謂「心為賊王」，擒賊先擒王，修道先降魔：故丹書首重降心一訣，而佛祖亦以「如何降服其心」為教。禪宗「牧牛」之說，道家「牧馬」之說，旨均在降服其心，便能自息而止於靜也。古真謂「心死則神活，心活則神死。」即

393

是為寂心法說教。寂心之法，一者寂其心體，二者寂其心機。心體寂則機自不生，心機寂則念自不起。

　　古真又謂「心殺境則遷，境殺心則凡。」此即是教人、心不為境轉，心不為物遷，心不為欲動，心不為理馳；而能轉境轉物，寂欲寂理。佛家戒貪、瞋、痴者，以其足以害心也。故宜萬塵掃盡，一物不留。空室道人智通曰：「盡道水能洗垢，誰知水亦是塵，直饒水垢頓除，到此亦須洗却。」這即是教人凡情與聖解俱宜捨却。柱杖應捨，法亦應捨，以至通體空無；以本来無一物也。人能寂心止念，則自可入於無思無慮、無懼無懼、無欲無爲、無念無心之境地，此為三家入聖之要功。故曰：「心中無一物，乾坤自在閑。」

10. 存想谷神法

　　道家用功心地，有「存想」一法。存想與觀不同，猶回光與回機之有別。心不可動，亦不可失；妄心不可有，照心不可無。欲心不可有，定心不可無。存想即所以存其本心也，恐人之放其本心而失之，或泯其本心而失之也。

　　孟子曰：「無失其赤子之心。」亦即說：本心不可失也。存想之法多端，其大要有「九

394

存想法」，最上乘之訣，即為存想谷神法。此亦稱存想黃庭法，存想泥九法，存想昆侖法。其位在頭腦九宮中之中央一宮，中虛而靈明，為元神所居之地；谷虛而其應無窮，能神而其用不竭；存想於斯，可大開慧悟，并能神化無極，而有意想不到之妙用。

庾信詩謂「虛無養谷神」，高義方清誠謂：「智慮赫赫盡，谷神綿綿存。」其言得之，蓋此實乃以神養神法，而存想實亦即存神法也。一心存想不動，即能生神。惟切忌太過。過則火炎；宜若有想，若無想，若無無想；若有存，若非存，若非非存；想而無想，無想而想；存而非存，非存而存。聖凡同泯，物我一如，渾渾默默，杳杳冥冥，而入於真體之絕對境界，又稱虛無境界，亦即佛家之究竟湟槃境界，斯為訣要。

11. 收視返聽

‘視’者為視覺，‘聽’者為聽覺。修道者為了修成正果，必須身心湛然寂然，一塵不染。這就是所說的‘煉己’功夫了。那麼，怎樣才能使修者得方寸湛然，明心見性而‘煉己’成功呢？這一方面除了從內清除嗜欲、淡泊為懷外，還必須排除種種外來的干擾。而這種外來的干擾，主要是通過人體‘視、聽、嗅、味、觸’等感覺途徑，而對心神生起惑亂的作用。為此，當修者靜坐穩定身體，修煉‘內丹’功法之時，必定先要收攝‘視覺、聽覺’，使眼、耳等感覺器官、不因爲種種外來的因素而擾惑心神。古書說：下手先制兩眼；說的就是這個道理。

　　此後於無念之間，待到‘活子時’的到來，便可作歸根復命的周天升降之功了。對此，濟陽子說：凡無念之間，‘関元’動，名為‘活子時’。見而不迷，立定志氣，收斂細微之‘元神’，入於動氣之中。念茲在茲，息息歸根，綿綿若存，無少間斷。守到精血化而成炁，即將此炁逆歸‘炁穴’（丹田異名），定心封固，撥濁氣於湧泉，另將元神守炁穴，微微吹噓，氣足自然往後旋升，過三關，上泥丸，進玄竅，玄竅呼吸，法輪流轉。停息靜定，化甘露降下丹田炁穴，歸根復命，雖是一刻之功，不覺神氣混合，形神俱妙，身心快樂矣。此修仙之妙法也。

12. 凝神入炁穴

　　心藏神，心動則神疲，心靜則情逸。在前說‘收視返聽’之法，主要是為了割除種種外來干擾因素而設。可是，如果種種外來的干擾因素被克服了，又如何制服其心，使心神不致散亂無依而修成正果，也是修者面臨或必須解決的一個重要問題。

　　這裏所說“凝神入炁穴”，是使其神不散亂無依的‘含養本元’，救護命寶之法。詩說：“萬物皆有死，元神死復生；以神入炁穴，丹道自然成”。

　　既要‘凝神入炁穴’，那就必須先明白何為‘炁穴’，以及具體的功法、在實踐中怎麼個‘凝神入炁穴’法。先說‘炁穴’，濟陽子認爲，‘炁穴’確實位置處在‘腰前、臍後，其中稍下，有一虛圈於是也，名曰太極’，是為吾人受生之初，所結而成之‘縷’稟父母精氣而成者，乃生身立命之根蒂；本‘先天一炁’凝而為性，脫胎之后藏扵臍，即下丹田，稱’炁穴’。有人認爲‘炁穴’就是下丹田的異名。

為甚麼要‘凝神入炁穴’呢？這除了用以收攝散亂之神外，尤爲重要的是，通過凝神存想之修法，打通‘炁穴’和‘玄關’（背脊督脈），使之彼此真氣相通來往，從而為進一步修成丹道打下基礎。

有關‘凝神入炁穴’的具體功法，濟陽子這樣交待說：吾心止於‘炁穴’，而內視之。即是將向來所凝之神，盡歸入此穴之中，如龍養珠，真氣自然內運，暖熱陽生。吾人自剪落臍帶之後，炁穴中之真氣，不能與玄關相通來往。水火不濟，任、督塞閉，有生死之機也。自得訣後，凝神存想玄關，久久靜定，則呼吸之氣，從甘露深入炁穴，息息歸根，綿綿若存。靜定之時，則炁穴元氣，往後而升上玄關（人之背脊２４節，上達泥丸穴）。停息化成甘露，從玄關（此處似借指任脈）再下炁穴，子母相會，破鏡重圓。一升一降，水火既濟，漸漸凝住，丹基堅固。

華山十二睡功

　　摘自明朝周履靖輯《赤鳳髓》，書中第三卷載有‘華山十二睡功’，為其他道書所未曾見。從整套十二種睡功來看，這是一套採用睡姿態而修練的道家內丹功法。但是道家內丹修法在行、立、坐、臥都可以練。有經驗的修者認爲、道家內丹功法，平時除了端坐而修煉之外，行、立、坐、臥，時時處處、無不可修煉內丹功，唯有修者心理上無雜念或將心靜下來，呼吸和諧往來，便可練功。因此修煉睡功玄訣，非但效驗好，並且能合理的利用時間，把這套道家內丹功法在睡前或在睡醒時做，還可以節約時間，得事半功倍之效。由於睡着做可以省時，尤其適宜年老體弱者的修煉。

　　修練道家內丹睡功所需做的準備為：
1. 白天休息無事，或者晚上臨睡之前，或在情欲萌動一陽到來之時，即便端身正坐，慢慢的集中意念，將雜念放下，不是分心。寬鬆衣帶，側身右臥。

399

2. 道家內丹睡功法多採取右側臥的姿態，又有"外日月交光"和'內日月交光'的兩種注意點。練"外日月交光"法，為右腳下肢屈膝，左下肢自然舒適的放在右下肢上，同時彎屈十指，微微合上雙眼，閉口、舌抵上顎。練'內日月交光'法，則兩手食指、中指併攏伸直，而無名指、小指鈎屈、將大拇指按在無名指上，好比舞劍時所採取的手式，稱為'掐劍訣'。然後將左手遮住臍輪，右手曲起肘部放在頭右側下，不要蓋到耳朵，心神內視丹田或坎（腎）離（心）會合。

若不依"外日月交光"或'內日月交光'兩功法，修者可另行採取右側屈膝的自然臥式，也可以練功。這樣練功反而比較自在。只須右腳下肢屈膝，左下肢自然舒適的放在右下肢上，微微閉上眼睛，閉口，舌抵上顎，神視丹田，調和呼吸；左手遮住臍輪，右手曲起肘部如枕放在頭右側下，不要蓋到耳朵即可。不然以最自在的仰臥方式，兩手兩腳伸直，閉上雙眼，神視丹田，採取腹式呼吸或丹田呼吸，注意腹部的起伏即可。

道家内丹十二睡功法

1. 降伏龍虎

　　心中元炁（先天）為‘龍’，《道樞＊指玄編》說：‘龍者，心液正陽之氣也’。《慧命經＊僧真元十三問》說：‘龍即心中之靈念也’。身中元精（先天）為"虎"，《道樞＊指玄編》說：‘虎者，腎中真一之水也’。《慧命經＊僧真元十三問》說：‘虎即氣海中之暖信也’。所謂‘降伏龍虎’之功，就是採用正念（心神）運用之法，排除‘情’對‘性’的干擾，也就是後天識神對先天元神的干擾，使心中先天元炁不上趨而下交於腎，腎中先天元精不下走而上交會於心，或心液流中的真火下行，腎氣中的真水上行，彼此交會在中宮黃婆之舍，從而丹道可成。

　　在道家内丹功法中，‘降伏龍虎’意即龍虎交媾，或坎離、水火既濟的顛倒逆行之法。《金清金笥青華祕文金寶内煉丹訣》說：‘坎者，心田也。坎靜屬水，乃☵也’；動屬火乃一也。離動為火，乃☲也；靜屬水，乃一也。交會之際，心田靜而腎府動，得非真陽在下，而真陰在上乎？況意生乎心，而直下腎府乎？陽生在腎，而直生於黃庭乎？故曰坎離顛

401

倒'。可做參考。上說'降伏龍虎'之功法，
《赤鳳髓》有詩總括說：

　　　　性定龍歸水，情感虎歸山。
　　　　二家合一了，名姓列仙班。

2. 煉魂魄

　　這也是一段攝情歸性的意念功法。'情'
者為後天之識神，動而生欲，'性'者為先天
之元神，靜而主宰身。《赤鳳髓》說：'砂中
取汞為之魂，水裏掏金為之魄。天以日為魂，
地以月為魄。日中尋兔髓，月內取烏血'。
'砂中取汞'，'水裏掏金'說明，魂為陽屬
木，魄為陰屬金，人體中肝木藏魂，肺金藏
魄。'日中尋兔髓'為在木魂中求金魄，'月
中取烏血'為在金魄中煉木魂。也就是說，整
套道家內丹功法的核心在於魂魄交會，肺金肝
木交會，與'降伏龍虎'之功相輔並行，一起
成就'心火、腎水、肺金、肝木'共同相會於
中宮脾土而凝練成丹。奧妙在於道家內丹功
法，既把龍虎比喻為屬火藏神的心和屬水藏精
的腎，有把龍虎比喻說成木龍金虎，所以有
'龍從火裏出'，'虎向水中生'的'砂中取
汞'，'水裏掏金'之說。由此可見，心火、
肝木為一家，為'東海青龍'；腎水、肺金亦
為一家，為'西山白虎'，再加上中土脾為一

402

家，三家由脾土坤母真意攝合，一起相會中宮之中，便就攢蔟五行，成其丹道。此為《悟真篇》詩說：－

　　西山白虎放顛狂，東海青龍不可擋。
　　坤母若來相制伏，一起捉入洞中藏。

　　詩中所述，即是用真意'降伏龍虎'，使心腎交合，金木無間，性情伏而丹道可成。

3. 和調真氣

　　這功法，《赤鳳髓》說：－
　　和調真氣五朝元，心息相依念不偏。
　　二物常居於戊己，龍虎盤結大丹圓。
　　詩中所說'五朝元'，即是'五氣朝元'。

　　《中和集＊趙定庵問答》說：'使精、神、魂、魄、意各安其位，謂之五氣朝元'。由於腎藏精，腎開竅於耳；心藏神，心開竅於舌；肝藏魂，肝開竅於目；肺藏魄，肺開竅於鼻；脾藏意，脾主宰人身四肢肌肉；所以'五氣朝元'之法，在於耳不聞、舌不聲、眼不視、鼻不嗅、四肢不動。《金丹四百字序》說：'以耳不聞而精在腎；舌不聲而神在心；眼不視而魂在肝；鼻不嗅而魄在肺、四肢不動而意在脾，故名曰五氣朝元’。此外，《中和集*金丹或問》所述‘五氣朝元’之法，也可參考。其法：‘情忘則魄休、金朝元。性寂則魂藏、木朝元。身不動精固，水朝元。心不動氣固，火朝元。四大安和則意定、土朝元’。此謂五氣朝元。

　　‘心息相依’為意（神）守呼吸，亦即意念隨着丹田呼吸的出入而出入，綿綿密密，一念不偏。《養真集》說：‘大抵工夫全在止念，心息相依，此法最爲直捷，何也？氣乃神之母，神乃氣之子，心息相依，猶如母子相見，神氣融渾，打成一片，緊緊密密，久久成大定，此之謂歸根復命，根深蒂固，長生久視之道也’。末後兩句‘二物’、‘龍虎’等指金、木、水、火在真意的攝合下，於中土之宮盤結而成大丹。然而綜覽‘和調真氣’之法，以凝住念頭，隨息出入的‘心息相依’之法為主。

4. 運化陰陽
　　《赤鳳髓》說：‘法天象地謂之體。負陰以抱陽謂之用，天地為立基，陰陽運化機。這個掜（轉變）子，料得幾人知？’。宇宙萬物有‘體’、有‘用’。‘體’為根本、‘用’

404

為運用。道家內丹術中以法天象地的人體為
'體'，負陰以抱陽的運化為'用'。所謂
'運化陰陽'，是在'百日築基'的基礎上，
作督升任降，進陽火退陰符的周天功法，藉以
煉精化炁，所以有'天地為立基、陰陽運化'
的說法。

　　關於'運化陰陽'的具體功法，參見《道
家內丹氣功總綱》。這裏介紹一種最簡單的督
升任降之法以作補充，其法捨棄'乾用九而四
策之'、'坤用六而四策之'的繁瑣之法，可
在吸氣時採用意念引導先天祖炁，從下丹田往
下而往後，進入督脈，並由督脈直透三關，入
於泥丸穴，呼氣時則以神注使先天祖炁由泥丸
穴下降，過上鵲橋，然後入任脈，從任脈繼續
下降，過中丹田而至下丹田，從而形成一個小
周天的循環。口訣為：吸從督升、呼從任降、
進陽火退陰符，循環往復。

5.陰陽復姤
　　'復'和'姤'為《周易》六十四卦中的
兩個卦象。'復卦'的卦象為□，表示陰極陽
從下生，李鼎祚《周易集解》引何妥的說話：
'復'者，歸本之名。群陰剝陽，至於幾盡，
一陽來下，故稱幾反復，而得交通。故云：復

405

者，亨也。'姤'卦象為□，表示陽極陰從下生，孔穎達《周易正義》說：'姤'者，遇也，此卦一柔而遇五剛，故名為姤'。

道家小周天功法以'十二辟卦'表示一年十二個月或一天十二時辰的火候進與退，以復卦領起進陽火的六個階段，姤卦領起退陰符的六個階段。'辟'者，有君的意思，周易六十四卦以此為君而領起其他各卦。'十二辟卦'從下到上，進陽火退陰符的火候情況為：復卦□代表十一月或子時階段，進一陽火候；臨卦□代表十二月或丑時階段；泰卦□代表正月或寅時階段；進三陽火候；大壯□代表二月或卯時階段，進陽火至此須放鬆意念，進行'沐浴'；夬卦□為三月或辰時階段，進五陽火候；乾卦□代表四月或巳時階段，至此陽氣純全，可過渡到姤卦、退陰符火候了；姤卦□代表五月或午時階段，退一陰火候；遯卦□代表六月或未時階段，退二陰火候；否卦□代表七月或申時階段，退三陰火候；觀卦□代表八月或酉時階段，至此須放鬆意念，進行'沐浴'；剝卦□代表九月或戌時階段，退四陰火候；坤卦□代表十月或亥時階段，此陰氣純全，可過渡到復卦、進陽火火候了。

有關以上復卦十一月或子時，到乾卦四月或巳時的六個階段，我們同時也可把它看成為道家小周天睡功丹法中每次進陽火的六個不同的階段；姤卦五月或午時，到坤卦十月或亥時階段，我們同時也可以把它看成道家小周天睡功丹法中每次退陰符的六個不同階段。至於其進陽火、退陰符的具體功法，可參看《內丹氣功術語》和《道家內丹氣功總綱》等篇。

6.靜養火候

《赤鳳髓》說：'靜中陽動謂之火，地下雷轟謂之候。火本生於水，候乃陽來復；雷震攝天根，巽風觀月窟'。然而歸納起來，'火'為真意，'候'指節度。所以書有'火候本只寓一氣進退之節，非有他也'《真詮》的說法。屬於意念、呼吸調節，或意念呼吸調節結合的代名詞，又有進陽火候，退陰火候，靜養火候等不同。

靜養火候，意即道家內丹功法練到一定的程度，丹已凝結，須用意或神加以溫養護持的意思。《中和集*趙定庵問答》說：'愛護靈根、謂之溫養。所謂溫養者，如龍養珠、如雞復子，謹謹護持，勿令差失，毫髮有差，前功俱廢也'。《清庵瑩蟾子語錄》卷六也說：'如何溫養？如婦女懷胎相似，二六時中，行住坐臥，兢兢業業，如牛養黃，如龍養珠，常守其中，勿令間斷，直待分胎，方得腳踏實地也'。

　　然而對於道家內丹功法到底能否練成物質性的內丹，至今各家的看法不一。若捨棄內丹物質而說，引文'常守其中'一語（把意念經常如龍養珠、如雞抱卵地守護在丹田之中），可謂切中靜養要旨。

7. 守爐鼎

　　要守爐鼎，首先要明白何謂'爐鼎'？《赤鳳髓》說：'乾宮真陽謂之鼎，坤宮真土謂之爐。鼎在乾宮鑄，爐因坤土包。身心端正後，爐鼎自堅牢。關於何謂'爐鼎'，道家丹書說法很多，元代李道純《清庵瑩蟾子語錄》說：'乾宮真金謂之鼎，坤宮真土謂之爐'。和《赤鳳髓》所說只一字之差。可知《赤鳳髓》說法的來源。

　　從這裏所說'爐鼎'來看，有人認為可以解作'賢間'動氣。甚麼叫'賢間動氣'呢？《難經＊八難》說：'所謂生氣之原者，謂十二經之根本也，謂賢間動氣也。此五臟六腑之本，十二經脈之根，呼吸之門，一名守邪之神'。是說'賢間動氣'即來自先天而貯藏在

賢間的元炁之根。道家内丹術中亦常用以作爲
'藥物'。然而，道家睡功丹法既已行到'靜
養火候'，其所守當不僅在於'藥物'，更須
結合部位，所以說是'鼎在乾宮鑄、爐因坤土
包'。八卦中乾卦應首，坤卦應復，乾為上丹
田泥丸穴，為鼎；坤為下丹田氣海、為爐。至
於守鼎還是守爐，一般認爲前期功法當以守爐
為主，後期則改爲守鼎為主，但也不一定要墨
守成規，還是根據各人具體情況，靈活掌握為
好。不過有一點要說明，不管守爐還是守鼎，
或者守中丹田黃庭，關鍵是要以意念若即若
離，有意無意，一任自然為佳，切勿用意過
猛，非但無益，有時還會弄出病來。

8. 煉成靈寶

'靈寶'一詞，道家丹書常分指'元神、
元炁'。《脈望》說：'靈者，神也；寶者，
氣也。形者，靈寶之宅舍也'。但從'煉成靈
寶'來看，可知此'靈寶'又別有所指，為此
《赤鳳髓》說：'萬神不散為之靈，一念常存
為之寶'。這說明，修煉者只要萬神不散，一
念常存，意守丹田，寂然清虛，就是'煉成靈
寶'了。書中有詩說：－

　　　自存身中寶，施之便有靈，
　　　誠能含蓄得，放出大光明。

道家睡功丹法修習‘靈寶’，最重要是收攝心神，一念不散，含之蓄之，方才可以趨於成功的彼岸，到了那時，便就胸中大放光明，妙不可言了。

9.牢栓猿馬

　　‘牢栓猿馬’之法，也就是息心‘沐浴’之法。何謂‘沐浴’？《赤鳳髓》說：‘揩摩心地為之沐，洗滌塵垢為之浴’。可見‘沐浴’純為借喻之辭。一個人身保持干淨要沐浴，可是思想上的必清必淨、同樣也少不了要‘沐浴’，正如《延壽指南》所說那樣：‘身子要沐浴，心也要沐浴，這叫做沐浴’。為此，《丹法二十四訣》詩說：

　　滌垢洗塵沐浴方，勿忘勿助全陰陽。
　　諸緣不起丹元固，養的真靈花蕊芳。
　　而《赤鳳髓》則這樣說：-
　　　要得狂猿伏，先將劣馬擒。
　　　絲毫塵不染，神氣合乎心。

　　修習者必須用‘機盡心猿伏，神閑意馬行’。許渾《題杜居士》的‘沐浴’法，牢牢栓住心中狂猿劣馬，不使胡思亂想，流蕩散亂。正如關漢卿《望江亭》第一折所說：‘俺

410

從今，把心猿意馬緊牢栓，將繁華不掛眼’。
否則周走火入魔，起副作用，非但丹道練不
成，反而有損健康，這就走向反面了。

10. 收放丹樞

　　‘收’和‘放’兩者，按照《赤鳳髓》說
法：‘入希夷門為之收，出離迷境為之放’；
這就是說，‘收’為收視返聽，不視不聞；
‘放’為出離迷境，神遊空冥。詩說：－
　　　　桓古靈童子，神功妙莫量；
　　　　放之彌法界，收則黍珠藏。

　　道家內丹睡功丹法水到渠成，功成之時，
結成‘聖胎’或稱靈童，能收能放，收放自
如。放之則彌滿法界，收之則黍珠伏藏。從本
質來說，‘法界’有思惟想象中天空的意思；
‘黍珠’為內丹之異名，《性命圭旨*性命雙修
萬神圭旨第二節口訣》引司馬子微的話說：
‘這個名為祖氣穴，黍珠一粒正中懸’。其
實，就‘收、放’的實質看，歸根結底，還是
一種思想意念上的收放。

11. 廓然靈通

　　‘廓’有曠廓之意。何謂‘靈通’，《赤
鳳髓》交待：‘悟本知源為之靈，廓然無礙為

之通'。関於'廓然靈通'的情況，書中有詩說：

> 識破娘生面，都無佛與仙；
> 廓然無不礙，任取海成田。

'元'為'原'的本字。修煉至此，已經悟本知原，廓然無礙，由'有爲'命功而轉入'無為'性功的高級階段，所以超然塵外，無佛無仙，一任滄海桑田的變化、而我自進入涅槃妙境了。

12. 出生離死

《赤鳳髓》說：'出離生死為之'了'，得道飛升為之'當'。打破鴻蒙竅，方知象帝先。只斯為'了當'，如是大羅仙'。古代羽修士，一般多以'出生離死'、'得道飛升'的'了當'為最高追求的目的。當然從眼下科學所能達到的水平來看，這無疑是一種不切實際，與客觀現實相差太遠、過高的追求目標。（只能說沒有機緣遇到而已，不是沒有）。但從打開內丹丹田的鴻蒙竅看來，'出離生死'的功法所指，實即修道至'了當'階段，便於無心而得大道了。

《會心外集*藏隱詩》說：'終朝睡鴻蒙竅，任的時人牛馬呼'。這是意守丹田的功法趨於爐火純青的階段，此後則鴻蒙竅破，寂然清靜，入於無為，便就更趨上乘了。《莊子*天地篇》載有故事一則說：黃帝遊乎赤水之北，登乎昆崙之丘而南望，在回歸的路上丟失了'玄珠'。當時黃帝先後讓知（人名）。離朱、訖詬等聰明人去找，都沒能找回，後來又讓象罔這樣的無心人去找，結果被找回來。故事的旨趣在於說明，求道不能靠智慧和用心，而要無所用心才能自然求得，這就是所謂的'了當'功夫。

道家內丹睡功丹法，一旦入於'了當'，便就成為大羅之仙。道書記載，大羅為天界的最高層，其境'無復真宰，惟大羅之氣，包羅諸天'。《脈望》卷六說：'神水不離身，華池日月新，若能常飲得，便是大羅人'。認為以道家的咽津功法，結合清靜無為的上乘性功，便可入於'大羅'，所說較為實際。

以上華山十二睡功丹法，《赤鳳髓》指出，關鍵在於"功法如鹿之運督、鶴之養胎、龜之喘息。夫人之晝夜，有一萬三千五百息，行八萬四千里氣，是應天地造化，悉在玄關橐籥，使思慮歸於'元神'，內藥也。內為體，

413

外為用。體則含精於內，用則法光於外，使內外打成一塊，方是入道的功夫。行到此際，六賊自然消滅，五行自然攢簇，火候自然升降，醞就真液，繞養靈根”。詩云：－

　　玄牝通一口，睡之飲春酒，
　　朝暮謹行持，真陽永不走。

　　道家睡功丹法做畢收功，起身時可‘揩摩心地。次揩兩眼，則身心舒暢’。所說的功法雖不乏玄妙之處，然而一旦水到渠成，自然雜念消除，心地清涼，而獲長生。盼修者用心修煉，自有收穫。

守中：丹田呼吸

　　道家內丹修練採用‘丹田呼吸’，亦即是‘腹式呼吸’，勿論是在呼氣或是吸氣，腹部都會產生強有力的腹壓；就是橫隔膜和腹部肌體組織協調收縮的狀態。內丹修者進入這種呼吸方式，橫隔膜和腹部肌體及胸肌組織、都會協調收縮。若是僅是以橫隔膜作爲腹部呼吸，就不會產生腹壓感。然而在守中丹田呼吸法、形成強有力的腹壓，腹腔內的器官都會將器官內靜脈中滯留的‘血液、氣’，因強有力腹壓被擠囘往心臟，進而促進動脈中的血液與氣、能夠通暢的流入所有的臟腑器官和血管中。因此，活耀的使血液與氣充分的運行。內丹修者採用這強有力之丹田呼吸法，就會爲生命體系的運作帶來令人驚訝的改革，所獲得的效果是無窮無盡的。

　　守中作丹田呼吸法或腹式呼吸，我們需要了解的一點是：在‘吸氣’進行時腹壓產生，當‘呼氣’進行時腹壓即解除；相反亦爾！換句話說，無論是‘呼氣’或‘吸氣’，採用‘丹田呼吸’必會產生腹壓。因此，‘丹田呼吸’會比‘胸部呼吸’或單純的‘腹式呼吸’

415

要優秀得多。故道家內丹修練，在調和息氣時、全都是以‘丹田呼吸’法貫通而成的。要知道丹田呼吸法，不是人類用智慧想出來的。現在醫學也注意到小嬰兒所採用的呼吸法就是‘丹田呼吸’法，是極爲自然的一件事。而我們一直到成人之後，還不斷的持續採用這種從嬰兒時期就實行的‘丹田呼吸’法，僅是我們不自覺而已。可是在物質文明的舒適生活中，人類大多數採用淺度而微弱的‘胸部呼吸’法。

然而‘丹田呼吸’法即是最高層次的一種呼吸法，很多人都會在無意識的情況下運用‘丹田呼吸’法；例如：農耕、爬山、背負重物或是活動、工作都會不知不覺的在用力深呼吸，這就是‘丹田呼吸’。只要我們愈實踐它，人類的活力、精神就會越充沛旺盛。由此我們可以理解，‘丹田呼吸’法在‘血液、氣’的循環方面的助益是很大的。現今醫學臨床也已証明、近來精神衰弱及自律神經失調的病例急速的增加，皆因淺度微弱的‘胸部呼吸’是個很大的因素。

所謂的胸部呼吸，就是指隨著呼吸而擴張胸廓肌肉的運動而產生的呼吸方式；而腹部呼吸就是指隨著呼吸，橫隔膜的上下運動而產生的呼吸方式。兩者要單獨進行都幾乎是不可能的。在胸部呼吸的情況下，主要是胸廓收縮為重心的呼吸法，而腹部呼吸，即是以橫隔膜上下運動為主的呼吸法，兩者是相輔相成的。然而女性大多以腹部呼吸為主，而男性即有些採用微弱淺度的胸部呼吸。在腹部呼吸，一旦橫隔膜收縮下降，就會產生吸氣的動作，而橫隔膜弛緩上升，就會產生呼氣的動作。然而自發性的呼吸是胸部呼吸方式。若胸部呼吸與腹部呼吸方式能同時進行是最理想的！據醫學的報導，現今很多人受到胃病、胃下垂、胃酸過多症的困惱，以及常常發生氣喘或是心悸症的人；今天的亞健康有如‘高血壓、糖尿病、心臟病、腎臟病’等都是因腹部靜脈中的‘血液、氣’滯留間接所造成的。若能採用‘丹田呼吸’法，這些病症就會在不知不覺中就會不再出現。

守中：丹田呼吸對‘血液、氣’循環的活動是非常好！‘血液、氣’對維持生命體而言，是一種非常重要的物質；‘血液、氣’是自動化的在體內運行循環的。它一個重大的目的就是將‘氧’送到身體內的每一個細胞，並將每一個細胞產生的‘二氧化碳’及其他的廢物運出。如此無間斷的進行。這種搬運工作，

417

使身體細胞所需要的‘氧氣’，由肺細胞供應，細胞所需要的營養物質，由小腸供應。這是生命體自然的運作現象。然而強有力的‘丹田呼吸’產生腹壓，又使腹部靜脈滯留的血液及氣回流到心臟中去。但是現今不良的生活方式、壓力或情緒導致人體的氣脈、經絡不通或氣結阻塞，也是現代人健康失衡的根源。因爲氣脈、經絡是人體中的‘氣、血’通道，而五臟六腑氣、血經絡間的健康是相互緊扣着；氣脈、經絡是一個聯繫身體不同器官部位的高速信息網絡。守中：丹田呼吸的鍛練是在修復打亂的氣脈、經絡網路。因此信息就能發揮高度的功能，解除過敏的疾病。這是‘丹田呼吸’真正保健的原理所在。道家內丹的修練目的在打通全身的氣脈、經絡網路，保護身體健康。所以內丹在‘調息’時，也就是以‘腹式呼吸或丹田呼吸’，在呼吸時配合小腹伸縮，就能達到細而勻、深而沉的境界。故打通經脈、經絡、穴道，就是治病的根本。我們人體的自主神經體系是一個高等生物演化出來保護生命的自主的控制系統；例如感到熱時，它就會把微細血管放鬆，讓血液流到體表層以散熱；在感到冷時，就會把微細血管收縮，以免失溫。故修練內丹‘丹田呼吸’的鍛練，就會影響到這整個神經系統！進而維持身體健康。

為甚麼我們會產生及出現亞健康呢？就是因逐漸年長，‘氣’減弱和漸少，加上膽固醇增高，令血液變得濃又稠又髒，由於‘氣、血’流動緩慢和無力，排泄物不能順速回流到過濾的肝臟，使器官功能下降，很容易造成血管沉積、硬化和阻塞。因此產生三種阻塞的情況，1.血瘀、2.氣瘀、3.痰瘀；當中‘氣瘀’是無跡可尋，最爲難治療。人體的陽氣或能量，其先天的功能爲‘治療、消炎、恢復健康、再生、免疫和抗體’。故身體排濁納新必是以‘氣與血’兩項來進行；利用乾淨的血，將骯髒的血推向過濾的系統肝臟；而又以清氣去推動濁氣，將滯留的濁氣通過腎臟排出。要知道‘瘀血、濁氣’滯留在靜脈中，就會嚴重的影響五臟六腑各個器官，減低五臟六腑正常平衡的運行功能，即導致亞健康的產生，例如：高血壓、低血壓、心臟病、腎病、糖尿病、前列腺、頻尿等病狀。這些病症是無斷根的治療法，使患者長年吃葯，並帶來其負作用，加速人的衰老和多病！

　　道家內丹鍛練以腹式呼吸或‘丹田呼吸’，因打通了任、督二脈，逐漸啓開其他的經脈、經絡，使氣帶動肌肉組織的收縮、蠕動，修復肌肉間的膠原蛋白分子，令其有序的高速網路運作，保護身體的白血球等防衛系統，使氣在身體經脈循行，即具有滅除病菌或病毒的功能，維護身體健康。我們體內一切病的根源，是因為‘經絡不通’，打通經絡即可治理百病，調理身體的虛與實。身體任何一部分產生動作時，全身都會有反應。這些反應是靠結締組織所形成的網路來傳送機械的動作，這些包括細胞之間的膠原網絡、細胞外基質網絡有如筋膜等。因為在細胞分成上下的接點，都有神經與血管連接着。而經絡系統即調控着全身各部份功能的作用，為最有效的信息通訊系統。

除了‘丹田呼吸’能產生腹壓腹肌收縮、令滯留腹部的‘血液、氣’回流心臟之外，在此再闡述兩項運動亦能達到異曲同功的效果。一者：仰臥在地板上、或在硬的床上，平躺而頭部不墊任何東西，兩手放在身邊，雙腳伸直拼攏，慢慢舉起至 70 或 80 度，然後慢慢放下。重覆又重覆不斷的運作，次數慢慢增加至每一次 200 次上下為上限。例如一次只能作 30 次，略休息緩過氣後，再做 30 次即可。第二天繼續，一天一次，若可早晚一次則更好，效果很顯著，氣流會很強。一星期後增加到 40 次，略休息緩過氣後，再做 40 次即可。如是經數星期後不斷的增加至 100 次，就已經很足夠了。
就可維持身體健康，免除亞健康！

二者：站立兩腳與肩同寬，深吸一口氣令腹部鼓起，用兩手敲打腹部。練武術者常作此運動，增強腹部腸道的健康。

第八章：從中醫脈學論"營、衛"二氣

　　我們人身體內所擁有之'氣'，是由攝取的穀物中而來。當所攝取之穀物進入胃臟之後，經過消化與生化，胃之所出"氣、血"者經遂也；經遂者為五臟六腑之大絡也。穀物經注入胃後，其所產出分為三部分：則糟粕、津液、宗氣。'宗氣'者氣積於胸中，出於喉嚨，連貫心脈而行呼吸，故稱'宗氣'。'榮（營）氣'者，分泌其津液，注入於脈中，化以為血，以榮四肢；內注入五臟六腑，以應刻數（計度之意）。衛氣者，分泌出其悍氣之悍疾（克治疾病）而先行於四肢、皮膚、體表的分肉、肌膚之間，而不休止者也。'衛氣'晝行於陽，夜行於陰。胃產出之清氣上行注於肺，氣從太陰肺經而行之，其行也-則以氣息往來，因此人一呼氣脈搏在跳動，一吸氣脈搏亦再跳動。呼吸不已，動而不止也。

　　由此可知我們身體內之氣共分為三部分：一曰營氣，二曰衛氣，三曰宗氣。營氣者血也；衛氣者五穀之悍氣、衛於外者也；宗氣者行於血，血氣之所由出入者經遂也。經遂者為體內之大絡，身體之經脈是也。然而血何以又名清氣，實是對衛氣而言。衛氣者濁氣，營氣者清氣；營在內為之守，故曰營；衛在外為之

衛，故曰衛。以息氣往來者，宗氣主呼吸，氣行則經中之血隨之而行，因此絡脈因氣而動。

又中焦受取營汁奉心變化為赤色，謂為血；又血者‘神氣’也，能奉養生身，莫（沒有）貴於此者；得之則榮，失之則枯。故營氣全從脈以行之，脈者血之道路也，所以說壅遏（阻止）營氣令無所避，是謂脈也；不必有形，自無傍出之患。血之所以說之能榮，是以‘掌’得血而能握；‘足’得血而能步行；‘目’得血而能視；‘耳’得血而能聽聞。所以血者之所以榮陰陽，濡筋骨，利益關節者，因‘營氣’運行也。於一晝夜，天地陰陽氣行一周，‘血’行 50 周於體內。人一呼氣脈搏在動，氣行三寸；一吸氣脈搏再動，氣行三寸，故呼吸定息，脈行六寸。人體周身之脈總共有 28 條脈，合計總長 16 丈 2 尺（162 尺）。蓋血行 50 周於身，正下水百刻（兩刻一周）。故天地之氣行一周，人身體血行 50 周，偏榮五臟六腑內外周身。

營氣之運行，由手太陰（肺經）而行手陽明（大腸經）；由陽明而又太陰，以太陰、陽明為表裏也。由太陰注入心，而手少陰（心經）而行足太陽（膀胱經）；而足少陰（腎經）亦因少陰、太陽相為表裏。然而注腎又復從腎注心。如是行少陰之經畢，而後復行手少陽（三焦）行膻中，散於三焦。從三焦入膽，而行足少陽（膽經），而至足厥陰（肝經），上行至肝。夫膻中即胞絡，亦因少陽、厥陰為表裏之故，而先後行之。於是從肝上入注肺而為一周，其於陰經也。言注入心、肝、肺、腎而不及脾，因為陽經也。但僅言注三焦、膽而胃，與大、小腸、膀胱皆不與焉。

衛氣者，陽氣也。人體內有此陽氣，猶如天之有日，日有出入，故衛氣亦有出入。衛氣行於體內，而經絡有陰陽；故皮膚、分肉亦有陰陽。衛氣亦有在身在陰經，而四肢、內側亦有屬陰之時。衛氣出於目，則日落而成夜；衛氣入陰而人則入眠。因天地有晝夜，衛氣則行於陰陽各 25 周以配合。然而衛氣者，如天之有日，平旦陰盡而陽出於目。須知衛氣屬陽，而陽者親上，然頭為六陽之首，故衛氣上行於頭，循頸項下足太陽（膀胱經）；以太陽經在背，故又循背而下小指之端。小指者，足小趾也。又別於目銳眥，下手太陽（小腸經），下至小趾之間外側。又別於目銳眥，下足少陽（膽經），注入小趾次趾之間，以上循行於手少陽（三焦經）之外側，而下至小指之間。又別者，以上至耳前，合於頷脈，而注入足陽明

（胃經），以下行之跗上，入於五指間。又從耳下，下手陽明（太腸經），入大指之間及入掌中。又其行至於足者，入足心，出內踝，下行陰分，復合於目，故為一周。其意則衛氣之行，皆從目出，行手、足三陽；惟下行於手、足指後，但皆不言其所向。其故何也？謂陽氣起於五指之表，陰氣起於五指之裏也。衛氣至是入於三陰經陰分而復還至目也。由此可知，謂陰氣起於五指之裏，衛氣由此入陰是矣。又曰從耳下，下手陽明（太腸經），入大指之間，而入掌中；又曰其行至於足也，入足心，出內踝，下行陰分，復合於目，而為一周者何也。謂掌中者，陰脈之所由（來處）；足心者，陰脈之所起。衛氣之別者、散者，由目而出，行過手、足三陽之後，是皆從陰經復合於目以為一周。如是行 25 周畢，而始行於陰矣。

衛氣亦云行於三陰三陽，將循行在經脈之中，抑分肉之間矣。又內經之論營氣者，流溢於中佈散於外，精專者行於經遂，常營無已。營氣者，精汁也，有形之濁氣也，故必入經中，由經遂出，而後或入奇經血海，或入五臟六腑，即不由三陰三陽之經要必由絡出。衛氣則不然，乃無形之悍氣也。以其悍慓滑疾，先行於四肢、皮膚、分肉之間，衛脈而行，無有

425

停止，故曰不止休。然衛氣者陽氣也，陽者親上，故行於頭。陽者見陽則浮，遇陰者則潛。故晝行於陽，夜行於陰，無非此一氣而已，毋得有二。至於衛氣行脈外，則內經屢言之，無可疑也。內經曰營氣周行不休，此來彼往，若水之流，無有間斷，可謂如環而無端。衛氣者晝行於陽，夜行於陰，如果不在皮膚、分肉間者，何以衛外而為固乎？內經又說，言氣之不得無行也，如水之流，晝行於陽，非盡出之陽也；亦間行於陰分，不過陽盛則行於陽，而在陰之時少矣。夜行於陰並非盡入於陰也，亦不過陰盛則行於陰，而在陽之氣少矣！

衛氣行於陽也。在行於陽之時，但走全身三陽，而由陰經復還至目，不入五臟；待至行於陰時，內經曰，其常從足少陰（腎經）而心而肝而肺而脾；又曰行於陰分幾周，與幾分臟之幾，而不言行於身若何。由此則可知，衛氣在陰分時，由陰經而臟，而不走陽經已明示矣！然則人至入夜後，身果真無衛氣乎？內經曰非也。因經絡在表者為陽，在裏者為陰。故陽氣起於五指之表，陰氣起於五指之裏。陽走於肢外，陰走於肢內，通體皆陰陽二經所遍佈。衛氣在陰分時，即四肢全身皆陰經也。怎

426

可說至入於夜人身無衛氣乎！只不過但走陰經，而陽氣自衰。

　　說到人如何受氣？陰、陽如何會？何氣為衛？何氣為營？陰從何而生？衛氣於何會？然老壯各有不同，陰陽異位。要知道，水與穀物入胃後而人受穀物之氣，以傳於肺、五臟六腑皆得以受氣。其清者為營，濁者為衛。營在脈中，衛在脈外。營周循行不休，50 周而復大會。言營氣雖周行不休，至夜半則陰盡陽生，50 營（周）已畢，正衛氣欲由陰出陽之時候，至此而營衛大會也，如環而無端也。故言陽氣起於五指之表，陰氣起於五指之裏。氣行至表為陽，至裏為陰。陰陽相貫，如圓而無端。然而此僅以營氣言之耳！致於衛氣則乃至陽而起，至陰而止。起、止乃指衛氣之分行而言，謂天之氣至陽，則衛氣起而出，至陰則衛氣止而入也。何之謂也？内經曰：日中而陽隴為重陽，夜半而陰隴為重陰者。天氣於平旦，陰盡陽受氣，則為陽；日中陽氣盛極，故為重陽。日入陽盡陰受氣，則為陰，夜半陰氣盛極，故為重陰。夜半後為陰衰，至平旦陰盡而陽又受氣。衛氣者，猶如天之有日，至陽則出於外，至陰則入於内，故曰起、止也。内經又曰：太陽主外，太陰主内，各行 25 度。又謂太陽主人身皮毛，太陰主肌肉。太陽為天，太陰為地，故曰主內主外。衛氣則以循行於表行於裏之故，於陰陽二經各行 25 度（周），分為晝夜爾；夜半而大會，萬民皆臥，命曰和於陰者，二氣至夜半子時，交會於太陰，過後則營周不休。衛氣又行於陽，雖時間與營偕，不為大會耳。營、衛者，一陰一陽，二氣之行，常如是已。

營氣出於中焦。醫聖張仲景曰：三焦腠理也。言三焦通會元真之處，則‘腠’屬三焦可而知，曰皮膚臟腑之文理；則‘理’屬三焦之道路，為元真所以會通之處又可知耳。然則三焦者，內與臟腑相連，外與皮膚相接。凡有文理之處，所以通臟腑之血氣者，皆其物也；特不能成一塊然之體，為有目共見耳。中焦之所出者，意謂三焦為津液、血氣所由行，而其中所出者何也。內經曰：中焦並依胃中，出上焦之後者，上焦在隔膜以上，胃居在隔膜之下，中焦連胃，故出上焦之後也。此所受氣云云者，謂五穀進入胃中，胃之燥氣，能分泌其糟粕，蒸其津液，化其津微，上注於肺乃為血，以奉養生身，莫貴於此也。但獨行經遂之中，命曰‘營氣’；實由中焦而出者也。故經曰：中焦取汁，奉心化赤而為血，互勘其義自明。

428

衛氣出於下焦。衛氣者乃五穀之陽氣，其所由成，以五穀入胃中，經胃陽、脾陰之腐化，又經小腸之火，大腸之燥，去其滓渣而生其津液，津液入膀胱，復經腎中之真陽以蒸發之，於是化為純陽之氣；疾出腠理，由太陽而佈達皮膚、分肉間，即所謂衛氣也。然則衛氣出於下焦一語，足道明太、少兩陽經（膽、腎）之所以然。內經曰：膀胱者，津液之府也，氣化乃能出。此旨何謂：曰衛氣由膀胱出，已詳言也。內經又曰：津液之府者，水穀之液，必由下焦抵達膀胱，復返而上，方為正道。

上所敍述者為純醫學脈學中談及‘營、衛’二氣方面的知識，摘自《脈學指南》提及《黃帝內經》及醫聖“張仲景”，對‘營、衛’二氣論敍之要點。對修煉道家養生長壽內丹-靜功學者，是一份很重要的知識，特別是‘氣’循行的軌跡與方向。修者若是逆‘氣’流之方向而修，實是自討沒趣。又此二氣配合大、小周天修煉法去鍛鍊三寶‘精、氣、神’，必會使修者得無上的成就，重新‘調補’身心、身體健康長壽自不在話下，而是畢生受用不盡。

我將此文摘錄於‘調補’一書中，目的是讓修者或讀者從醫學的角度來認識‘營、衛’二氣，以及有連關的知識；即會更了解‘營、衛’對健康的重要性，亦會促使修煉者對大、小周天的修煉更爲重視和積極。

*第九章：孫思邈談養性論

　　在將此本‘調補’一書編著完後，雖說‘調補’已是在談論‘養性’，乃由不同的角度去談‘養性’，並非是由實際生活角度去談‘養性’，總覺得有點不夠完美，於是將**孫思邈談養性論**篇之要點摘錄於此，讓讀者從養性及實際生活的角度作個比較。就會對自己的日常生活作個調整，使到生活能更規則和紀律化，對身體之健康就會更有益，疾病也會相對的減少。

　　孫思邈為唐朝時京兆華源人（今陝西耀縣人），生於公元 581（一說 541 年），卒於公元 682 年，世壽 100 歲，為著名的大醫王及養生權威。於北宋崇寧二年（1103 年）被追封妙應真人，故後世人尊稱他為孫真人。

　　孫思邈於《養性》篇中說：“夫養性者，欲習以成性，性自為善，不習不利也。性既自善，內外百病自然不生，禍亂災害，亦無由作。此養性之大經也。善養性者，則治未病之病，是其義也”。在《道林養生》篇又說：“善攝生者，常少思、少念、少欲、少事、少笑、少愁、少樂、少喜、少怒、少好、少惡，行此十二者，養性都應契入也。多思則神殆，

431

多念則志散，多欲則志昏，多事則形勞，多語則氣乏，多笑則臟傷，多愁則心懾，多樂則意溢，多喜則忘錯昏亂，多愁則百脈不定，多好則專迷不理，多惡者憔悴無歡。此十二多不除，則營衛失度，血氣妄行，喪生之本也。惟無多無少者，几（ji）於道也。是知勿外緣者，真人初學道之法也"。

他在《養性》篇說：人的生命是有限的，因此要珍惜自己，愛護身體。由於人易於死亡，為甚麼不好好保養身體並個予補救呢？從不善於養生者之種種行為你就可以知道，他們着重於追名逐利，並且貪慕虛榮和種種不良之性向。他們對調養攝心根本不會注意，反而縱欲六情，大喜大怒，過哀縱樂，偏愛偏惡，急功近利，想盡一切方法，欺詐巧偽，求譽虛榮，一生永無境止。所以善於養生者，就必須明白如何對待名與利，更不要把自己看得太重，特別是名、利、譽、得、失等，才能使自己精神穩定，就不會身處險境。

修心養性，意在淡泊名利涵養本性，但一定要養成習慣，使本性善良，不要學習與養性相違背的不良習慣。若是具有涵養之本能，就可以預防各種疾病的發生，也可以避免遭遇災禍。這是養性的自然天理和不變之規律。因此善於養性者，能夠預防疾病，就是這個道理。所以涵養本性者，不只服食保健藥物和吸日月之精華之氣，重要者是有多善良的品德，具備了高尚的品行，即使不服用長壽藥物，亦能得長壽。要知道藥物只能短時間挽救患疾病者，其根本是要靠養生來保健，修煉德行，才能預防疾病，且能延年益壽。

養生者必須力行戒除"五難"，若是五難不除，養生難有所成就。所謂'五難'者：（1）爭名奪利，（2）喜怒無常，（3）迷戀歌舞和近女色，（4）恣食膏梁厚味，（5）勞累過度、耗散精神。若是這五難不祛除，心中希望得到健康長壽，口中說者盡是至理名言，吃者為精粹的食物，吸的是日之精氣，也是難以達到養生的目的，往往是夭折短壽。如果是能做到祛除五難，鏟除一切雜念，修養信義日漸增加，養生之德行逐漸完備，雖然不希望做好事而能得到好福報，亦不追求長壽而生命自然延長，這就是養生的根本道理。

《黃帝內經素問》岐伯回答黃帝說：上古時代的人，他們大多都懂得養生的道理，效法於陰陽，調和於術數，飲食有節制，作息有常

433

規，不過度勞累，故能夠形體與精神都很充沛和健康，能活到他們應該享有的年歲，百歲以後才去世。現在的人就不這樣了，把醇酒當成水那樣來飲喝，酒醉以後還肆行房事，縱情恣欲，竭盡精氣，消耗真元，不知道保持精氣充滿，常常過分使用精力，貪圖一時之快，違反養生而取樂，作息無一定的規律，所以到五十歲左右就開始衰老了。

於養生的原則，對外界的虛邪賊風，要注意適時回避，情志安定清靜，不要貪欲妄想，就可以使真氣和順，精神也能內守而不耗脫，疾病難道能夠會發生嗎？對內在的精神情緒，要做到恬靜虛無，體內的真氣就會和順。情志都能安閑，少有欲望，心境安定，沒有恐懼，形體不過分疲勞，正氣從而得調順，人之所欲滿足，吃的覺得很有味道，穿的也很美好，樂於世俗，對地位沒有高低的羨慕，人們就能很樸素誠實。因此嗜好就不會動勞其目視，淫亂邪說也不會誘惑其心意，對任何事物都沒有恐懼的心理，可見這些心理意識都符合於養生之道。

藥王指出說：人的壽命長與短，是決定於對人體不利的事情必須要多方面的加以節制。若能適應自然變化，就會強健高壽，如是恣情

434

縱欲，耗散精氣，即能象朝露般短命。岐伯說：人到四十歲的時候，大都養氣已減少了一半，其活動起來也顯得衰弱；到了五十歲的時候，人體就感覺沉重無力，視線模糊；到了六十歲的時候，就會陽事不舉，精力衰憊，九竅不利，頭重腳輕，活動不便，眼淚鼻涕不能自主控制。明白所說的情況，就必加以注意養生的修煉，身體就會強壯與健康，若是知而不理或不改變生活起居，就容易衰老下去。

孫真人說：疾病的發生原因，可以歸咎為外因和內因兩種因素。外因有如寒、暑、燥、濕、風等，為自然的變化，有如春、夏、秋、冬四時的交替；又有金、木、水、火、土五行的變化，因此產生寒、暑、燥、濕、風的氣候，影響自然界之萬物，形成了生、長、化、收、藏的規律。內因有如喜、怒、悲、憂、恐等，而人有心、肝、脾、肺、腎五臟，因五臟之氣化而生五志，就產生喜、怒、悲、憂、恐五種不同的情志活動。如果不注意攝生，過於喜怒，則會傷氣，寒暑外侵，可以傷形。突然發怒，即會損傷陰氣，暴然大喜，即會損傷陽氣。所以喜怒不加於節制，寒暑不善於調適，生命就不能牢固的存在。若是人能依照四時養生法調攝養性，就能避免夭折短命的枉死。

養生者必須注意起居、飲食、情志，不能超越正常生活的規律，若是超出生活的常規範圍，就會影響健康，發生疾病，甚至短命夭折。長壽的要訣，主要在於房中節欲，養生保氣之術，道德高尚之人都明白這些養生的方法，因此能達到消除疾病的能力，而延年益壽，不使身體受到克伐。又才學疏淺者，苦思冥想，也會損害身體；飲酒過度，發生嘔吐，也會損傷身體；運動過度，氣喘疲乏，也會損傷身體；男女長期不交媾，也能損傷人體。則是積傷成癆，最後必然不會長壽而早死，皆因為不懂養生之道而造成的。因此平時不要過度疲勞、安逸、出汗過多、與不切合實際的志向想得過多，不要謀劃奇異技巧，冬天不要過分溫暖，夏天不要貪涼等。對五味食物不要偏嗜，若偏酸味就能損傷脾臟，偏於苦味就會損傷肺臟，偏食辛辣之味就會損傷肝臟，偏食於咸味就能傷心，偏食甘甜之味就會損傷腎臟。這五味克五臟、為五行相克的自然規律。一般於初起受傷的人，都無大感覺，時間長久後就會影響養生之道。

修身養性的人，起居生活都要符合大自然的規律，要懂得養生之法，方能達到健康長壽的目的。在生活起居應有一套很好的規律，經常用俯仰的方法來通利全身筋骨，用吐納的方法來調和氣息祛除疾病，用補瀉的方法來流通營氣和衛氣，節制與宣發，勞動與安逸，要有取捨。克制大怒，可保護陰液，抑制大喜，可保養陽氣。修身養性的根本道理全在這裏。

孫真人又說：生命是十分寶貴的，因此必須善於修身養性，經常採用導引，天天服食玉泉等，始能獲得健康長壽。甚麼叫玉泉？即是口中唾涎。早晨未起床前，使口中唾液盈滿，並慢慢地咽下腹中，同時叩齒十四遍，這就叫做‘煉精’。說到飲食與長壽的關係，如果飲食失節，暴飲暴食，恣食膏粱厚味，很容易發生疾病，而影響壽命。

他又說：精通養生之道的人認為，若不去了解和掌握正確的攝生方法，即使是長年不斷的服用滋補藥物，也是難以得到健康長壽的。養生本應有的原則是：要經常活動筋骨，疏通氣血，但是切莫過於疲勞或者勉強的做身體不能承受之事。養生之道要求人們做到：不要長時間的奔走和站立、讓身體坐和躺得過久、過度地用眼視物或用耳諦聽。由於過度的用眼會耗傷心血；臥床過久即會耗傷肺氣；坐得時間太長則脾氣不會運轉而肌肉失養；站久了就會

437

耗損腎氣而勞骨；長時間的行走即會耗傷肝血而筋脈失養。這就是《內經。宣明五氣篇》提出的'五勞'。他又提出"內守五神"、'從四正'的道家觀點和'思無邪'的儒家養生觀念，又再綜合'外息諸緣'的佛家養生見解，把調心養性與調息養氣、調身練形結合起來，構成氣功養生學的基本內容。不被外來的物欲所動，實為研習養生之道者之入門關鍵。

孫真人又說：養生之道也應有品德的規範，並認為人的性情喜惡不宜偏執過激，道德操守更應持重端莊，謙恭仁厚。於平時必須常注意以平等心待物，一旦發現有偏頗之處，就要立刻進行改正。身處於貧窮中者，不要認定自己會終生貧困而喪志；身在富貴者，也不要認為能永遠保持富裕而驕奢。無論是貧窮還是富有，都應常常研究養生的道理與方法，不能因為貧窮或是富貴而改變對修身養性的初衷。即使是識書達理，通曉學問，也應持以大智若愚，勿誇誇其談；即使有很大的功德業績，也不要傲然自誇。對生活起居的環境應抱著知足常樂的態度，若有不如意或不夠滿足之處，也應該自我抑止和平慰，不要聽任這種情緒滋長。

一個人如果能以知足坦然之態度去對待世事，上天必將會降福於他。故無論處於何種境地，都不宜作過份之要求。所求者過多，往往徒然無益的勞苦心志。一般的人之所以會常受疾病的困擾，原因就在於不能修身養性。在平安健康的時候，不知珍惜和保養身體，放縱情懷，色慾不節，心裏想要得到甚麼便去做甚麼，不受禁律和忌諱的約束。如能於平時對自己的身心經常加以反省，便會知道自己的行為中，有許多不當之處，都是會引起疾病之發生。要知道，多種樣的疾病，往往都是自身造成的，並非出於天然。故聰明通達者、愛惜生命者，應常常反思自己的行為，悔過而知改，約束自己的思想言行，經常修善積德。對養性者來說，謹慎言語是必應關注的，並通過修煉使心境平靜淡泊之後，再作語言說話慎重的修養。修行者除了謹慎言語之外，還需在飲食上有所節制。要知道善於養生者，在未受饑饉前就進食，未覺口渴時就喝水，進食方式是要少吃多餐，免一頓吃得太多，以致積食不化。要使自己常處在飽中而又帶幾分饑餓之感；饑時尚有幾分飽感之狀態。日常用膳時不宜多吃肉食，這樣容易引起許多疾病。吃飯用餐時不要費神思索，或邊吃邊做其他事情，這樣都有損於身體。對於氣血不足、體質虛弱者來說，一般應在巳時（9 至 11 時）吃完飯，且不能喝酒，以保持胃之氣升降正常。不要食用父母生肖所屬之動物的肉，吃了會折自己的壽的，也不要吃自己生肖所屬之動物的肉，以免自己魂魄不安。

飲酒要有節制，倘若喝過多超量，還是嘔吐出來為好。長期飲酒，會腐蝕腸胃，擾亂人之神志，有損傷人的壽命；醉酒之後，不可在室外被風吹拂，此時受冷風吹會促使酒性發作而失態；更不能迎風躺臥或打扇取涼，這些都會馬上使人得病的。醉酒後不可行房事，如醉飽之後男女交媾，輕則面色發黑、咳嗽，重則耗竭臟腑精氣而損命。當腹中饑餓時，如欲小便應坐着解，腹中飽時，則宜站着解。如果強忍小便不解，易導致膝部冷痛成痹症；忍大便不解，導致使氣阻血瘀而發‘氣痔’。小便時勿強努，會損傷腎陽之氣而令足、膝部發冷。出過大汗後，最好能及時更換衣服，或馬上加以漂洗，不然濕熱之邪侵入，會導致小便不利。身上出了大汗，不能脫邊衣以取涼，這樣容易患中風，半身不遂之症。

孫真人說：養生之方法並不繁雜，貴在一個“靜”字，即是不思。不想錦衣玉食、聲色貨利、勝利失敗、是非曲直、患得患失，不計較榮華和屈辱，心中不煩躁，形體勿疲勞。《內經》指出說：'恬淡虛無，真氣從之，精神內守，病安從來'。'靜則神藏，躁則消亡'。心靜則不躁，神安則不亂。心神安靜，精氣自可日漸充實，形體也隨之健壯，邪氣焉能侵犯，疾病又如何萌生？然而心神躁動，神不內守，亂而不定，必然擾亂臟腑，招致疾病，甚至促人衰老，減短壽命。正如《淮南子》所云：'靜而日充以壯，躁而日耗者以老'。所以養生貴在一個"靜"字。如果再兼之以'氣'的鍛鍊，調氣不斷，就可獲得延年益壽之效果。

　　他指出彭祖說：調神練氣之方法，須要選擇一間靜室，安置好床，溫暖床鋪，置枕高二寸半，調正身體，仰臥床上，輕閉雙眼，調整呼吸，停氣在胸膈間，以毫毛輕放鼻上測呼吸而不動，約三百次呼吸時間，靜心息慮，耳不聞，目不見，心不想。如是修則外邪不能侵，長壽可達耶。於每天清晨與傍晚，為陰陽轉換之時，早上陽生陰消，傍晚陰生陽消。在此時間練功，順從天地陰陽的變化，可收事半功倍之效。

他又說：修煉佛教禪觀法須要平仰身體，躺在床上，慢慢調心，閉目存思，觀想象見空中有一團純真之太和元氣，如一朵華蓋樣的紫雲，五光十色分外顯明；自下毛際處而入人體，慢慢的上至頭頂，如久雨初晴，霞光燦爛，如雲入山，清徹透明。透過皮膚，進入肌肉，至骨入腦，又漸漸下返入腹中丹田，四肢五臟都受到太和元氣的輸佈潤澤，如同水參入干地那樣透澈，便可覺得腹中汩汩結丹之聲。

　　修煉禪觀法，靜心息慮，用意專一存想，不與外界事物攀緣，元氣自然漸漸充盛，不久，氣海丹田部位就覺元氣充滿，一會兒，元氣即可運行全身，到達足底湧泉穴，並覺身體震動，兩腳屈曲，甚至可以震動床坐發出響聲。這是第一次元氣通達全身，稱爲‘一通’。一通之後若再存思，便可出現二通，日久可得三、四通等。使到身體舒暢及快感，紅光滿面，精神奕奕，飲食自覺甘美，體力強健，正氣克邪氣，百病皆去。如能堅持修煉五年十年，終年不斷，長壽可得也。

　　他又強調調氣之重要性。他說：人體本來是個虛空，只有氣體游散於整個軀體中，若是游散之氣調度適當，則百病不生。反之，調理失常，則百病雲起。故善於養生者，必須熟悉調氣之法和其道理。掌握調氣之術，就可治療眾多疾病和一些難治療之雜症。《云笈七籤》指出說：腦實則神全，神全則氣全，氣全則形全，形全則百關調於內，八邪消於外。元氣實則髓凝為骨，腸化為筋，其純粹真精元神元氣不離身形，故能長生矣。

談到調氣法，他說：古人認為天人相通，人身之氣與大自然界是息息相通的。《內經》說：‘夫自古通天者，生之本’。即說明人的生命活動與自然環境是息息相通的，是生命存在的根本所在。日有晝夜更替和陰陽盛衰。從夜半零時至中午十二時，是陽生陽長之時，陽氣屬於生氣，有助於強壯身體，故可以調氣。日中十二時至午夜十二時，是陰生陰長之時，陰氣屬於死氣，有害身體，因此這段時間內不適宜調氣。但是需要注意，天陰、大霧、狂風、暴寒酷熱等天氣都不適宜練功，因為這些天氣練功取氣會有害於身體，可以改作靜坐練閉氣功。

修煉調氣法不但可以防病抗老、延年益壽；並且可扶正祛邪，治療疾病。例如患寒熱病，不須問發在何時，每次疾病發作前一餐飯時間，即試行調氣法，如一次不見效，第二天可按同樣之方法再練。人體是以五臟為主體的功能活動系統，疾病之發生和發展必定影響五臟六腑，致使臟腑功能失調，產生種種的疾病。令冷、熱、風、氣四種病因，侵犯人體，可導致人體陰陽失調而疾病生起。調氣前先要辨明病因，了解何臟得何病，對症調氣才能取得較好的療效。此則為採用六字氣訣功法；；六字氣訣是通過口呼，結合默念噓、呵、呼、吹、呬、唏字音，以影響臟腑，祛除病邪的一種以練呼為主之呼吸鍛鍊方法。例如患心臟寒冷病，可做呼字訣；患心臟熱症，可練吹字訣；患肺臟病者，可修噓字訣；患肝病者，可用呵字訣；患脾病者，可做唏字訣；而患腎病者，可練呬字訣。疾病由寒邪、氣機運行失調、各種外感邪風侵入身體、及熱毒邪氣入侵發生的疾病，只要靜心調氣，皆可治愈。在調練時，無論是噓、呵、呼、吹、呬、唏字，例如噓字，先大噓 30 遍，後細噓 30 遍，其它者皆如此。

*修煉內丹-靜功《大、小》周天功應有的認識

第十章：「氣」對「健康」之關鍵性

　　『氣』在內丹功與氣功來說，都有各異的解釋。但是道家及中醫學者對『氣』的研究與經驗，更是不可輪比的。道家用『氣』作為修煉的方向，達到身體健康的目標。但是中醫學者將『氣』運用在醫理上，知其運行而達到為人治病的效能。這兩項發展，對人類有很顯著和偉大的貢獻，是為世人所讚美。凡是修煉內丹靜功者，對「氣」都應該有精深的認識。在西洋醫學是沒有‘氣’這一概念，直到近幾十年來，西醫學者參就了中醫學後始有所認識，且承認‘氣’在人體的存在。由此你可以知道祖先們對人體結構認識之深及久遠；此東方人的智慧又要比其他民族高明多了。而此醫學文化又傳至日本、韓國、朝鮮等國家，成為他們的醫學理論和文化，成為生活中密不可分割的一部份。

　　道家內丹修煉‘氣’，主要的目的就是使‘氣’充盈旺盛循行於體內，來維持人體生命的活動。它的基本物質即是‘真氣’，但是於不同的器官或臟腑因個別的功能，就以各別的

名稱之：如心者，有心氣；在肺者則為肺氣；於腎者即為腎氣；在脾者則為脾氣；而於肝者稱爲肝氣，此為五臟之氣，又稱‘五氣’。又有營氣、衛氣等構成人體及維持生命的一種精微物質。這些‘氣’在各器官臟腑運行旺盛，人的身體就健康，此為道家養生的目的，而練成‘真氣’循行於體內，就是修煉的宗旨，成就‘三花聚頂，五氣朝陽’之境界。此為修煉內丹練氣所成就的現象。

　　‘氣’對人體是非常的重要，是人能存在之根本。‘氣’之作用：有推動、溫煦、防禦、固攝、氣化等作用。所謂推動者：即是推動營養物質輸佈到全身之臟腑、經絡以及體內各個器官和組織，使彼等得到濡潤和滋養，並維持各個器官的正常生理運作；它還能使津液之輸佈和排泄狀態良好。溫煦者：即是維持人體之正常溫度，就要靠‘氣’溫煦作用來調節，因爲氣屬‘陽’，因此有溫煦之作用。防禦者：因爲氣有密固肌肉表層及防衛外之作用，故‘氣’具有防禦外邪侵襲機體之能力，並抗拒外邪之功能。固攝者：即說‘氣’能夠固攝體內之血液、汗液、尿液以及精液等物，而保護機體生理運作的正常。然氣化者：即是把人體內之一種物質，分化為多種物質；把多種物質合成一種物質；把一種物質變化成另一種物質；以及物質與能量之間的轉化過程。

'氣'之運作有：升、降，及出、入，兩種主要的運作形式。身體內的臟腑、器官以及經脈等之氣的運行都存在着升、降，出、入之活動。所謂升、降者：即指'氣'於器官上、下運作而言；為臟腑器官運動的一種根本形式。因為臟腑中'氣機'之升、降運作，令人體發出生長、發育、衰亡等不同生命階段。至於出、入者：即指氣機向內及向外之運作而言；就是維持人體之新陳代謝運作的基本方式。這些活動，令人體各個器官所需要的營養物質得到補充，體內之廢物得以排泄出體外，使生體內的各種物質相對得到平衡的狀態，於是生命之活動才能正常的展開而進行。

現在將中醫學者對『氣』主要認可的略說如下：

『氣』在純中醫學角度有二種含意；

（一）人每天於飲食，穀物吸收後，在體內流動着的有營養的精微物質：如水穀物之『精氣或又稱為營氣』，呼吸之『清氣』等；

（二）普遍指運行於身體臟腑機能中者：如心氣，胃氣，肺氣，膽氣及脾氣等；可分為元氣，宗氣，營氣，衛氣及真氣等。

以下是‘氣’在人體是如何生化及其作用：

（1）體內所蓄藏之『元氣』，又稱『原氣』，其根源於腎（含命門意），主要由腎臟中的先天之“精”所生化“隱含體內各內分泌所分泌的激素”，有賴水份穀物『精氣』的濡潤、滋養和補充。『元氣』藏於腎故叫『腎氣』。元氣以三焦為通道而運行至全身，具有激發，溫煦，推動臟腑經絡，身形的功能。『元氣』是人體生長，發育，生殖，呼吸，消化，循環的原動力。由於‘元氣’之根源於腎，通過三焦內而敷佈肌膚腠理，故為人體生命活動之根本動力。另外‘元氣’概括諸氣，因此元氣在心，稱爲心氣；在肝，謂為肝氣；在肺稱爲肺氣等。因此元氣旺盛則五臟六腑運作強壯，身體則健壯而無病，因爲元氣是諸氣之根源。

（2）肺與胸之間隱藏的『宗氣』。指經肺吸入大自然清氣，與經脾、胃運作消化而產生的水穀精氣結合而成。這精氣形成於肺，而聚於胸間。『宗氣』本身的作用，為推動肺的呼吸和心的脈搏跳動；同時亦影響聲音的強弱。『宗氣』是整個身體「氣」之運動，輸散分佈的出發點。宗氣主控呼吸，運行於血脈並有形成元氣之作用。由此可知，宗氣在人體之生命活動是非常重要之素質。

（3）體中的『營氣』，是營運於脈中的水穀之‘精氣’，本源於食物。由脾、胃生化，出於中焦，具有生化血液和營養全身的功能。‘營氣’者：即是能圍繞著全身運行而有‘營養’作用之‘氣’。營氣有生化血液的作用，當營氣注入血脈中時，則變化為赤色的血液。所以營氣是化生血液之組成部份，並且與血液同行於經脈中，為全身營養的寶貴物質。又營氣循行於體內之十二經脈中，日繼夜續周流全身，令五臟六腑、四肢百骸、上下、表裏都得到它的營養。若營氣充足則血的生化充盈，各個器官與組織都能得到營養之補充，故然能運行旺盛。

（4）『衛氣』對經絡脈、體表達到防衛的作用，也是來源於飲食，食物；‘衛氣’爲體內陽氣的一部份；它由中焦吸收之水、穀物之悍氣，首先於下焦得到腎陽的蒸化而生成的，所以衛氣生成於下焦。但必得中焦、脾、胃所生化生的水、穀物精微的不斷補充。『衛

450

氣』與『營氣』本同源，但運行於脈外面。因為‘衛氣’於外而散佈於體表的分肉、肌膚之間，在內散佈於胸腹、肋膜之外還普及全身；因此它在內能溫養五臟六腑，對外有捍衛、抵抗外邪的功能。同時起潤澤、充實肌膚，又溫養肌腠、滑利分肉的作用。並且還能司控汗孔之開合，調節汗液之排洩，來適應外界的氣溫，有調節氣溫之功能。《靈樞。營衛生會》說：其「清」者為「營」，「濁」者為「衛」；「營」在脈中，「衛」在脈外，即是人體的組織液。在毛細血管的動脈端，透出血管壁，進入組織間隙，是細胞與血液進行物質交換的內環境；其分佈於晝夜間是有所不同；＜靈樞。大惑論＞說：『衛氣者，晝日常行於「陽」；夜行於「陰」』。安靜狀態下，毛細血管網大部份處於關閉狀態，其開放區與關閉區，也是交替的輪換的地點。又衛氣和營氣是互相依存、相互影響的，所以營、衛二氣正常運行即是維護身體健康的先決因素。

（5）體內的真氣，它是先天的「元氣」和後天的「營氣」及「宗氣」所結合而成的。＜靈樞。真邪篇＞說：真氣者稟受於天，與穀氣並而充盈於身者也。人體內的真氣，由生化合成，儲藏處主要在人體的腦「髓」和五臟

451

中。因此真氣在人體是無處不在，無處沒有；其又分別稱為『陽氣，陰氣，正氣，肺氣』，均為真氣在人體各不同部位的別稱。至於道家養生長壽學，對『氣』的解釋，已在"靜功-打通任、督二脈"一書的（第一章）精、氣、神一段中已有說明，故於此不重復。由此也知道家對'氣'的運用與觀念的歷史悠久。而＜黃帝內經。上古天真論篇＞總結「氣」功健身之道說：『恬淡虛無，真氣從之，精神內守，病安從來』！

　　這指出練'氣'對健康的重要關鍵，特別是營、衛二氣，實為修身養性者所不能忽視，因爲營、衛二氣在主宰着'元氣'，而最後影響一切五臟六腑之氣（盛、衰）和臟腑的功能。這就直接影響身體的健康，又因'氣'的虛弱，疾病因此而產生或病因從此而累積。因此，勿論你是否是接受修身養性或者只是運動而鍛鍊身體，都要時常注意到'氣'的運行旺盛，才能促使身體健康。

*第十一章：八觸或十觸

在修煉內丹靜功的過程中，體內的陽氣或內氣運轉時會出現的種種現象，依古人累積的經驗，總歸納成八種，而稱之為「八觸」。則是：動、癢、涼、暖、輕、重、澀、滑。又有稱為；大、小、輕、重、涼、熱、癢、麻。現代又有人稱之為『覺』，故稱「十覺」。則：熱、涼、酸、痛、麻、脹、緊、刺、動、癢等。每個人在陽氣動後（小周天功）的感觸，是因人而異，皆不會一樣，也不會同時有八或十種感觸出現。有如上述的情況出現，已象徵道家內丹靜功的"煉精化氣"已奠定了基礎。

（1）動

在練習道家內丹－靜功，在周天運行時，由於體內有的熱能，亦有稱「人電」。在靜坐時、經過凝神於氣，所吸入外氣的能量與內氣，經過高速的運動或磨擦，使身體熱能的產生，「人電」的流動，就是陽氣的流動，會使到全身有似一股熱之動流在環轉似的；可惜這股陽氣打通體內的經脈，動的感覺，特別是任、督二脈，有時是不經中樞神經所控制的，是一種直接的反應作用；所以'氣'動是不可用意領或以意識去牽制的。

（2）癢

如有同螞蟻在肌膚上爬行，小虫在啃食，頭皮奇癢等的感受。這是陽氣或真氣流動必會有的感覺。一旦陽氣通行於經絡時、更會有刺痛感。'癢'的感覺是通脈的一個大特徵；有如在胸部，頭，面，三處出現最癢。癢發生時，不可過力的搔抓，尤其是頭部，以免皮膚遭抓至破損。經絡實際打通後，癢的感覺就自然會減少。

（3）涼

當陽氣運行，某些部位產生熱，是因爲神經組織肌肉產生攝吸熱而生起化學作用和反應，該部位就自然會產生'涼'氣。這些現象一般發生在後期，任、督二脈陽氣運行、心腎間出現涼的現象，實是腎水上潮的現象出現。

（4）暖

就是熱的感觸。是因爲吸入的外氣與內氣、在心部位撞擊和高速磨擦反應而產生的熱能。此種情形出現的最多也是最快，跟着亦使丹田發熱，及全身皆有熱感的現象，是熱能集中的象徵。周天運行-靜功的目的，是要使陽氣或體內的熱能集中，就能成就達到免疫抵抗病菌的宗旨。

（5）輕

感到身體有一股浮力，使你覺得有如輕飄飄似的，或想飛似的，是心意識的現象；主要是因為陽氣向上升，是表示陽氣充沛欲往上衝似的。

（6）重

在靜坐時、心感身體有如受重石下壓，或如被山壓似的，任你如何推也推不開；這是由於陽氣往下沉，皆因吸入之氣往下沉的關係而造成。

（7）澀

在靜坐時、由於陽氣或內氣的產生及運行於五臟特別是在胃時，會影響你的內分泌液之質素、尤其是津液、會出現澀或味不甘滑的現象。這象徵著陽氣在調整你的生理及體質；過一段時間調修，當調整工作完成後，這種現象就會消失，一切就會更健全。

（8）滑

就是重的反面、有輕飄站不穩的感覺；又似如水珠落到臉或身上，是滑而不留手似的。

以上的種種現象，只是略說陽氣運行，任、督二脈打通時的一些現象。然而現實心理和生理上的反應比這些還要多更為復雜，只因為它是太微細，令你無所感覺；例如強或粗者：陽氣自發運轉時，四肢自發的轉動、陽氣活躍、手舞足蹈、轉身搖頭、神經的興奮、或出現大聲呼叫、是自己所不能控制的。表面看來是很劇烈的動作，似乎超出平常人的體能。但這些動作都會自動的停下來，因為這是一種自發的身體運動，不是你所能控制的，若是強制的控制反而不好，這是體內所需自然的調理，強制了就失去其自然調劑的作用，又不知將來是否再會發生；但是也不要刻意去追求，這些都是意識本能的活動。

　　有些還會見到光體的顯現，五顏六色，有如彩虹、千變萬化、如幻如實，良久不絕；有的即顯即消，或有些是恐怖的幻境，使你驚慌尖叫不已。這些表現都是『陽氣』在體內產生、發生的一種生理反應，亦是因人而異，絕對不會有二個人是相同的。光體現是『煉氣化神』的現象，表示“煉氣化神”已練成。

　　這些跡象的出現，特別是八觸，有如發熱等等，千萬不要害怕恐懼，更不必延醫診治，即使是延醫診治，也不會有效，反會受藥石之傷害。有人不知這種道理，反而造成精神上的負擔，實是很不幸的；因爲内心生理在陽氣產生是所發生的變化，並非常人所能預料得到的。所以了解『陽氣』運行，及八觸反應等的現象，就會有正確的理念。遇到這種境界的發生，就不至於會有所恐懼或追求；唯有一心凝神專注於丹田氣之起伏，這種現象便自然會停止。要知道這為‘靜極生動、動極復靜’的道理，也是‘氣’療法自然的現象，有事先的心理準備，就能克服心理出現的恐懼情況。並且以務實的態度，修持靜坐修煉內丹功，而達到修身養性的目標。

*第十二章： 自發動象

修煉站樁功時，會出現‘氣’自發之動象。陽氣或內氣在體內自發運行至有病患之處，那里就出現動象：例如、血脈硬化、心臟病、常出現手會於上下抖動，若是頭痛、頭顫動之象徵。自發動象是因病情而異，沒有一定的規則。若是病症多、動象就多，病症少、動象亦相應的減少。修煉站樁功，無病患者，有助健康、血氣的運行，並能助打通經脈，動象就不定一會出現。如果任、督二脈已經是打通，則有助『氣』增強旺盛，以及周天於任何時候都能自轉，且氣感自然很強；但必定要在靜坐運行周天時，才能體會感到陽氣的暢流。

陽氣或內氣在站樁時，自發與站的姿勢是否正確有很大的關係。另外、在練站樁時，是否能凝神「神闕穴」或「命門穴」使精神集中，使『意』靜守於關竅；是否勤於練功，以及經脈的敏感性都很有關連。姿態正確及意守關竅，促進「神內收」快，勤於練功，敏感性提高，自發現象就會出現的很快，不然就會慢。只要有耐心，不要放棄站樁，陽氣或內氣自發的裨益，修者始終能體會到它的效果。

修煉站樁自發動象，有助陽氣於經脈的流行暢通，負起「營、衛」的功能，又能排除病氣，以及治好病患。就算在練功時，沒有自發的動象出現，依然也會有受益，同時能治療好病患，並非說無自發動象，就不能治病。因此修者不能刻意的追求動象出現，任其自然的發展是最好的宗旨。唯有做到良好素質的站樁修煉，自然會有動象的出現。

　　練站樁功，動象是出於自發，不是誘發的。若是誘發動象，練功後可能會有副面偏差的情形出現。自發動象必要在練功時進行自控，要以慢和柔為宗旨。若是動象劇烈，只要張開眼睛，並對意識說：「收功了、結束吧」！動象就會緩和，漸漸的靜止下來；若是緊張、害怕、反而會助長動象變的更為劇烈、這點修者不可不慎！

　　練站樁功時，自發動象是很有規律性的。是由『靜到動』，及『動到靜』，是很符合動、靜運轉的功理。動象的過程，時間的長短又因病患者病情而異。有些人練功幾個月後，就由動轉入靜了；而也有人、練站樁持續達數年者，一旦病患痊癒後，若再繼續站樁的修煉，自發動象就不會再次出現；只會感到陽氣

459

或內氣暢通運行，氣感特別敏銳，是種非常重要和正面的現象。

　　另外，願普羅大眾皆知道，要想得到健康的身體及延年益壽；每個人每天都應該和必須作些適宜的運動（除走路及家務之外）。保養身體健康的秘訣是：『生命在於運動，和生命在於靜止』。適宜的『運動』，助經絡輸通和新陳代謝旺盛；而「靜止」是使生命在「靜或休息」的時候，達到及完成最高調理的療效。所以練習站樁，凝神於神闕穴或命門穴，進而達到忘我之境，所獲得治療功效是不可思議的。

　　至於練習站樁功，何以會氣自發，因由何在？首先，在練習站樁時，若呼氣時凝神意觀羶中穴，會產生熱能或陽氣；另外，在吸氣時，外氣與內氣深入下丹田，並在其間相互迅速產生磨擦；久而久之，也會產生熱能或陽氣。因為在站樁時，息氣都會比文息強、深而綿綿不絕。當熱能或陽氣產生後，則將它集於下丹田。在飽滿充實時，即會運行至命門穴，通過帶脈貫通神闕穴，在帶脈中旋轉，進而連貫通任、督二脈。神闕穴為任脈的主竅，命門穴又為督脈的主穴。這樣熱能或陽氣，通過任、督二脈，而流注運行於奇經八脈及其他的

460

十二經脈，使陽氣流佈循環全身。所以，練習站樁功氣自發，很快就會使熱能或陽氣流佈於十二經脈及奇經八脈中。因此，練習站樁功，在 5 至 8 分鐘，熱能就會遍佈全身。而 10 至 15 分鐘後，就能使練習站樁功者，汗流浹背。站樁功的時間最好保持在 20 分鐘內，不要超過 30 分鐘。質素好，比時間長，更為有效。其利益有如啞子吃蜜。因此站樁功，是男女老少最適宜的戶內運動，不消耗精力，比任何運動都強和全面的多，使陽氣或內氣貫通十二經脈及奇經八脈。健康益體的神效是可想而知，但願你有恆心和耐心去練。

　　願修煉站樁者知道，站樁功為啓開‘大周天’功之‘衛氣’的‘輔助’功法；又是‘小周天’功‘陽氣’增盛的修煉功法。若是修者已經打通了任、督二脈，‘真氣’已運行，欲再上一層樓、進入‘大周天’功的修煉，就必須增加站樁功的鍛鍊，使‘真氣或元氣’旺盛自行，就能激發十二經脈之‘衛氣’循行於體內，因爲‘元氣’有激發體內一切‘氣’運行的功能。另外，如果你能兼修煉道家內丹之‘動功’就更爲理想，因爲道家之‘動功’，當你在練時，‘氣’在很短的時間內，就能隨着練功而運行，修者能得事半功倍之效。所以說道家養生長壽內丹學之‘動功’有帶動氣走的功效，實為一種很特殊的‘功法’。

*第十三章：氣衝病灶

　　修煉周天運行之靜功，當陽氣或內氣產生之後，陽氣會隨着經絡周流全身，都會發生『氣衝病灶』這個經歷現象，實是一個不能避免的正常反應。當陽氣充沛流暢時，有很多修煉者，很快就有這種反應，會使有疾病者的症狀加劇，比未練功前更明顯或加重，甚至是多年的舊患，也會突然出現。例如、動過手術的地方，突然會痛的很難受或很痛，不知為甚麼？即使延醫治理，也找不出因由。只要你有信心，靜心的繼續練下去，這種現象就會不藥而愈，氣通後痛楚自然就消失。

　　氣衝病灶，是內丹靜功的特點。陽氣通經絡快，則陽氣旺盛充沛，迅速達到病發之處，是發揮陽氣或內氣治療病症的正常反應，這是一件好事，並非是壞事。要知道、陽氣產生聚集儲存於下丹田，當氣足時，陽氣自動運行全身，疏通經絡、身體所有的穴位、使每一個穴位陽氣或內氣充沛旺盛；患有疾病者穴位不開，代表經絡不通，不通即生病，即會感到痛楚不適。修煉內丹靜功，使陽氣或內氣自發，循着經絡運轉流動，將穴竅打開，疏通經絡，就能袪除病氣或阻塞及排除廢物，提供營養。在修煉的經歷中產生氣衝病灶，有病治病；穴

463

竅經絡不通者，氣就衝到那里，那個部位就有反應，就會感到難受或痛楚；如有胃痛、氣入胃區、就會感到不適或疼痛；高血壓，動脈管硬化，腦血栓患者，在修煉功後、會感覺頭部繃緊、有脹或疼痛之感受；又關節炎，外傷患者，患處會有如針刺刀割的陣陣痛感。眼有毛病、修煉中會有不適之感以及會流淚。這些都是練功，陽氣運行，氣抵患處所出現的衝擊反應現象。

氣衝病灶的時間，和反應程度是依據病狀，個人的體質、年紀及練功者深入程度的不同而異。病有表裡，病程的長短，輕重，氣衝病灶也是各異。有些反應只有幾分鐘，有者數小時，有者數日不等。若是病在表，就會很快的過去。若是病在裡及病程長，氣衝就可能需要數天，有時甚至會出現，衝衝停停，停停又再衝等情形，如是反覆多次，直到病癒，這種現象就會消失。如果陽氣旺盛和充沛，體質好，練功又勤奮，元氣不衰，氣衝現象可能來得快及激烈，即是來得快療效也快，很快就過去。

人體皮、肉、筋、骨、脈絡、臟腑、層次各有不同。通經絡是要由表至裡，每一層漸次深入疏通。修煉內丹靜功者，若是經絡尚未打通時，氣衝病灶出現痛苦，是很自然的現象。例如、動過手術、肌肉被剖開、即使是康復，但是肌肉之間存在有『間隔』，陽氣是不能如完好無缺的肌肉，能自然流通穿過。就因要打通『間隔』，是以痛楚產生。唯有陽氣流行暢通後，痛苦就會消失，這是自然的規律。疾病消除則身體健康，一勞永逸，將來不再會有這種情況發生。這不是一件好事嗎？若不是練功，氣衝病灶，動手術造成的『間隔』是永遠得不到氣流的恢復穿過機會，自然形成營、衛及新陳代謝都不能全面的運行如常，這也就是氣衝病灶的優點。

修煉內丹靜功，得陽氣或內氣的運行於體內，就可以見到『氣』運行、功能收效的正常反應。氣衝病灶後，病情就會逐漸的痊癒。有些人害怕氣衝病灶的痛苦，不能忍受，或停止不再繼續堅持練功並且放棄，則前功盡棄，是非常可惜的。要知道，不練功病患不會祛除，而面對四季氣候的變化刺激，工作壓力，不均衡的飲食，一樣會遭受病患的折磨，甚至更加劇舊有的病患，持續的受苦，自不在話下。修煉內丹靜功，氣衝病灶而面對的痛楚，只是暫時性的，克服了，氣衝過去了，病痊癒了，給予你的是無限的快樂及健康，又何樂而不為呢？

*第十四章：道家秘傳養生內丹功-宗派簡介

　　道家秘傳養生內丹功法，自古以來，已經有記錄祖師們所留下的著作、心得精髓，這是他們於修煉中所得之領悟精華。但是，都沒有直說明修煉之途徑，而太多之丹經典籍，都是以代名詞，或八卦、五行等文字來形容，實使欲修煉者，不知所云；下手功夫不能掌握，大多數的人都會放棄，有不得門而入之感嘆！這可能是首批之篩選吧，是天意還是人為的呢？以致祖師老子曰："我道不興亦不滅"。惟有緣者始得其門而學得。道家秘傳的養生長壽-內丹功之修煉法，在中國自有歷史的記載，也流傳了二千多年；而依據道家傳統來説，始於黃、帝至今，已約有五千多年。可惜的是，今日之道家傳統文化已非昔日之貌、歿落不全，寶貴之遺傳文化傳統資料已是流失殆盡，精神糧食已完全沒有了。自古以來，民族的傳統文化都是為他族所同化，而現在則是自己消滅它，真是可嘆可悲耶！

　　據有歷史之記載，道家養生-內丹學派自創始以來，留下之宗派也有十餘派之多。讓讀者有個概念，現略錄如下：-

　　（1）文始派-創始人，為周朝時候的関令
　　　　　尹喜，人稱"文始派"。

467

（2） 少陽派-創始人，為漢代人王玄甫，據說是世傳的鍾、呂“金丹派”。又南派、北派、三丰派、青城派、千峰派等内丹派皆源出此派。

（3） 正一派-創始人張陵，公元 34-157 年，於東漢末年創立《五斗米道》，後被道教奉為創教者。

（4） 鍾、呂派-以鍾離權、呂洞賓為代表；是宋、元時期内丹修煉之肇開者。

（5） 南派-又稱南宗，創始人為北宋時的張伯端；又被稱爲張紫陽。生於宋太宗雍熙元年，即公元 984 年。為道教内丹修煉之重要派別。

（6） 北派-又稱爲北宗。尊王玄甫為初祖，為道教内丹修煉之重要派系。北派其實開創者為王重陽，生於宋朝末金初，為咸陽人。

（7） 中派-元代時為李道純所創立。源出於南宗的白玉蟾門人王金蟾。中派傳至清代時，出了名人‘黃元吉’，將内丹修煉“性功與命功”均歸結於“守中”而修煉。

（8）東派－創始人陸西星，為明代嘉靖、隆慶年間人，公元 1522-1573 年，為道教內丹修煉重要之門派。

（9）西派－創始人為李西月，於清嘉慶、咸豐年間人，公元 1796-1862 年；得張三丰傳授秘法而得道，為道教內丹修煉之重要門派。

（10）青城派－肇始於青城丈人，經李八百等人修煉相傳。此派綜合南、北二宗和清修內丹法之長處，以平實為功的基礎和特點立教。

（11）伍柳派－創始人為伍守陽和柳華陽，於明末清初時，為道教內丹修煉之流派。伍守陽為全真龍門派第八代宗師，遇柳華陽後共創伍柳派。所修之丹法力主清靜為主修，為仙佛之合宗。

（12）三丰派－又稱隱仙派；於元、明時期為張三丰所創。張三丰以太極拳法聞名於海內外。所修之內丹法則融滙文始與少陽派之特長，以清靜陰陽，雙修雙成爲顯著特點。

（13）千峰派－由清末時千峰老人趙避塵所

創，為道教內丹修持之流派。他生於清朝咸豐十年，即公元 1860 年。所修之內丹法，得自南派之真傳。

（14）女丹派-具體來說，女丹道派分為七大派，例如（1）南岳魏夫人派，（2）諶<chen>姆派，（3）中條山老姆派，（4）謝仙姑派，（5）曹真人派，（6）元君派，（7）好雙修派；皆以清修或雙修為主，但因資料不詳，而不多敍述。

這只是簡介道家-內丹之派別，並不詳介其發展過程及其繼承傳人的歷史年代資料。讀者若欲知各派更爲詳細資料，可於道藏中查。借此說明。

道家養生長壽內丹學，自古以來傳統上所主修者為"動功"即是"命功"；及"靜功"即是"性功"。故又稱爲'性命雙修'之法。我所修煉者-內丹之'動功'，師承自老師 蘇華仁 為第 20 代傳人；我為第 21 代傳人。其師承原自道家華山派道士-邊智中（俗名邊治中），為華山派第 19 代傳人。但是當年我入門時，老師納我入龍門派為第 23 代傳人，因爲老師亦承師於 李嵐峰 祖師，為道家龍門金山派內丹功傳人。致於我所修之道家內丹-"靜功"，老師師承於祖師 吳雲青 ，為'老子內丹-混元派'第 49 代傳人；蘇華仁老師為第 50 代傳人。我於入門時老師曾傳我'混元派'內丹'靜功'口訣心法，故成爲第 51 代傳人。但是我於內丹學-'靜功'，亦師承自甘肅、蘭州市-李少坡所傳的'真氣運行法'。

呂祖《太乙金華宗旨》或又稱《先天虛無太一金華宗旨》

第一章：天心

天心者，三才同稟之心，丹書所謂玄竅是也。人人具有，賢哲啓之，愚迷閉之。啓則長生，閉則短折。

{委之命數者，凡夫之見也。無人不願求生，而無不尋死。夫豈別有肺腸哉？六根以引之，六塵以擾之，駸駸（qin）年少，轉眼頹歿。至人憫之，授以至道。誨者諄諄，聽者渺渺，其故何哉？蓋不明大道體用，而互相戕賊。如是求生，猶南轅北轍也。夫豈知大道以虛無為體，已隱現為用？故須不住於有，不住於無，而氣機通流。

吾輩功法，惟當以太乙為本，金華為末，則本末相資，長生不死矣。斯道也，古來仙真。心心相印，傳一得一。自太上化現，遞傳東華，以及南北二宗。

道本無隱，而心傳極秘。非秘也，非心授心受，不能授受也。口傳固妙，而領會難一，況筆亦乎。是以太上大道，貴乎心傳。而授受於烏睹之中，豁然而開，師不得期授於弟，弟不得期受於師。真信純純，一旦機合神融，洞然豁然。或相視一笑，或涕泣承當。入道悟道，均有同然者。第或由悟而入者有諸，由入而悟者有諸，未有不由心一，心信而入而得者。不一則散，不信則浮。散則光不聚，浮則光不凝。不能見其心，又何能合太上所傳之心？

故儒崇內省，道崇內觀。佛氏《四十二章經》亦云："置心一處，何事不辦？"蓋以無上大道，只完得一心全體焉耳。全體惟何？虛靜無雜焉耳，宗旨妙體如此。宗旨妙用，亦惟在置心一處也。內觀即是置心一處之訣，即是心傳秘旨。非徒可以心領，且可以口授。非徒可以口授，且可以筆示。

至於功造其極，心孔漏盡之時，然後恍然洞徹玄妙旨。非筆之所得而示，並非口之所得而傳。真虛真寂，真淨真無，一顆玄珠，心心相印，極秘也。至得悟得入之後，而乃極顯矣。此無他，天心洞啓故耳。

今之求道者若涉大水，其無津涯，已到彼岸，則如筏喻者，法尚應捨，若不知所從者，

473

可不示之以筏乎？我今叨為度師，先當明示以筏。

　　然天心一竅，不在身中，不在身外，不可摸索而開，只可默存以俟（si）。（欲識其存，不外色即是空，空即是色。丹書所謂是那麼，非那麼，非那麼，卻那麼。才是如如，一開永開也。而功法在於存成兩字}。

　　存誠妙用，尚有訣中捷訣。乃於萬緣放下之時，惟用∴字。{即日月天罡，在人身即是左目、右目、與眉心，先天神人皆具三目，如斗母雷祖是也。人知修練，眉心即開，所開之目，名曰天目是也}。以字之中點存諸眉心，以左點存左目，右點存右目，則人兩目神光，自得會眉心。眉心即天目，乃為三光會歸出入之總戶。{丹書所謂日月合壁之處}人能用三目如∴字然，微以意運如磨鏡，三光立聚眉心，光耀如日現前，既即以意引臨心後關前。{關即雙關也}此一處也，按即玄牝之門。以意引之，光立隨臨，而毋忘若如二字玄義，天心必自洞啓。{以後玄用，再為細示。所切囑者，終始弗為元引耳。元者，氣機之所變幻，皆非真實玄況。若為引動，便墮魔窟。

474

諸子遵循行去，別無求進之法，只在純想於此。《楞嚴經》云：'純想即飛，必生天上'。天非蒼蒼之天，即生身於乾宮是也，久之自然得有身外天}。

蓋身猶國土，而一乃主君，光即是主君心意。又如主君敕旨，故一回光，則周身之氣皆上朝。如聖王定都立極，執玉帛者萬國。又如主佐同心，臣庶自然奉命，各司其事。只去專一回光，便是無上妙諦。回之既久，此光凝結，即成自然法身。廓而充之，吾宗所謂鄭鄂。西教所謂法王城是也。主君得輔，精氣日生，而神愈旺。一旦身心觸化，豈僅天外有天，身外有身已哉？

然則金華即金丹，神明變化，各師於心。此中妙訣，雖不差毫末，然而甚活。全要聰明，又須沉靜。非極聰明人行不得，非極沉靜人守不得。

第二章：元神、識神

{天地視人如蜉蝣，大道視天地如泡影。惟元神真性，則超元會而上之，其精氣則隨天地而敗壞矣。然有元神在，即無極也，生天生地，皆由此矣。學人但能護元神，則超生陰陽外，不在三界中。此見性方可，所謂本來面目也}。

凡人投胎時，元神居方寸，而識神則居下心。下面血肉心，形如大桃。有肺以覆翼之，肝以佐之，大小腸承之。假如一日不食，心上便大不自在。以致聞驚則跳，聞怒則悶，見死亡則悲，見美色則眩，頭上何嘗微微有些兒動，{問方寸不能動乎？}方寸中之真意，如何能動？到動時，便不妙，然亦最妙。凡人死時方動，此為不妙。最妙者，光已凝結為法身，漸漸靈通欲動矣！此千古不傳之秘也。

下識心如強藩悍將，欺天君孤立，便爾遙制紀綱，久之太阿倒置矣！今似光照元宮，如英明主有伊周佐之，日日囘光，如左右臣工，盡心輔弼。内政既肅，自然一切奸邪，無不倒戈乞命矣！

丹道以精水、神火、意土三者為無上之寶。精水云何？乃先天真一之炁，神火即光也；意土即中宮天心也。以神火為用，意土為體，精水為基。{凡人以意生身，身不止七尺者為身也}。蓋身有魄焉，魄附識而用，識依魄而生。魄陰也，識之體也。{識不斷則生生世世，魄之變形易舍無已也}。惟有魂者，神之所藏

476

也。{魂晝寓於目，夜舍於肝。寓目而視，舍肝而夢。夢者，神遊也。九天九地，剎那歷遍，覺則冥冥焉，拘於形也，即拘於魄也}。故回光即所以煉魂，即所以保神，即所以制魄，即所以斷識。古人{出世法}煉盡陰滓以返純乾，不過消魄全魂耳。回光者，消陰制魄之訣也。無返乾之功，祇有回光之訣。光即乾也，回之即返之也。只守此法，自然精足，神火發生，意土凝定，而聖胎可結矣！{蜣蜋轉丸，而丸中生白，神注之神功也。糞丸中尚可生胎離殼，而無天心休息處，注神於此，安得不生身乎}？

　　一靈真性，既落乾宮，便分魂魄。魂在天心，陽也，輕清之氣也。此自太虛得來，與元始同形。魄，陰也，沉濁之氣也，附於有形之凡體。魂好生，魄望死。一切好色動氣，皆魄之所為，即識神也。{死後享血食，活則大苦，陰返陰也，以類聚也}。學人煉盡陰魂，即為純陽。

第三章：回光守中

　　{回光之名何昉乎？昉之自文始真人也，即門尹子}。回光，則天地陰陽之氣無不凝。所謂精思者此也，純氣者此也，純想者此也。初行之訣，是有中似無，久之成功，身外有身，乃無中生有。百日專功光才真，方為神火。百日後，光自然聚。一點真陽，忽生黍珠，如夫婦交合有胎，便當靜以待之。光之回，即火候也。

夫元化之中，有陽光為主宰。有形者為日，在人為目。走漏神識，莫此甚順。故金華之道，全用逆法。回光者，非回一身之精華，直回造化之真氣。非止一時之妄想，直空千劫之輪廻。｛故一息當一年人間時刻也，一息當百年九途長夜也｝。凡人自卡（取其音，剪斷臍帶）地一聲之後，逐境順生，至老未嘗逆視。陽氣衰滅，便是九幽之界。故《楞嚴經》云："純想即飛，純清即墮"。學人想少情多，沉淪下道。惟諦觀息靜，便成正覺，用逆法也。《陰符經》云："機在目"。《黃帝素問》云：人身精華，皆上注於空竅是也。得此一節，長生者在茲。｛超生者亦在茲也｝。此貫徹三教功夫也。

光不在身中，亦不在身外。山河、日月、大地，無非此光，故不獨在身中。聰明智慧，一切運轉，亦無非此光，所以亦不在身外。天地之光華，布滿大千。一身之光華，亦自漫天蓋地。所以一回光，天地山河，一切皆回矣！人之精華，上注於目，此人身之大關鍵也。一日不靜坐，此光流轉，何所底止？若一刻能靜坐，萬劫千生，從此了徹。萬法歸於靜，真不可思議，此妙諦也。{然工夫下手}由淺入深，由粗入細，總以不間斷為妙。功夫始終則一，但其間冷暖自知。要歸於天空海闊，萬法如如，方為得手。聖聖相傳，不離返照。孔云知止，釋號觀心，老云內觀，皆此法也。但返照二字，人人皆言，不能得手，未識二字之義耳。返者，自知覺之心，返乎形神未兆之初，即吾六尺之中，返求個天地未生之體。今人但一二時閑坐，反顧其私，便云返照，安得到頭？

　　佛道二祖教人看鼻尖者，非謂著念於鼻端也，亦非謂眼觀鼻端，而念又注中黃也。眼之所至，心亦至焉。心之所至，氣亦至焉。何能一上一下也？又何能忽上而忽下也？此皆認指為月。畢竟如何？曰：鼻端二字最妙，只是借鼻以爲眼之准耳。初不在鼻上，蓋以太開眼，則視遠而不見鼻矣；太閉眼，則眼合不見鼻矣。太開失之外走，易於散亂；太閉失之內馳，易於昏沉。惟垂帘得中，恰好望見鼻端，故取以為準。只是垂帘恰好去處，彼光自然透入，不勞你注射與不注射也。

479

看鼻端只在最初入靜處，舉眼一視，定個準則，便放下。如泥水匠人用綫一般，彼只起手一挂（掛），便依了做去，不只管把綫看也。

止觀是佛法，原不秘的。以兩目諦觀鼻端，正身安坐。系心緣中，道言中黃，佛言緣中，一也。{不必言頭中}，初學但於兩目中間齊平處系念便了。光是活潑潑的東西，系念眼之平齊處，光自然透入，不必著一念於中黃也。此數語，已括盡要旨，{其餘入靜出靜前後，以小止觀書，印證可也}。

{緣中二字妙極，中無不在，遍指造化之機，緣此入門耳，緣此為端倪，非有定着也。此一字之義。活甚妙甚}。

止觀二字，原離不得，即定慧也。以後凡念起時，不要仍舊兀坐，當究此念在何處，從何起，從何處滅，反復推窮，了不可得。即見此念起處也。不要又討過起處，所謂覓心了不可得。吾與汝安心竟，此是正觀，反此者名為邪觀。如是不可得。即仍舊綿綿去，止而繼之以觀，觀而繼之以止，是定慧雙修法。此為囬光，光者止也，回者，止也。光者，觀也。止而不觀，名為有囘無光。{觀而不止，名為有光無回}，志之。

第四章：囘光調息

　　《宗旨》只要純心行去，不求驗而驗自至。大約初機病痛，昏沉、散亂二種盡之。卻此機竅，無過寄心於息。息者，自心也。自心為息。心一動而即有氣，氣本心之所化也。吾人動念至速，霎頃起一妄念，即一呼吸應之。故內呼吸與外呼吸如聲響之相應。一日有幾萬息，即有幾萬妄念。神明漏盡，如木槁灰死矣。然則欲無念乎？不能無念也。欲無息乎？不能無息也。莫若即其病而為藥，則心息相依是已。

　　故囘光必兼之調息。此法全用耳光。一是目光，一是耳光。目光者，外日月交光也。耳光者，內日月交精也。然精即光之凝定處，同出而異名也，故聰明總一靈光而已。坐時用目垂帘後，定個準則，便放下。然竟放，又恐不能，即存心於聽息。息之出入，不可使耳聞。聽惟聽其無聲，一有聲，即粗浮而不入細。當耐心，輕輕微微，愈放愈微，愈微愈靜，久之忽然微者遽斷，此則真息現在。而心體可識矣！蓋心細則息細，心一則動氣也。息細則心細，氣一則動心也。定心必先養氣者，亦以心無處入手，故緣氣為之端倪，所謂純氣之守也。

{調息用耳光，秘法也。然有耳聾一輩，息之粗細不得聞，奈何？是當體之以覺。蓋以氣由心化，心無形，其粗其細，不易覺。氣則無質而尚有跡，可體覺也。跡粗則加靜其心，心靜則跡自細，而息已微矣。跡造至無，則息已造真息矣！較用耳光，得調更速。故古有調息不若調心之妙用也。年老耳聾之人，舍是體覺一訣，此步功夫，終難入夠也。況覺乃性精，跡乃命末，是亦有性命相顧之義，先師太虛翁，曾為高海留言之，謹採以補祖示子所未及。

子輩不明動字，動者，以綫索牽動言，即掣(che)之別名也。既可以奔馳使之動，獨不可以純靜使之寧乎？此大聖人視心氣之交，而善立方便，以惠後人也。丹書云：雞能抱卵心常聽，此要妙訣也。蓋雞之所以能生卵者，以暖氣也。暖氣止而能暖其殼。不能其中，則以心引氣入。其聽也，一心專注焉，心入則氣入，得暖氣而生矣。故母雞雖有時外出，而常作側耳勢，其神之所注，未嘗少間也。神之所注，未嘗少間，即暖氣亦晝夜無間，而神活矣！神活者，由其心之先死也。人能心死，元神即活。死心非枯槁之謂，乃專一不分之謂也。佛

482

言，置心一處，無事不辦。心易走，即以氣純之。氣易粗，即以心細之。如此而心焉有不定者也？

大約昏沉、散亂二病，只有靜功日月無間，自有大休歇處。若不靜坐時，雖有散亂，亦不自知。既知散亂，即是卻散亂之機也。昏沉而不自知，與昏沉而知，相去奚啻千里。不知之昏沉，真昏沉也。知之昏沉，非全昏沉也，清明在是矣！

散亂者，神馳也。昏沉者，神未清也。散亂易治，昏沉難醫。譬之病焉，有痛有癢者，藥之可也，昏沉則麻木不仁之症也。散者可以收之，亂者可以整之。若昏沉，則蠢蠢焉，冥冥焉。散亂尚有方所，至昏沉，全是魄用事也。散亂尚有魂在，至昏沉，則純陰為主矣。

靜坐時欲睡去，便是昏沉。卻昏沉，只有調息。息即口鼻出入之息，雖非真息，而真息之出入，亦於此寄焉。凡坐須要靜心純氣，心何以靜？用在息上。息之出入，惟心自知，不可使耳聞。不聞則細，細則清。聞則粗，粗則濁。濁則昏沉而欲睡，自然之理也。雖然，心用在息上，又要善會，亦是不用之用，只要微微照聽可耳。

何為照？即眼光自照，目惟內視而不外視。不外視而惺然者，即內視也，非實有內視。何謂聽？即耳光自聽，耳惟內聽而不外聽。聽者，聽其無聲。視者，視其無形。目不外視，耳不外聽，則閉而欲內馳。惟內視內聽，則既不外肆，又不內馳，而中不昏沉矣。此即日月交精交光者也。

昏沉欲睡，即起步行，神清在坐。清晨有暇，坐一柱香為妙。過午人事多擾，易落昏沉。然亦不必限定一柱香，只要諸緣放下，靜坐片時，久久便有入頭，不落昏睡矣}！

第五章：回光差謬

{諸子工夫，漸漸純熟。然枯木岩前錯路多，正要細細開示。此中消息，身到方知。吾今則可以言矣！吾宗與禪學不同，有一步一步徵驗。請先言其差別處，然後再言徵驗}。

《宗旨》將行之際，預作方便，勿多用心，放教活潑潑地，令氣和心適，然後入靜。靜時正要得機得竅，不可坐在無事甲裹。{所謂無記空也}，萬緣放下之中，惺惺自若也，又不可著意承當。{凡太認真即是有此，非謂不宜認真，但真消息在若有若無之間，以有意無意得之，可也}。惺惺不昧之中，放下自若也。又不可墮於蘊界。所謂蘊界者，乃五陰魔用事。如一般入定，而槁木死灰之意多，大地陽春之意少。此則落陰界，其氣冷，其息沉，且有許多寒衰景象，久之便墮木石。又不可隨於萬緣，如一入靜，而無端眾緒忽至，欲卻之不能，隨之反覺順適。此名主為奴役，久之落於色欲界。{上者生人，下者生狸奴中，若狐仙是也，彼在名山中，亦自受用風月花果，琪樹瑤草。三五百年受用去，多至數千年，然報盡還生諸趣中}。此數者皆差路也，差路既知，然後可求証驗。

第六章：囘光證驗

證驗亦多，{不可以小根器承當，必思度盡眾生。不可以輕心慢心承當，必須請事斯語}。靜中綿綿無間，神情悅豫，如醉如浴。此為遍體陽和，金華乍吐也。既而萬類俱寂，皓月中天，覺大地俱是光明境界。此為心體開明，金華正放也。既而遍體充實，不畏風霜，人當之興味索然者，我遇之精神更旺。{黃金起屋，白玉為台。世間腐朽之物，我以真氣呵之

485

立生}。紅血為乳，七尺肉團，無非金寶。此則金華大凝也。

　　現在可考證者（有三）：{一則坐去神入谷中，聞人說話如隔里許，一一明了，而聲入皆如谷中答嚮，未嘗不聞，我未嘗一聞。此為神在谷中，隨時可以自驗}。一則靜中。目光騰騰，滿前皆白，如在雲中。開眼覓身，無從覓視，此為虛室生白，內外通明；{吉祥止止也}。一則靜中肉身絪縕，如綿如玉，坐中若留不住，而騰騰上浮，此為神歸頂天，久之上升，可以立待。（編者按：上升言神升天谷即泥丸，不可誤為升天）。

　　{此三者，皆現在可驗者也}。然亦說不盡的，隨人根器，各現殊勝。{如止觀中所云，善根發相是也}。此事如人飲水，冷暖自知。須自己信得過方真，先天一炁，即再現前。證驗中自討，一炁若得，丹亦立成。此一粒真黍也，{一粒復一粒，從微而至著。有時時之先天，一粒是也。有統體之先天，一粒乃至無量也。一粒有一粒之力量，此要自家願大，為第一義}。

第七章：囘光活法

囘光循循然行去，不要廢棄正業。{古人云：'事來要應過，物來要識過'}。以正念治事，即光不為物轉。當境即囘，此時時無相之囘光也。

日用間能刻刻隨事返照，不著一毫人我相，便是隨地囘光，此第一妙用。清晨能遣盡諸緣，靜坐一、二時，最妙。凡應事接物，只用返法，{便無一刻間斷。如此行之三月兩月，天上諸真，必來印證矣}。

第八章：逍遙訣

"玉清留下逍遙訣，四字凝神入氣穴。六月俄看白雪飛，三更又見日輪赫。水中吹起藉巽風，天上游歸食坤德。更有一句玄中玄，無何有鄉是真宅"。律詩一首，玄奧已盡。大道之要，不外無為而為四字。惟無為，故不滯方所形象。惟無為而為，故不墮頑空死虛。作用不外一中，而樞機全在二目。二目者，斗柄也。斡旋造化，轉運陰陽。其大藥，則始終一水中金（編者按：即水中鉛，指先天一炁）而已。

{前言回光，乃指初機。從外以制內，即輔以得主。此為中下之士，修下二關，以透上

487

一関者也。今路頭漸明，機括漸熟，天不愛道，直洩無上宗旨。諸子秘之秘之，勉之勉之}。

夫回光其總名耳，功夫進一層，則光華盛一番，回法更妙一番。前者由外制內，今則居中禦外。前者即輔相主，今則奉主宣猷，面目一大顛倒矣！

法子欲入靜，先調攝身心，自在安和。放下萬緣，一絲不掛。天心正位乎中，然後兩目垂簾，如奉聖旨以召大臣，孰敢不至？次以兩目內照坎宮，光華所到，真陽即出而應之。

離（☲），外陽而內陰，乾（☰）體也。一陰入內而為主，隨物生心，順出流轉。今回光內照，不隨物主，陰氣即住，而光華住照，則純陽也。同類必親，故坎陽上騰。非坎陽也，仍是乾陽應乾陽耳。二物一遇，便紐結不散，絪縕活動，倏來倏往，倏浮倏沉。自己元宮中，恍如太虛無盡，遍身輕妙欲騰，所謂雲滿千山也。次則來往無蹤，浮沉無辨，脈住氣停，此則真交媾矣！所謂月涵萬水也。俟（si）其杳冥中，忽然天心一動，此則一陽來復，活子時也，{然而此中消息要細說}。

488

{凡人一聽，耳目逐物而動，物去則已。此之動靜，全是民庶，而天君反隨之役，是常與鬼居矣。今令一動一靜，皆與人俱。人乃真人，即身中天君也。彼動則與之俱動，動則天根也。靜則與之俱靜，靜則月窟也。動靜無端，亦與之為動靜無端。休息上下，亦與之為休息上下。所謂天根月窟閑來往也}。

天心鎮靜，動違其時，則失之嫩。天心已動，而後動以應之，則失之老。天心一動，即以真意上升乾宮，而神光視頂為導引焉，此動而應時者也。天君既升乾頂，游揚自得，忽而欲寂，繼以真意引入黃庭，而目光視中黃神室焉，既而欲寂者一念不生矣，視內者忽忘其視矣。爾時身心便當一場大放，萬緣泯跡，即我之神室鼎爐，亦不知在何所。欲覓己身，了不可得。此為天入地中，眾妙歸根之時也。即此便是凝神入氣穴。

夫一回光也，始而散者欲斂，六用不行，此為涵養本原，添油接命也。既而斂者，自然優游，不費纖毫之力，此為安神祖竅，翕（xi）聚先天也。既而影響俱滅，寂然大定，此為蟄（zhe）藏氣穴，眾妙歸根也。

489

{一節中具有三節。一節中具有九節，且俟後日發揮。今以一節中具有三節言之：當其涵養而初靜也，翕聚亦為涵養，蜇藏亦為涵養，至後而涵養皆蜇藏矣！中一層可類推，不易處而處分矣。此為無形之竅，千處萬處一處也。不易時而時分焉，此為無候之時，元會運世一刻也。

凡心非極靜則不能動，動則妄動，非本體之動也。故曰，感於物而動，性之欲也。若不感於物而動，即天地之動也。不以天之動，對天之性句，落下說個欲字，欲在有物也。此為出位之思，動而有動矣。一念不起，則正念乃生，此為真意。寂然大定中，而天機忽動。非無念之動乎？無為而為，即此意。詩首二句，全括金華作用。次二句是日月互體意。六月：即離火也。白雪飛：即離中真陰，將返乎坤也。三更：即坎水也。日輪：即坎中一陽，將赫然而返乎乾也，取坎填離即在此中。次二句，說斗柄作用，升降全機。水中非坎乎？目為巽(xun)風，目光照入坎宮，攝召太陽之精是也。天上即乾宮。遊歸食坤德，即神入氣中，天入地中，養火也。末二句，是指出訣中訣。訣中之訣，始終離不得得謂洗心滌慮為沐浴也。聖學以知止始，以止至善終，始乎無極，歸乎無極。

佛以無住而生心，為一大藏教旨。吾道以致虛二字，完性命全功。總之三教，不過一句，為出死護生之神丹。神丹維何？曰，一切處無心而已。吾道最秘者沐浴，如此一部全功，不過空心二字，足以了之。今一語指破，省卻數十年參訪矣！

子輩不明一節中具有三節，我以佛家空、假、中三觀為喻。三觀先空，看一切物皆空。次假，雖知其空，然不毀萬物，仍於空中建立一切事。既不毀萬物，而又不著萬物，此為中觀。當其修空觀時，亦知萬物不可毀，而又不可著，此兼三觀也，然畢竟以看空為得力。故修空觀，則空固空，假亦空，中亦空。修假觀，是用上得力居多，則假固假，空亦假，中亦假。中道時亦作空想，然不名為空，而名為中矣。亦作假觀，然不名為假，而名為中矣。至於中，則不必言矣！

吾雖有時單說離，有時兼說坎，究竟不曾移動一句。開口提云，樞機全在二目。所謂樞機者，用也。用此斡（wo）旋造化，非言造化止此也。六根七竅，悉是光明藏。豈敢二目而他概不問乎？用坎陽，仍用離光照攝。朱子云陽，諱元育，北宗派嘗曰：'瞎子不好修道，聾子不妨'，與吾言何異？特表其主輔輕重耳。

日月元是一物，日中含真陰，是真月之精。月窟不在月而在日，所謂月之窟也，不然，只言月足矣！月中翕真陽。是真日之光。日光反在月中。所謂天之根也，不然，只言天足矣。一日一月，分開止（只）是半個，合來方成一個全體。如一夫一妻，獨居不成家室。有夫有妻方算得一家完全。然而物難喻道，夫婦分開，不失爲兩人。日月分開，不成全體矣。知此則耳目猶是也。吾謂瞎子已無耳，聾子已無目，如此看來，說甚一物，說甚兩物，說甚六根，六根一根也。說甚七竅，七竅一竅也。吾言只透露其相通處，所以不見有兩。子輩專執其隔處，所以隨處換卻眼睛}。

第九章：百日立基

《心印經》云：'迴風混合，百日功靈'。總之立基百日，方有真光。{如尚是目光，非神火也，非性光也，非慧智炬燭也}。回之百日，則精氣自足，真陽自生。水中自有真火，以此持行，自然交媾，自然結胎。吾方在不識不知之天，而嬰兒已成矣。若略作意，便是外道。

{百日立基，非百日也。一日立基，非一日也。一息立基，非呼吸之謂也。息者，自心也。自心為息，元神也，元氣也，元精也。升降離合，悉從心起。有無虛實，感在念中。一息一生持，何止百日？然百日亦一息也。百日只在得功，晝中得力，夜中受用。夜中得力，晝中受用。

百日立基，玉旨也。上真言語，無不與人身應。真師言語，無不與學人應。此中玄中之玄，不可解者也。見性乃知，所以學人必求真師授記，任性發出，一一皆驗}。

第十章：性光識光

回光法原通行、止、坐、臥，只要自得機竅。{吾前示云}，虛室生白。光非白耶？但有一說，初未見光時，此為效驗；若見為光，而有意著之，即落意識，非性光也。不管他有光無光，只要無念生念。何謂無念？千休千處得。何謂生念？一念一生持。此念乃正念，與平日念不同。今心為念，念者，現在心也，此心即光即藥。凡人視物，任眼一照去，不及分別，此為性光，如鏡之無心而照也，如水之無心而鑒也。少頃，即為識光，以其分別也。鏡有影，已無鏡矣。水有像，已非水矣。光有識，尚何光哉？

{初則性光，轉念則識，識起而光杳(yao)不可覓。非無光也，光已為識矣。黃帝曰：'聲動不生聲而生響'。即此義也。楞嚴推勘(kan)入門曰：'不在塵，不在識，惟還根'。此則何意？塵是外物，所謂器界也，與吾了不相涉。逐物則認物為己，物必有還，通還戶牖（you），明還日月。將他為自，終非吾有。至於不汝還者，非汝而誰？明還日月，見日月之明無還也。天有無日月之時，人無有無見日月之性。若然，則分別日月者，還可與為吾有耶？不知因明暗而分別者，當明暗兩忘之時，分別何在？故亦有還，此為內塵也。

惟見性無還，見性之時，見非是見，則見性亦還矣。還者還其識流轉之見性，即阿難使汝流轉心目為咎也。初言八還，上七者，皆明其一一有還。姑留見性，以為阿難柱仗。究竟見性既帶八識，非真不還也。最後並此一破，方為真見性，真不還矣！

494

子等回光，正回其最初不還之光，故一毫識念用不著。使汝流轉者，惟此六根。使汝成菩提者，亦惟此六根。而塵與識皆不用。非用根也，用其根中之性耳。今不墮識回光，則用根中之元性。落識而回光，則用根中之識性。毫釐之辨，乃在此也}。

用心即為識光，放下乃為性光。毫釐千里，不可不辨。識不斷，則神不生。心不空，則丹不結。

{心靜則丹心空即藥。不著一物，是名心靜，不留一物，是名心空。空見為空，空猶未空。空忘其空，斯為真空}。

第十一章：坎離交媾

凡漏泄精神，動而交物者，皆離也。凡收轉神識，靜而中涵者，皆坎也。七竅之外，走者為離；七竅之內，返者為坎。一陰主於逐聲隨聲；一陽主於返聞收見。坎離即陰陽，陰陽即性命，性命即身心，身心即神炁。一自斂息，精神不為境緣流轉，即是真交。而沉默趺坐時，又無論矣。

第十二章：周天

周天非以氣作主，以心到為妙訣。若畢竟如何周天，是助長也。無心而守，無意而行。仰觀乎天，三百六十五度，刻刻變遷，而斗樞終古不移。吾心亦猶是也。心即斗樞，氣即群星。吾身之氣，四肢百骸，原是貫通。不要十分著力，於此鍛鍊識神，斷除妄見，然後藥生。藥非有形之物，此性光也。而即先天之真炁，然必於大定後方見，並無採法，言採者大謬矣！見之既久，心地光明。自然心空漏盡，解脫塵海。若今日龍虎，明日水火，終成妄想。{吾昔受火龍真人口訣如是，不知丹書所說，更何如也}。

一日有一日周天，一刻有一刻周天。坎離交處，便是一周。我之交，即天之回旋也，未能休歇。所以有交之時，即有不交之時。然天之回旋，未嘗少息，果能陰陽交泰，大地陽和。我之中宮正位，萬物一時暢遂，即丹經沐浴法也，非大周天而何？此中火候，實實有大小不同，究竟無大小可別。到得功夫自然，不知坎離為何物，天地為何等，孰為交，孰為一周、兩周，何處覓大小之分別耶？

496

總之，一身旋運難真。不真，見得極大亦小；真，則一回旋，天地萬物悉與之回旋。即在方寸處，極小亦為極大。故金丹火候，全要行歸自然。不自然，天地自還天地，萬物各歸萬物。若欲強之使合，終不能合。即如天時亢旱，陰陽不和，乾坤未嘗一日不周，然終見得有多少不自然處。我能轉運陰陽，調攝自然。一時云蒸雨降，草木酣（han）適，山河流暢。縱有乖淚，亦覺頓釋，此即大周天也。

{不可無此棒喝，不真即妄，毫釐而億萬億也。治身得真，醫世在其中矣。寂而體之，祖即以天時驗內功，旨哉、旨哉。

問活子時甚妙，必認定正子時，似著相。曰不著相，不指明正子時，何從而識活子時？既識得活子時，確然又有正子時。是一是二，非正非活，總要人看得真。一真則無不正，無不活矣。見得不真，何者為活？何者為正耶？即如活子時，是時時見得的。畢竟到正子時，志氣清明，活子時愈覺發現。若未識得活的，且只向正的時候驗取。則正者現前，活者無不神妙矣}。

497

第十三章：勸世歌

{吾因度世丹衷熱，不惜婆心並饒舌。世尊亦為大因緣，直指生死真可惜。老君也患有吾身，傳示谷神人不識。吾今略說尋真路，黃中通理載大易。正位居體是玄關，子午中間堪定息。光回祖竅萬神安，藥產川源一氣出。透幕變化有金光，一輪紅日常赫赫。世人錯認坎離精，搬運中腎成間隔。如何人道合天心，天若符兮道自合。放下萬緣毫不起，此是先天真無極。太虛穆穆朕兆捐，性命關頭忘意識。意識忘後見本真，水清珠見玄難測。無始煩障一旦空，玉清降下九龍冊。步霄漢兮登天闕，掌風霆兮驅霹靂。凝神定息是初機，退藏密地是常寂。

吾昔度張珍奴二詞，會有宗旨。子後午前非時也，坎離耳。定息者，息息歸根中黃也。坐者，心不動也。夾脊者，非背上輪子，乃直透玉清大路也。雙關者，此處有難言。忌忘神受，而貴虛寂與無。所守，守此義也。液於是化，血於是成，而後於是返先天。氣於是返神，神於是還虛，虛於是合道，道於是圓志，志於是滿願。訣不勝述，此處是也。至如地雷震動山頭者，真氣生也。黃芽出土者，真藥生

498

也。而基皆築於神守雙關也。小小二段，已盡修行大路，明此可不惑於人言。

昔夫子與顏子登太山頂，望吳門白馬。顏子見為匹練，太用眼力，神光走落，故致早死，囘光可不勉哉｝。

囘光在純心行去，只待真意凝照於中宮，久之自能通靈達變也。總是心靜氣定為基，心忘氣凝為效，氣息心空為丹成，心氣渾一為溫養，明心見性為了道。｛輩各宜勉力行去，錯過光陽，可惜也，七子勉子。一日不行，一日即鬼也。一息行此，一息真仙也。參贊化育，其基於此，七子勉之｝！

（呂祖《太乙金華宗旨》或又稱《先天虛無太一金華宗旨》。我想『太一』兩字在千年來流傳的手抄本弄錯之故，應該是『太乙』兩字較為適合；同時"一與乙"是同音，混淆是在所難免。另外，此篇《太乙金華宗旨》與張三丰《道術滙宗》中傳的《丹經秘訣》均為道家祖師-老子傳尹喜的：太上心傳，無非命寶；傳承都有明顯的記載。此據清朝道光辛卯年間，北宗龍門派第十一代祖師-閔一得之考證所說。又龍門派為宋末金初王重陽之弟之丘處機所創，王重陽得道於王玄甫，而王玄甫承師於老子之弟子尹喜真人。既為老子之心傳，而其傳承即為《老子內丹-混元派》所出，故傳法之命題應是『太乙』而非『太一』，較為適合）。

　　本人將此篇摘錄於本書之後，讓讀者有機會去研究古人留下的瑰寶，瞭解古人對修煉"炁"的深入和了解；在科學最落後的時候，而龍之後代智慧學術思想已有非常的成就。因此，這些瑰寶是值得現代人去研究和發揚，由於它對人類健康的貢獻是非常大、且價值非常之高）。

　　當我摘錄了太乙《金華宗旨》後，再閱讀龍門派第十一代祖師-閔一得之考證本，相比較之下，我覺得增添之部份內容非常好，於是我將兩篇融在一起。為了區別它，我將祖師-閔一得之考證本增添之部份內容前後加上{ }號，以表明異同。又祖師對內容的評語部份，一概省略。

*第十五章：修煉『動、靜』二功的進展

自進入 2006 年後，動、靜兩項功法的修習，都起了些變化，實是過去 4 至 5 年來未曾有過的體會及領悟和經驗。因於以往無此情形出現，故沒有此種感受；在相互比較之下，這是一種鮮有的感觸，可能象徵着在動、靜兩項功法的修煉已達到一定程度上的突破，促使這些跡象顯現。

在道家內丹－‘動功’方面，勿論練那一項功，動作在緩慢的前提下，都能感覺一股氣流通過手臂流向掌心，經手指而往外手臂回流。這一股暖氣流有如觸電（有痲痹）之感，這種感覺隨意練功時都會出現；此外脊椎挺直時，一股氣流由尾閭穴直上玉枕穴，經百會過印堂（玄關）穴而回到下丹。使我領悟和體會過去修煉者說：內丹動功習練時，不需要注意呼吸、意導，內氣隨練時自然而然而流動。但求在練功時必須做到緩慢、身體筆直，不可向前傾或向後仰，弓步勿論是左或右都要做到正確標準。所以道家華山派的內丹－‘動功’不是練氣的‘氣功’，更不是練呼吸之動功。尤於‘內氣’隨作操練時而自然運行，此為“道法自然”的道家內丹－動功。並不須要刻意的在練習時配合呼吸來操作。其實這就是‘意領

氣’，而實際上是不自然的。因此道家秘傳的養生長壽內丹-動功，是與眾不同的一種特別功法。所以它對身體產生之自然療效也是很特出。

　　在靜功方面，因爲有事到香港，在某一早晨，約四點左右，我睡醒如厠後，因時間尚早，於是我再躺下續睡。我自修煉了道家養生長壽內丹-動、靜兩項功法之後，我都養成了一個習慣，每在夜裏起來如厠，再續睡時，我都會練‘臥功’直到自然的睡去。若是沒有睡意，就一直練功一或二小時後才起來。練臥功與盤腿靜坐的功效是相若的，主要是靜意，使意隨著四念-受、想、行、識去了解內在（受、想、觸、識）的動作和反應。目的是繫心守一，使心念不往外馳（如作夢或白日夢）；進而助使自己對五臟六腑生理意識有個深入的認識與了解。並去領悟為甚麼修道者說：人身是小宇宙與外邊之大宇宙是無異無別的，是以甚麼概念來相互比較？

　　我既再繼續躺着，於是就提念作祖師 吳雲青傳 老子內丹-混元靜功修煉心法，觀心、意守玄關，注意呼吸‘氣’之出進。由於觀心‘真氣’隨而產生，呼吸起伏時，真氣則在下丹流轉，隨著吸氣時‘真氣’被帶起，但是在呼氣時‘真氣’又被壓下去。如是的一呼一吸，使到觀心所得的真氣在下丹田滾轉。這個習練我已經做了一段相當長的時間，已經成為我臥功修煉的自然習慣。今天早晨如常的練習，則使我獲得一個很特異的經驗，並是未曾有過的感受。這次‘真氣’在滾轉的同時，一股氣流直往兩腿下流直到腳底，而湧泉穴在有次序的跳動；那股氣流循轉動帶來無比舒服的感覺，實非言語可能表達，且使我覺悟到體內自然之受、想、行、識之變化並非我意識下所能控制或可以引發的，修習並未達到一定的層次是決對沒有這種感覺，枉說經驗。即使是說了，也非實際的經驗，於心中不能生起任何共鳴！這個經驗和體會，使我不禁想起過去欲了解的“蒂踵”呼吸法的情況。經這次的生理反應，使我不費任何思考力或幻想，就了解到‘內息’自然運作的反應，並配合自然腹息呼吸，令‘真氣’自然的運作起來，那種舒適感有如天然的按摩，突顯於兩腳底及十趾間。‘真氣’在腳內外循行，使我體會到‘真氣’不僅是在周天運轉，已經在四肢循環運轉，促進清除血脈中的阻塞，並銜接了十二經脈及奇經八脈。這實是我們修煉道家養生長壽-內丹‘動、靜’兩項功法所夢求和欲達到之目標。這股‘真氣’的運行持續了約 40 分鐘，才慢慢的靜下來。實為不可多得的經驗、體會和感受；促使我對‘四念處’有更深的領悟及道家傳統內丹-靜功修持法之奧妙又有了深一層的理解。

　　自此之後，我常感到一股氣流在腳底及邊沿流動，手心的氣感無時不在。我了解到‘真氣’已自然在體內輸佈流行，有如所說“功”已自練了；真是不敢想象會是事實。之後，又經過一段時間，我才瞭解這即是“衛氣”，它隨著動、靜功的鍛鍊，‘衛氣’或元氣就會隨着運行。這就象徵大周天功之‘頭、手、腳’三關已經通的現象。大周天功之氣循行是：手三陰由胸心走手心，接手三陽由手走頭，而足三陽再由頭走腳，接足三陰再由腳回到胸心處，形成以個大聯網，即是十二經脈的路徑。此潛氣或衛氣是同時在頭、手、腳運轉循行，此氣打開了第二道內氣循行之通道。

語錄“性者，真氣在心為離，實為火龍也；
　　　命者，真氣在腎為坎，則為水虎也；
　　　法能降火龍，訣能伏水虎；
　　　龍虎二氣歸一，上升泥丸宮，
　　　下降於生死竅，人仙可得也”。

*第十六章：後言

經過一段時間的分析和思考，終於將第三本書"調補"編寫完成，定了初稿。此書在'性命'雙修來說，應該是一本最完整的編著，將大、小周天功、胎息功的'內氣'或稱'潛氣'運行之實踐法以語體文完整敍述於書中；將自古以來秘而不洩之修法，揭開在讀者、修者的眼前，毫無保留。為這個科技時代一本罕有之編著，是難以得閱的一本修身養性書籍。為我多年修煉、累積和體會而編著成的道家'內丹'修煉的叢書之一。

在'靜功'－打通任、督二脈一書中，我已經講述了'小周天功'的修行法。在'調補'一書，我重新將'小周天功'與'大周天功'併在一起，並加入胎息及性功。在'小周天功'的部份我重新充實了內容，使其內容更爲豐富完整和'道化'。使讀者、修者對啓開體內之'潛氣'運行的方法，即是'陽氣'或又稱'真氣及內氣'，惟有打通任、督二脈始能修成；而後，亦能打通奇經八脈，奠定修胎息功之基礎，因爲奇經八脈為在胞胎時所使用者。陽氣又稱爲"營氣"，意謂滋養身體。另一氣者，即是'衛氣'或又被稱爲'潛氣或元氣'者，惟有啓開和銜接了十二經脈後始能練成。衛氣者，其意指'捍衛'身體之氣也。此二氣為體內最重要的兩種'氣'運行於體內，確保你身體之健康，使營衛和新陳代謝運作達到最完善之狀態；所謂'有病治病，無病康壽'，為道家養生長壽-内丹修者欲達成的目標。但是惟有練就'大、小周天功'者始能做到。大、小周天功為健康的寶鑑。自古以來鮮有直說之法，今後，就將此法獻給修者及讀者與大眾，願你去修煉和學習，健康自然就掌握在你手中，並願你善於保養、照顧、鍛鍊身體而得享天年，為人生之一樂事也。既得健康，但願修煉者同時集德累功，增添自己之福澤以養天年。

很多人認為在靜坐或禪修時，呼吸降至緩慢的程度時，就以為是胎息或已經是進入胎息的修煉，其實不盡然；此觀念並不完全正確。在我個人修煉的領悟和體會中，胎息即是'潛氣'或'内氣'在下丹田運行，讓潛氣流佈運行於奇經八脈及十二經脈中，促使營衛二氣繼續循行於體內執行其任務。雖然肺呼吸已經是緩慢至若有若無的境界，但是在一定和有節拍的時間內，肺仍然會逸氣由鼻而出。我堅信肺呼吸在胎息的修煉過程中，是不可能完全停下來的，因為這是生理自然的結構，它為自律神經所司控，並不受意識所能控制的，這是違反生理的自然規律。同時人類並沒有龜、蛇冬眠的生理功能和結構。所以在修胎息時，肺臟自然呼吸的運作仍然存在，惟一所改變者就是緩慢的運作，氣息微微而綿綿。

本書"調補"在脫稿及安排印務後，我將會安排專業人士將它譯成英文本，讓不懂中文的有緣修煉者、有興趣閱讀者能閱讀它。讓我能騰出時間去編著第四本-道家養生長壽-內丹"養生四步曲"，讓世人知道於現在的科技時代如何去學習傳統的養生長壽法。我感謝上天，既然讓我有天命編著成'調補'一書（冒着天譴之險），更希望讓我有天命將'黃、老'遺留下來的中華民族傳統文化廣佈流傳開去，盡我一份的責任，使人類得到健康和長壽。要知道道家金丹大道為我中華民族之絕學，此道不虛，我發願於學術思想與修正法門上發掘、整理、傳授、宏揚等事中，去做些實際的事業和奉獻工作；使古老黃、老'的文化繼續創新，發揚光大，讓世人受益。

在編著'調補'一書時，我重新再閱讀祖師張伯端的著作《悟真篇》和《青華秘文》，包括陳全林先生對《青華秘文》一書的講述，以及黃元吉所講的《樂育堂語錄》，使我對道家養生長壽－內丹的學術思想又增添新的領悟和體會，並且借用了一些形容文句，特於此對其作者表示萬二分的感謝。

中國道宗　老子像

*中國道宗老子-內丹混元派譜

混元乾坤祖，　天地日月星；
三教諸聖師，　金木水火土；
渾合本崆峒，　朝謁上玉京；
虛無生一炁，　良久明太清；
一永通玄宗，　道高本常青；
德祥恭敬泰，　義久復圓明；
混元三教主，　天地君親師；
日月星斗炁，　金木水火土。

老子自創立道家內丹-混元派以來，傳至今已經
有五十代以上，因爲祖師吳雲青是‘青’字
輩、第 50 代；老師蘇華仁是‘德’字輩、第
51 代傳人；而本人已是‘祥’字輩、第 52 代
了。

十二經脈與任、督二脈‘氣’循行圖：-
(1) **手三陰**
　　　手太陰肺經　　　（ ▬ ）深綠色代表
　　　手少陰心經　　　（ ▬ ）紅色代表
　　　手闕陰心包經　　（ ▬ ）淺紅色代表
(2) **手三陽**
　　　手陽明大腸經　　（ ▬▬ ）淺藍色代表
　　　手太陽小腸經　　（ ▬ ）深藍色代表
　　　手少陽三焦經　　（ ▬▬ ）淺紅色代表
(3) **足三陽**
　　　足陽明胃經　　　（ ▬ ）橙色代表
　　　足太陽膀胱經　　（ ▬ ）淺綠色代表
　　　足少陽膽經　　　（ ▬ ）淺藍色代表
(4) **足三陰**
　　　足太陰脾經　　　（ ▬ ）紅色代表
　　　足少陰腎經　　　（ ▬▬ ）淺綠色代表
　　　足闕陰肝經　　　（ ▬▬ ）橙色代表
(5) **任脈**　　　　　　（ ▬ ）黃色代表
(6) **督脈**　　　　　　（ ▬▬ ）色代表

　　此為明朝嘉靖年間寧波府刊明堂圖，共有
四幅，三幅圖原刊於公元 1550 年，其中一幅為
臟腑圖。日本龍谷大學圖書館藏有江戶中期重
刻全帙者，頭有總角為其特點，認爲源於壽
圖。

511

正人明堂圖

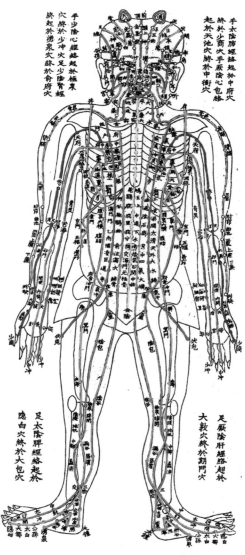

凡人兩手足各有三陰脈三陽脈以合為十二經也手之三陰從臟走至手之三陽從手走至頭足之三陽從頭下走至足之三陰從足上走入腹絡脈傳注周流不息故經脈者行血氣通陰陽以榮於身者也其始從中焦注手太陰陽明陽明注足陽明太陰太陰注手少陰太陽太陽注足太陽少陰少陰注手心主少陽少陽注足少陽厥陰厥陰復還注手太陰其氣常以平旦為紀以漏水下百刻晝夜流行與天同度然而復始也

手太陰肺經絡起於中焦終於少商穴手少陰心包絡起於天池穴終於中衝穴

手少陰心經絡起於極泉穴終於少衝穴足少陰腎經起於湧泉穴終於俞府穴

足太陰脾經絡起於隱白穴終於大包穴

足厥陰肝經絡起於大敦穴終於期門穴

圖堂明人側

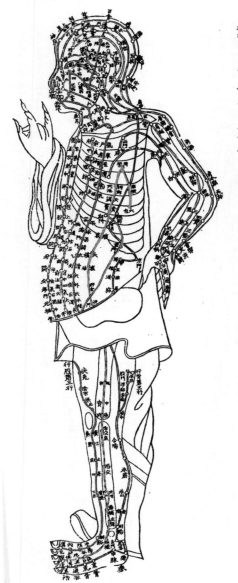

經言肺之原出於　太淵心之原出於　太陵肝之原出於　太衝脾之原出於　太白腎之原出於　太谿心之原出於　兌骨即神門也肥之原　出於竝堀胃之原　出於衝陽三焦之　原出於陽池勝胱　之原出於京骨大　腸之原出於合谷　小腸之原出於腕　骨是十二經之原　又不可不知也

伏人明堂圖

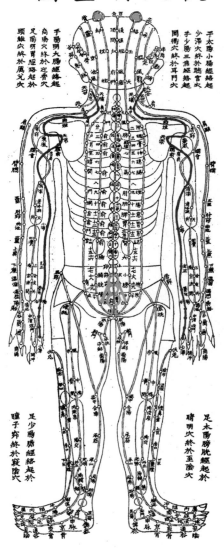

凡人脈循十二經　環八奇據經合長　三十五百息脈行　　五十度周於身合

一十六丈二尺人　一呼脈行三寸一　吸脈行三寸呼吸　定息合行六寸人　一日一夜凡一萬

行八百十丈漏水　下百刻營衞行陽　二十五度行陰亦　二十五度每二刻　則周身一度也

手太陽小腸經絡起　少澤穴終於聽宮穴

手少陽三焦經絡起　關衝穴終於耳門穴

手陽明大腸經絡起　商陽穴終於迎香穴　足陽明胃經絡起於　頭維穴絡於屬兌穴

足少陽膽經絡起於　瞳子窌終於竅陰穴

足太陽膀胱經起於　晴明穴終於至陰穴

514

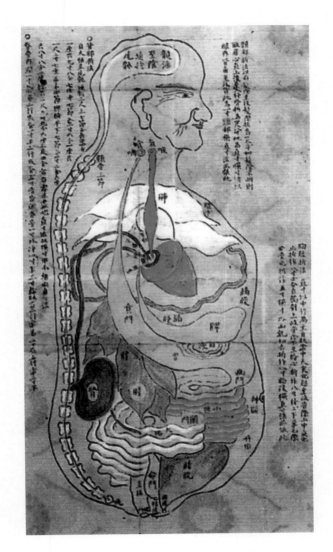

五臟腑明堂圖

515

＜傳 統 內 養 生 丹 功 直 講＞

調補-道家內丹修煉概要及
內丹小周天'速成法'

蘇華仁、辛平 編著

蘇華仁-中國, 安陽市, 機場南路,
簡天小區, 中二排二號
電話:86-372-2925131。
郵編:455000.
又：中國, 廣東省, 博羅縣, 長寧鎮,
羅浮山, 轉紫雲洞, 軒轅庵。
手機：86-13138387676.
　　　：86-13542777234.
郵編：516133.

辛平 (又名文平；San Peng).
NO 6, JALAN SS 26/3,
TAMAN MAYANG JAYA,
47301, PETALING JAYA,
WEST MALAYSIA.
HANDPHONE：　012-3052021
EMAIL : sanpeng 5071@gmail.com

調補-道家內丹修煉概要
及內丹小周天'速成法'

編箸者：**蘇華仁及辛平**

出版者：陳湘記圖書有限公司

新界葵涌葵榮路四十至四十四號

任合興工業大廈三樓 A 室

電話：852-25732363

傳真：852-25720223

發行人：陳湘記書局

地址：香港灣仔克街 16 號

電話：25729031

：香港灣仔莊士敦道 222 號

電話：28913263

：九龍旺角通菜街 130 號

電話：27893889

：加拿大多倫多登打士西街

457-459 號，

電話：（416）5967709

出版年：2017 年 12 月，再版：2019 年 1 月

定價：HK￥220.00

缺頁或裝訂錯誤可隨時更換。

ISBN:978-962-932-184-0